图解机械加工技能系列丛书

数控车刀选用全图解

杨晓　等编著

Shukong Chedao Xuanyong Quantujie

本书主要针对现代数控车刀，结合加工现场的状况，从操作者或选用者的角度，以图解和实例的形式，详细介绍了数控车刀选择和应用技术，力求接近生产实际。主要内容包括：车削的概念，常见的车削形式及对应的车刀的种类，内外圆车刀、车槽刀和切断刀、螺纹车刀的选择及应用以及刀具选择实例。从本书中不仅可以学到数控车刀的选择和使用方法，而且能够学到解决数控车削加工中的常见问题的方法。

本书可作为数控车工、普通车工转为数控车工的自学及短期培训用书，也可作为大中专院校数控技术应用专业的教材或参考书。

图书在版编目（CIP）数据

数控车刀选用全图解 / 杨晓等编著. —北京：机械工业出版社，2014.9（2024.4 重印）
（图解机械加工技能系列丛书）
ISBN 978-7-111-46382-5

Ⅰ.①数… Ⅱ.①杨… Ⅲ.①数控机床—车刀—图解 Ⅳ.①TG519.1-64 ②TG712-64

中国版本图书馆 CIP 数据核字（2014）第 067332 号

机械工业出版社（北京市百万庄大街 22 号　邮政编码 100037）
策划编辑：王晓洁　责任编辑：王晓洁　张振勇
版式设计：张　静　责任校对：纪　敬
封面设计：张　静　责任印制：常天培
北京机工印刷厂有限公司印刷
2024 年 4 月第 1 版第 4 次印刷
190mm×210mm · 7.333 印张 · 195 千字
标准书号：ISBN 978-7-111-46382-5
定价：42.00 元

凡购本书，如有缺页、倒页、脱页，由本社发行部调换
电话服务　网络服务
服务咨询热线：010-88361066　机工官网：www.cmpbook.com
读者购书热线：010-68326294　机工官博：weibo.com/cmp1952
010-88379203　金书网：www.golden-book.com
封面无防伪标均为盗版　教育服务网：www.cmpedu.com

序 FOREWORD

经过改革开放30多年的发展，我国已由一个经济落后的发展中国家成长为世界第二大经济体。在这个过程中制造业的发展对经济和社会的发展起到了十分重要的作用，也确立了制造业在经济社会发展中的重要地位。目前，我国已是一个制造大国，但还不是制造强国。建设制造强国并大力发展制造技术，是深化改革开放和建成小康社会的重要举措，也是政府和企业的共识。

制造业的发展有赖于装备制造业提供先进的、优质的装备。目前，我国制造业所需的高端设备多数依赖进口，极大地制约着我国制造业由大转强的进程。装备制造业的先进程度和发展水平，决定了制造业的发展速度和强弱，为此，国家制定了振兴装备制造业的规划和目标。大力开发和应用数控制造技术，大力提高和创新装备制造的基础工艺技术，直接关系到装备制造业的自主创新能力和市场竞争能力。切削加工工艺作为装备制造的主要基础工艺技术，其先进的程度决定着装备制造的效率、精度、成本，以及企业应用新材料、开发新产品的能力和速度。然而，我国装备制造业所应用的先进切削技术和高端刀具多数由国外的刀具制造商提供，这与振兴装备制造业的目标很不适应。因此，重视和发展切削加工工艺技术、应用先进刀具是振兴我国装备制造业的十分重要的基础工作，也是振兴的必由之路。

近20年来，切削技术得到了快速发展，形成了以刀具制造商为主导的切削技术发展新模式，它们以先进的装备、强大的人才队伍、高额的科研投入和先进的经营理念对刀具工业进行了脱胎换骨的改造，大大加快了切削技术和刀具创新的速度，并十分重视刀具在用户端的应用效果。因此，开发刀具应用技术、提高用户的加工效率和效益，已成为现代切削技术的显著特征和刀具制造商新的业务领域。

世界装备制造业的发展证明，正是近代刀具应用技术的开发和运用使切削加工技术水平有了全面的、快速的提高，正确地掌握和运用刀具应用技术是发挥先进刀具潜能的重要环节，是在不同岗位上从事切削加工的工程技术人员必备的新技能。

本书以提高刀具应用技术为出发点，将作者多年工作中积累起来的丰富知识提炼、精选，针对数控刀具“如何选择”和“如何使用”两部分关键内容，以图文并茂的形式、简洁流畅的叙述、“授之以渔”的分析方法传授给读者，将对广大一线的切削技术人员的专业水平和工作能力的迅速提高起到积极的促进作用。

成都工具研究所原所长、原总工程师

赵炳桢

前言 PREFACE

切削技术是先进装备制造业的组成部分和关键技术，振兴和发展我国装备制造业必须充分发挥切削技术的作用，重视切削技术的发展。数控加工所用的数控机床及其所用的以整体硬质合金、可转位刀具为代表的数控刀具等相关技术一起构成了金属切削发展史上的一次重要变革，使加工快速、准确、可控程度高。现代切削技术正向着“高速、高效、高精度、智能、人性化、专业化、环保”的方向发展，创新的刀具制造技术和刀具应用技术层出不穷。

数控刀具应用技术的发展早已形成规模，对广大刀具使用者而言，普及应用成为当务之急。了解切削技术的基础知识，掌握数控刀具应用技术的基础内容，并能够运用这些知识和技术来解决实际问题，是数控加工技术人员、技术工人的迫切需要和必备技能，也是提高我国数控切削技术水平的迫切需要。尽管许多企业很早就开始使用数控机床，但他们的员工在接受数控技术培训时却很难找到与数控加工相适应的数控刀具培训教材。数控刀具培训已成为整个数控加工培训中一块不容忽视的短板。广大数控操作工人和数控工艺人员迫切需要一本实用性较强的关于数控刀具选择和使用的读物，以提高数控刀具应用水平。

本书以普及现代数控加工的金属切削刀具知识、介绍数控刀具的选用方法为主要目的，涉及刀具原理、刀具结构和刀具应用等方面的内容，着重介绍数控刀具的知识、选择和应用，用图文并茂的方式多角度解释现代刀具，从加工现场的状况和操作者或选用者的角度，解决常见的问题，力求接近生产实际。本书在结构、内容和表达形式上，针对大部分数控操作工人和数控工艺人员的实际基础和水平，力求做到易于理解和实用。

本书以数控车削中常用的内外圆车刀、车槽刀及切断刀、螺纹车刀为主要着眼点，介绍刀具的选用为主线，串联起从车刀刀片材料、刀片涂层、刀片几何参数、刀杆及刀片的型号、刀片的装夹、刀杆与机床的连接、车削热及车削冷却、车刀杆的变形、切削中的振动、加工精度和表面粗糙度以及刀具磨损或切削中的各种常见问题与刀具选用之间的联系，帮助数控车刀的使用者认识和解决数控车刀使用中的问题。

本书由杨晓编写第 1 章至第 5 章并负责全书统稿，杨晓、王志宏编写第 6 章。

在本书的编写过程中，得到了瓦尔特（无锡）有限公司市场部的大力支持，本书资料、图片未注明出处的，大多由其提供。在此，作者谨向瓦尔特（无锡）有限公司以及孙欢先生、徐华先生、顾晓钰女士等协助者表示感谢。本书的标准信息由全国刀具标准化技术委员会查国兵、沈士昌、樊瑾，株洲钻石切削刀具股份有限公司周红翠提供帮助，在此表示感谢。本书的实例典型零件图样由无锡职业技术学院顾京教授和王振宇老师提供，在此一并感谢。

由于作者水平有限，书中难免有不足之处，恳请广大读者批评指正。

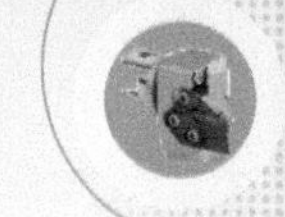

目录 CONTENTS

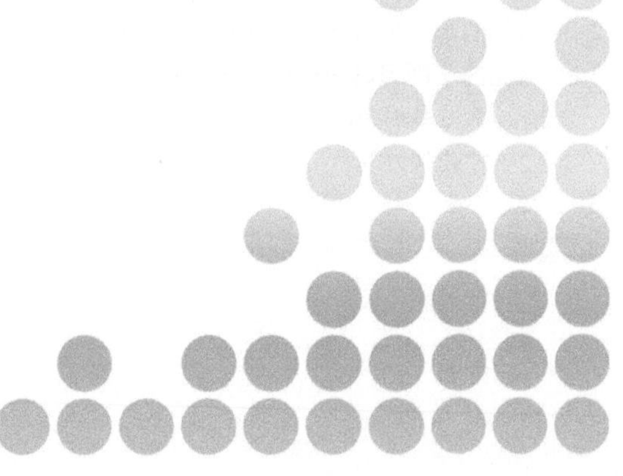

1 车削的概念

1.1 车削总体概念

什么是车削？车削是在车床上进行的一种切削运动。它通常是由车床主轴带动工件作旋转运动，又由车床的进给系统带着车刀做进给运动，从而将多余的（或预留的）金属从工作上切除，并且获得在形状上、尺寸精度及表面质量上都合乎预定要求的加工，称为车削加工，简称“车削”。

可以说车削是一种使用具有特定几何形状的切削刃对工件进行旋转加工的加工方法（图 1-1）。用成形车刀车削特定形状的回转工件，就是车刀具有特定几何形状的一种典型情况。

图 1-2 就是加工某工件用的成形车刀，左上是零件造型，右上是零件剖面，左下是成形车刀前面的生成图，右下是成形车刀的三维造型。成形车刀工作时无需作复杂的成形运动，就可加工出复杂的表面形状。

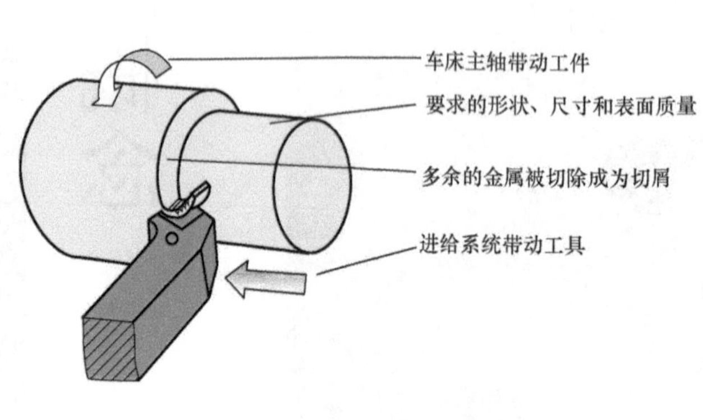

图 1-1　车削加工

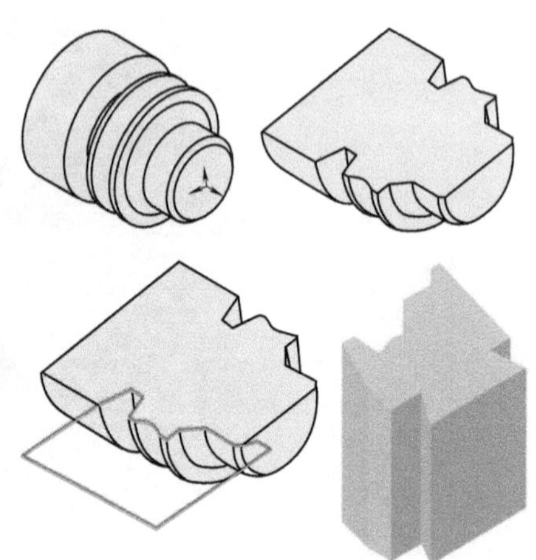
图 1-2　成形车刀

1.2 车削简史

近百年以来，随着刀具技术的不断进步，从高碳工具钢、高速钢一直到涂层和未涂层的硬质合金材料都得到了快速的发展，车削生产效率稳步提高。当今，几乎每一年都会推出新的断屑槽形、新的材料或新的涂层，使加工成本得以持续下降。

图 1-3 所示是要车削一个直径 650mm、长 1000mm 的中碳钢圆棒。如果在 1900 年用高碳工具钢作为车削刀具，这一个工作任务大约需要 100min 才能完成；而到了 2000 年，同样的加工任务用多层涂层的硬质合金车刀片，只需要 1min 就能够完成。

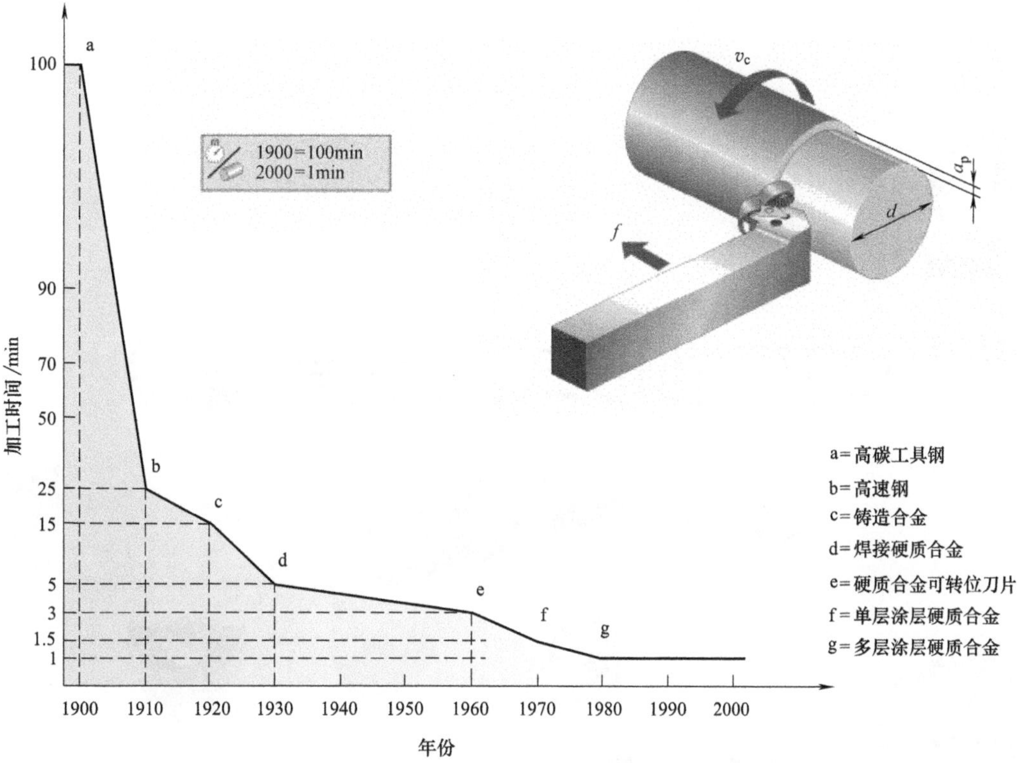

1900=100min
2000=1min

a=高碳工具钢
b=高速钢
c=铸造合金
d=焊接硬质合金
e=硬质合金可转位刀片
f=单层涂层硬质合金
g=多层涂层硬质合金

图 1-3　车削加工速度历史进程图

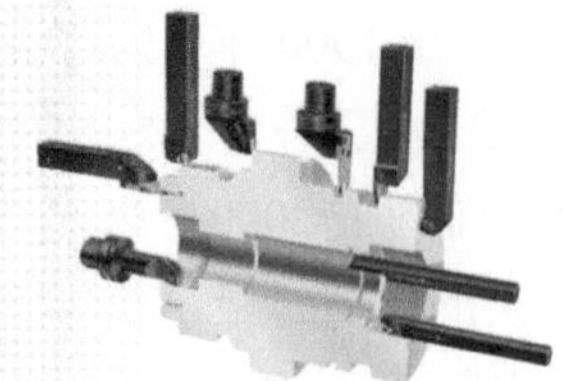

2 常见的车削形式及刀具

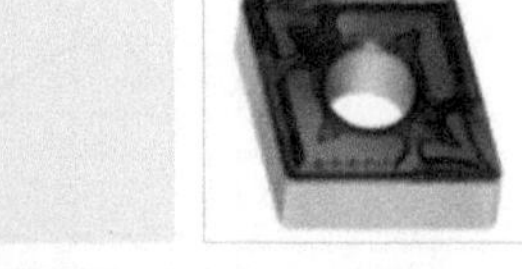

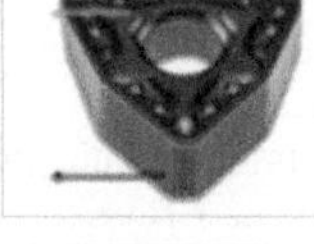

2.1 常见的车削形式

车削有许多形式，常见的车削形式如图 2-1 所示。

车外圆 / 内孔：车刀在工件外 / 内部沿平行于工件轴线的方向进给，形成母线平行于工件轴线的外 / 内表面。

车端面：车刀在工件上沿垂直于工件轴线的方向进给，形成母线垂直于工件轴线的表面。

车轮廓形状（仿形车）：车刀在工件上沿一既不完全平行于轴线又不完全垂直于轴线的一条直线或曲线进给，形成由该曲线（进给路线）与刀具外形共同决定的工件轮廓。

车外 / 内螺纹：由与螺纹牙型相似的螺纹车刀，在工件外 / 内部通过若干次沿平行于工件轴线的方向进给（该每转进给量必等于螺纹导程），形成母线平行于工件轴线的外 / 内螺纹表面。

车外圆/内孔槽：用车槽刀具在工件外/内表面沿平行于工件轴线的方向进给，以形成凹槽。

切断：用切断刀具沿垂直于工件轴线的方向进给，直至将工件切断。

车端面槽：以端面车槽刀具在工件端面沿平行于工件轴线的方向进给，也可附加垂直于工件轴线的方向进给，以在工件端面形成环形凹槽。

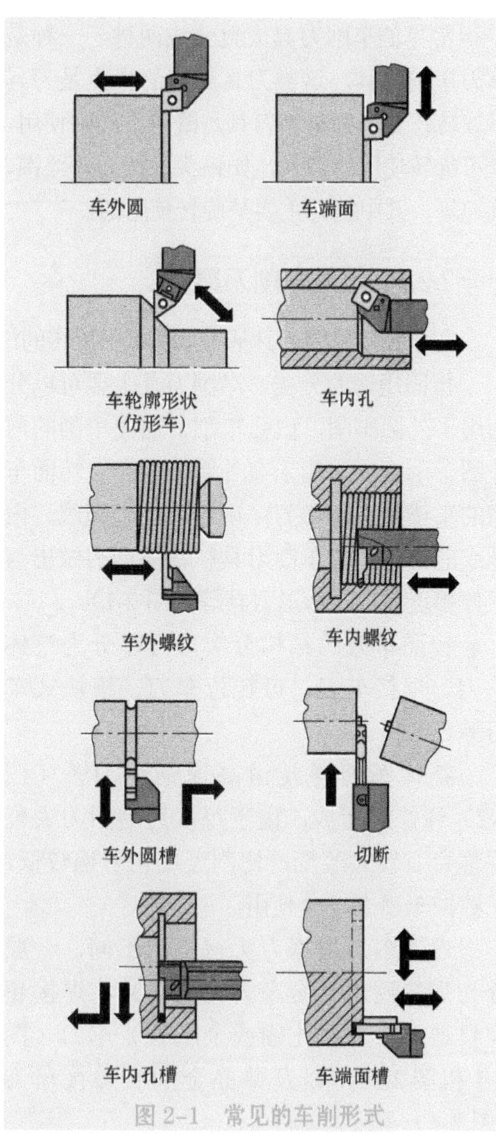

图 2-1 常见的车削形式

2.2 常见的车削刀具

常见的车削刀具大致分成两种，一种是单刃车削刀具，这类刀具加工的特点是刀具不旋转；另一种车削刀具是既可不旋转使用，也可旋转使用的刀具，如钻头、铰刀、丝锥、铣刀等，其中铣刀主要是旋转使用的。

2.2.1 单刃车削刀具

传统车削用的刀具基本上都是不旋转的。

按照用途的分类，车削刀具主要可以分为用于外圆车削、内孔车削、端面车削的内外圆车削刀具；用于在外圆、内孔、端面车槽的车槽和切断车刀；用于车削外螺纹、内螺纹的内外螺纹车削刀具；将切削刃做出与工件相近形状的仿形刀具等（图 2-1）。

图 2-2 高速钢车刀条（源自网络资料）

按照车刀的结构分类，可以分为整体车刀、焊接车刀、可转位车刀、模块式车刀等。

图 2-3 焊接硬质合金车刀（源自网络资料）

整体车刀通常由高速钢车刀条（图 2-2）经修磨而成，由于每次刃磨后刀尖位置都会有较大改变，切削速度也普遍较低，在数控车削中很少使用。

焊接车刀根据刀头材料的不同，一般分为焊接硬质合金车刀（图 2-3）、焊接超硬材料（立方氮化硼或金刚石）车刀（图 2-4 和图 2-5），以及单晶金刚石焊接车刀（图 2-6）。

图 2-4 焊接立方氮化硼车刀（源自网络资料）

可转位车刀是数控车削中最常使用的一类刀具。可转位车刀是将预先加工好并带有若干个切削刃（也有只有一个切削刃的）的多边形车刀片，用机械夹固的方法夹紧在刀杆上的一种车刀。当在使用过程中一个切削刃磨钝了后，只要将车刀片的夹紧松开，转位或更换刀片，使新的切削刃进入工作位置，再经夹紧就可以继续使用。

可转位车刀与焊接式车刀和整体式车刀相比有两个特征，其一是刀体上安装的刀片，至少有两个预先加工好的切削刃可供使用。其二是车刀片转位后的切削刃在刀体上位置基本不变，并具有相同的几何参数。而焊接式车刀和整体式车刀由于通常需要使用者手工刃磨，不同的刃磨者磨出的几何参数常常有明显差异，这将导致加工质量不够稳定。

可转位刀具还使用带有润滑、减少摩擦、隔断切削热、延缓磨损、防止切屑与刀具粘结等功能的涂层变得更为简单和普遍。因为在整体高速钢或者焊接车刀中，由于高速钢或者焊料的耐温一般较低，这就限制了某些需要较高温度才能使用的涂层。

可转位车刀的刀片材料，可以使用硬质合金、陶瓷、立方氮化硼和金刚石。常见的外圆加工车刀见表 2-1，包括外圆车刀、端面车刀、外圆和端面车刀、外圆仿形车刀、外圆车槽刀、端面车槽刀、外圆螺纹车刀几种。

图 2-5　焊接金刚石车刀（源自网络资料）

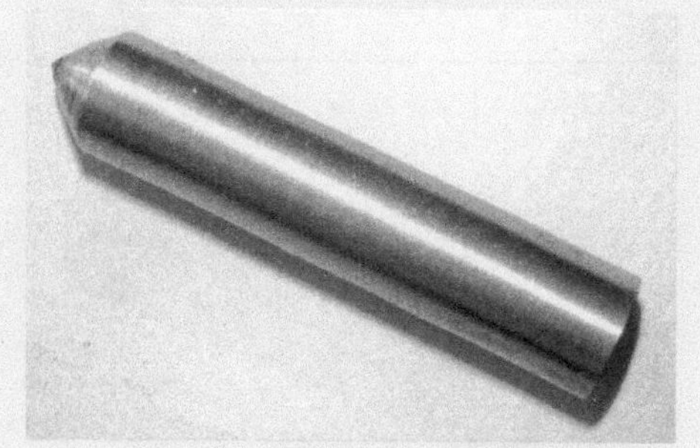

图 2-6　单晶金刚石焊接车刀（源自网络资料）

表 2-1 常见的外圆加工车刀

可转位车刀立体图示例	可转位车刀示意图示例	可转位车刀名称
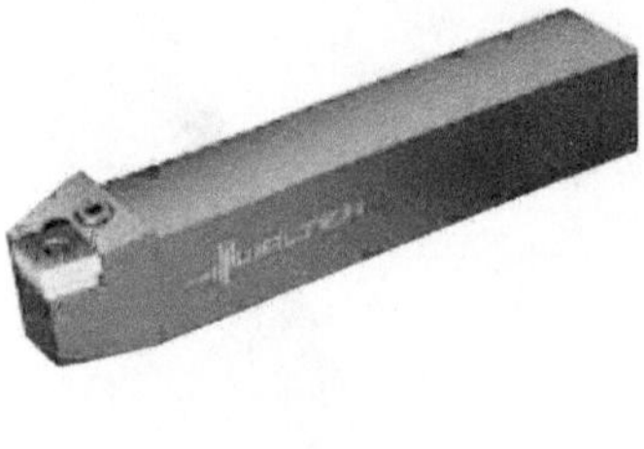	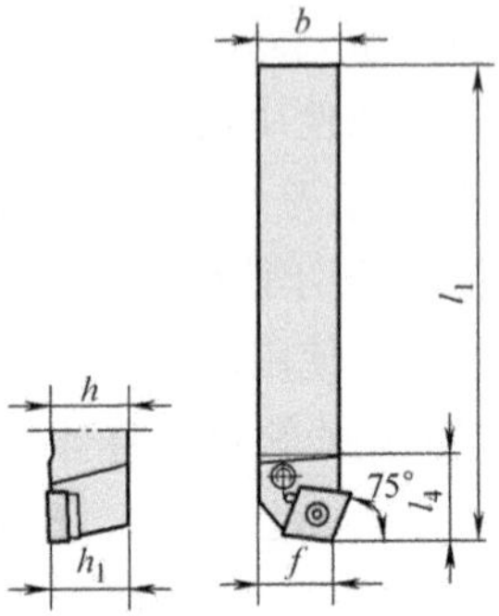 b h l_1 75° l_4 h_1 f	外圆车刀
	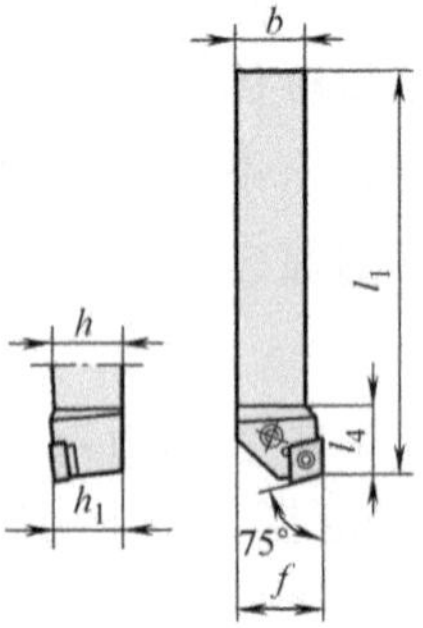 b h l_1 l_4 h_1 75° f	端面车刀
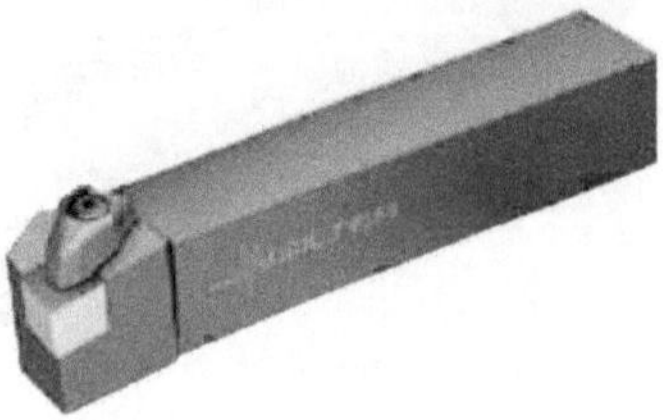	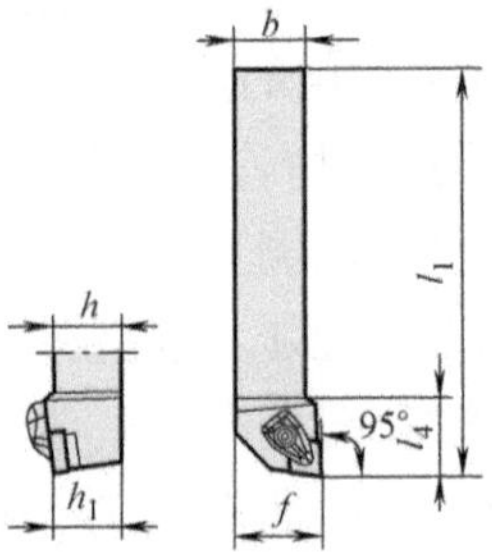 b h l_1 95° l_4 h_1 f	外圆和端面车刀

（续）

可转位车刀立体图示例	可转位车刀示意图示例	可转位车刀名称
	b h l_1 l_4 93° f	外圆仿形车刀
	s_1 h b l_1 T_{max} l_4 h_1 D_{max} s f_1 f	外圆车槽刀
	h b l_1 T_{max} h_1 s f_1 D_{min} D_{max} f	端面车槽刀

（续）

可转位车刀立体图示例	可转位车刀示意图示例	可转位车刀名称
	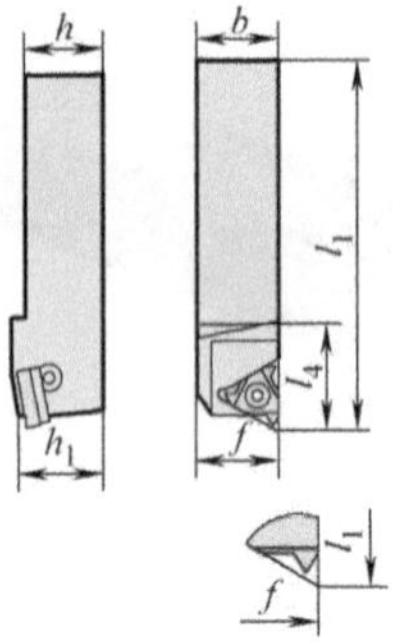	外圆螺纹车刀

常见的内圆加工车刀（也称内孔加工刀具）见表 2-2，包括内圆车刀、内圆和端面车刀、内圆仿形车刀、内圆车槽刀、内圆螺纹车刀几种。

表 2-2　常见的内圆加工车刀

可转位车刀立体图示例	可转位车刀示意图示例	可转位车刀名称
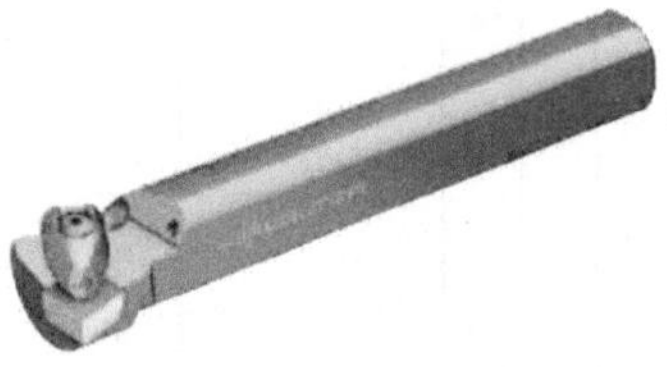	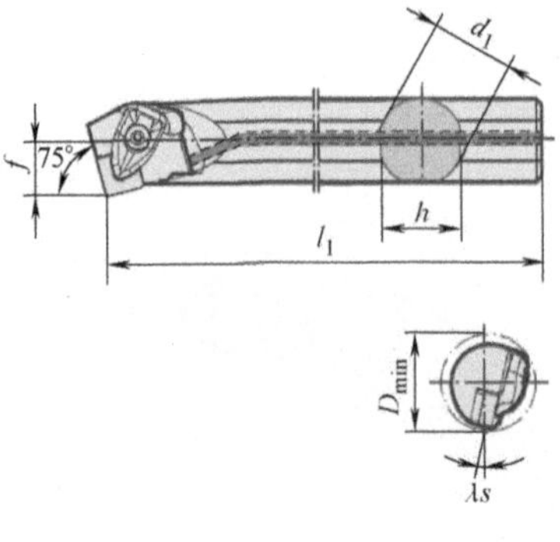	内圆车刀

（续）

可转位车刀立体图示例	可转位车刀示意图示例	可转位车刀名称
	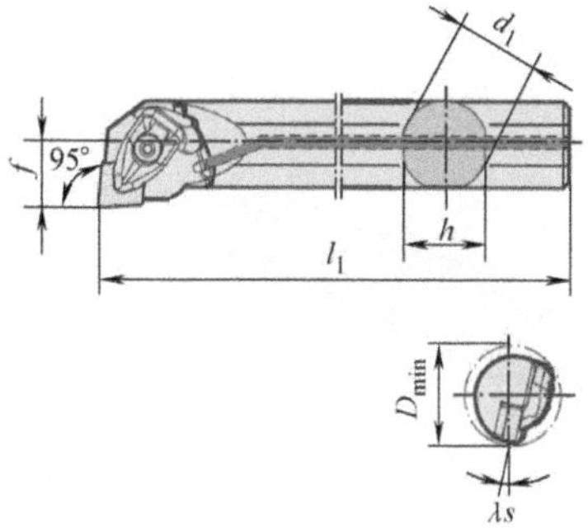	内圆和端面车刀
	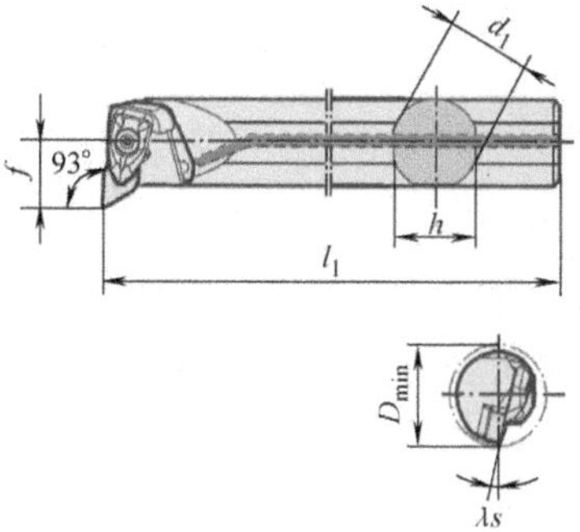	内圆仿形车刀
	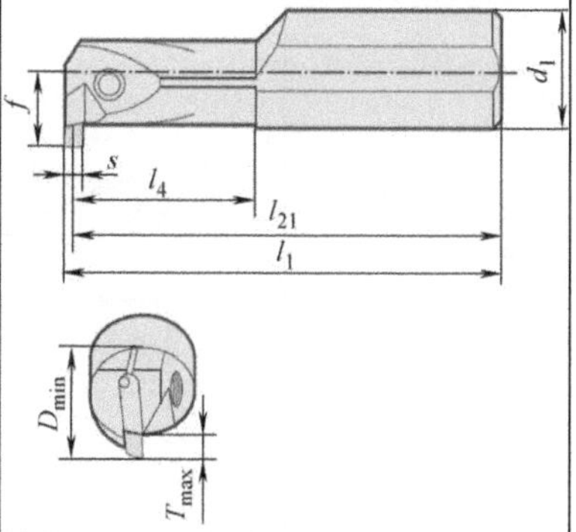	内圆车槽刀

（续）

可转位车刀立体图示例	可转位车刀示意图示例	可转位车刀名称
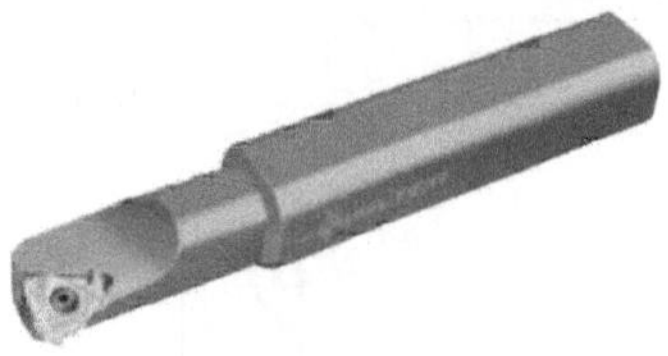	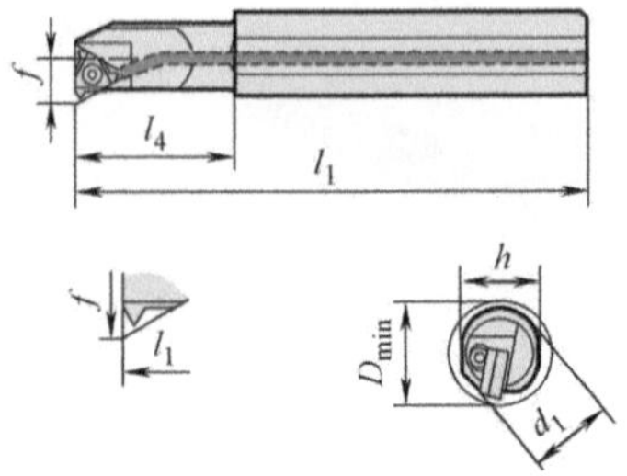 f l_4 l_1 f l_1 h D_{min} d_1	内圆螺纹车刀

2.2.2 可旋转刀具

车削时还会用到一类刀具，这类刀具在有些数控车床上使用时不旋转，用于加工轴线上的孔，见表 2-3。如果是带有动力刀架的数控车床或车削中心，那么麻花钻、中心钻、锪钻、铰刀、丝锥或者板牙、铣刀都是可以使用的。

表 2-3　车床用可旋转刀具

可旋转刀具立体图示例	可旋转刀具示意图示例	可旋转刀具名称
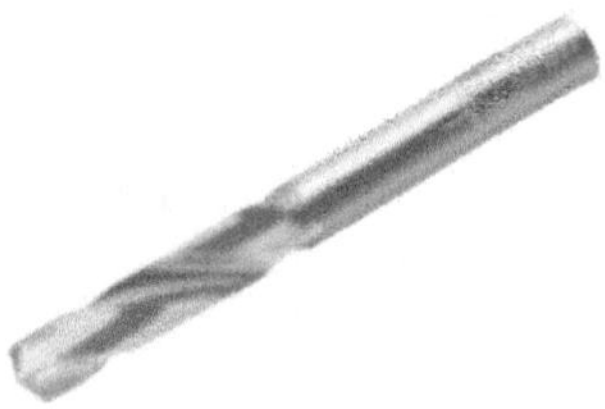	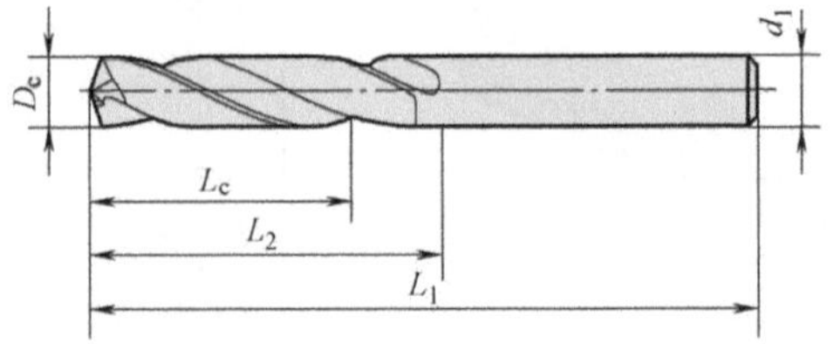 D_c d_1 L_c L_2 L_1	麻花钻

（续）

可旋转刀具立体图示例	可旋转刀具示意图示例	可旋转刀具名称
	圆柱柄	阶梯钻
	圆柱柄	中心钻
	圆柱柄	锪钻

（续）

可旋转刀具立体图示例	可旋转刀具示意图示例	可旋转刀具名称
	圆柱柄 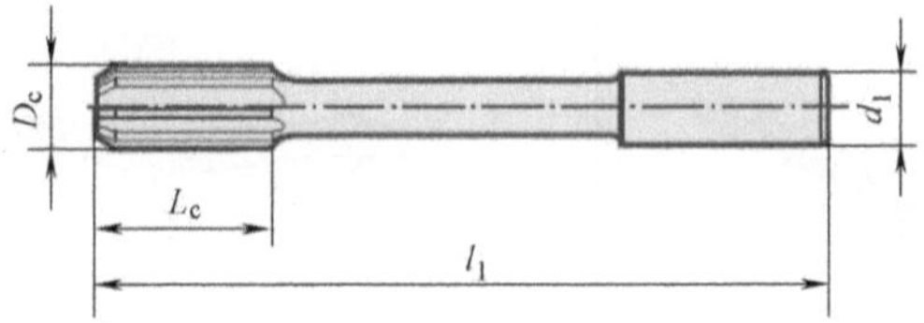 D_c L_c l_1 d_1	铰刀
	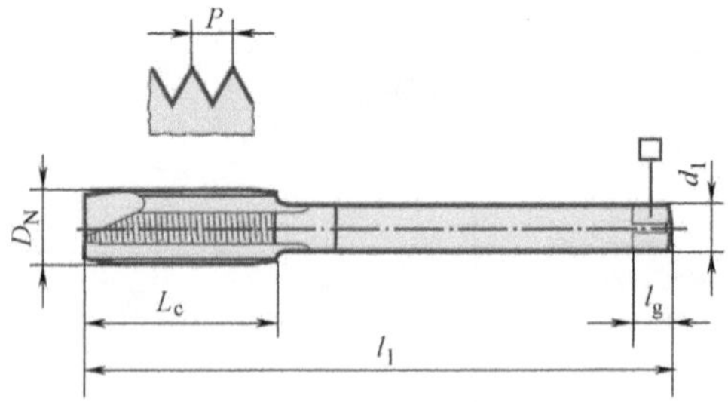 P D_N L_c l_1 l_g d_1	丝锥
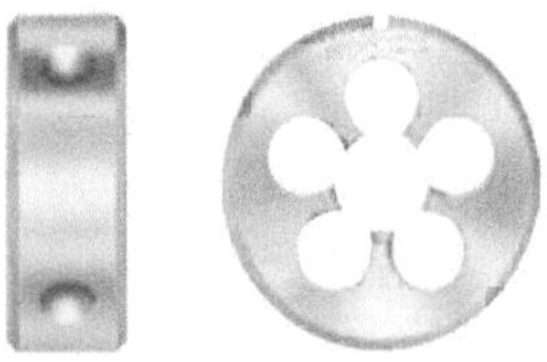	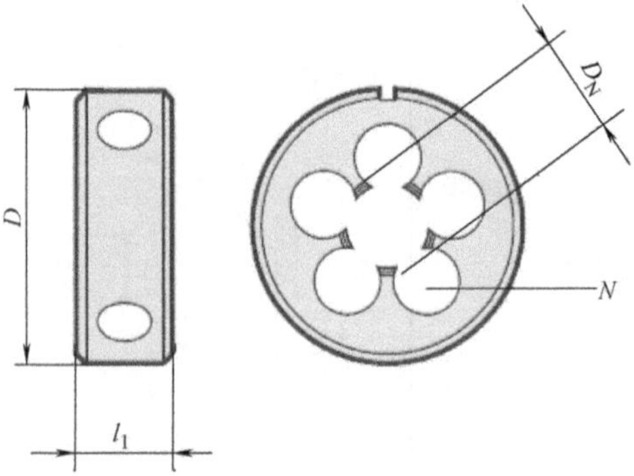 D l_1 D_N N	板牙

（续）

可旋转刀具立体图示例	可旋转刀具示意图示例	可旋转刀具名称
WALTER	D_c d_1 L_c l_4 l_1	铣刀

3

内外圆车刀

3.1 影响内外圆车刀选择的因素

图3-1是内外圆车削刀具选择原则示意图。左上角代表需要加工的工件。由向下的箭头，选择刀片的材质、刀片的类型、刀片的断屑槽型、切削参数、加工条件的优劣；由向右的箭头，考虑机床的条件、选择刀杆的类型、选择刀片的夹紧方式、选择刀片的形状，最后根据两个路线的综合考量，选择到适合加工任务的刀具。

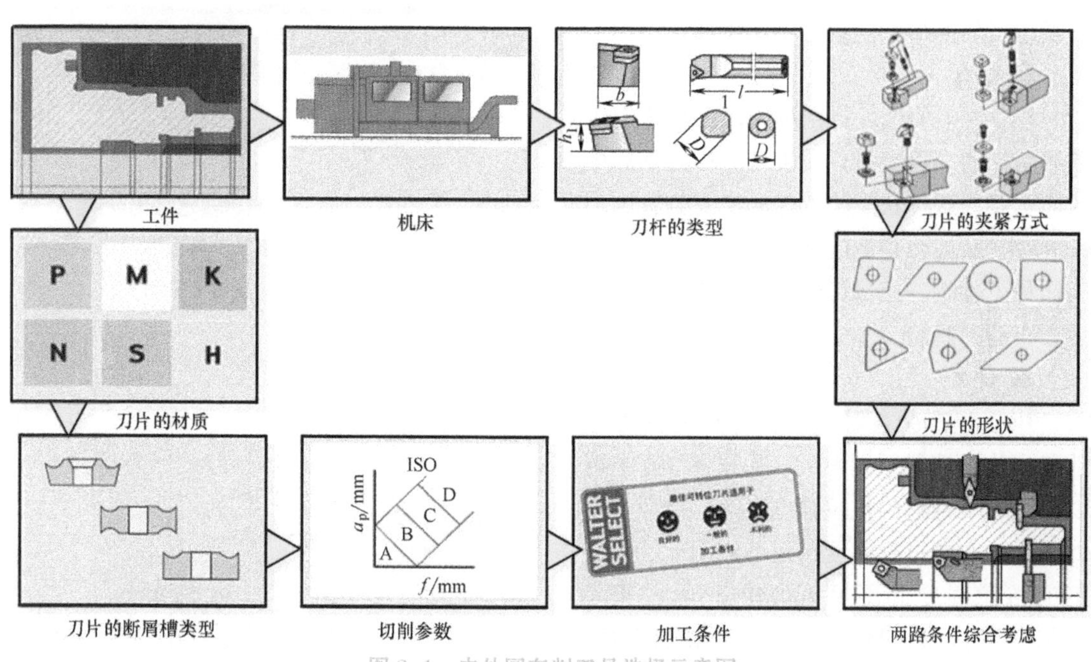

图3-1 内外圆车削刀具选择示意图

3.1.1 工件的因素

工件的一些因素会影响刀具的选择，如：

■ **形状**

刀具的选择必定受到工件形状的约束。纯粹的外圆车削几乎是没有这种约束的，但大部分工件都不会只是纯粹的外圆加工，可能会有一些台阶或者一些其他形状，这些形状就会限制刀具的选择。图 3-2 中工件的形状，使刀片的刀尖角受到限制，理论上最大刀尖角不能超过 60° 。另外，还应该考虑工件的形状是否会影响排屑。

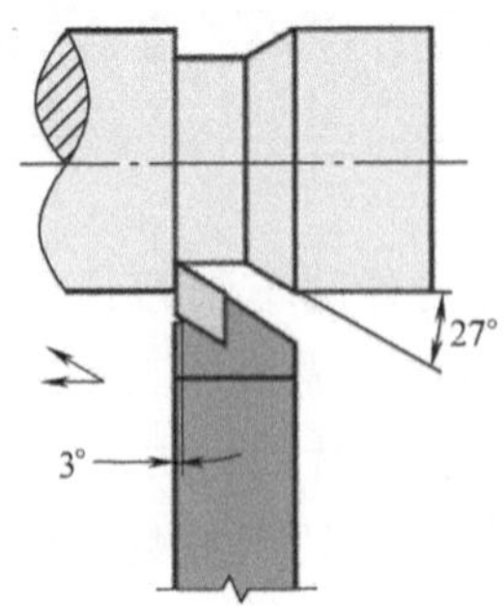

图 3-2 工件形状对刀具选择的影响

■ **刚性**

图 3-3 中的工件特别细长，在机床上仅依靠两端的顶尖夹持，属于《材料力学》中的简支梁。这种状态的工件如果受到背向力（径向力），很容易造成挠曲变形。因此，加工这种工件时，应尽可能采用背向力（径向力）小的刀具。

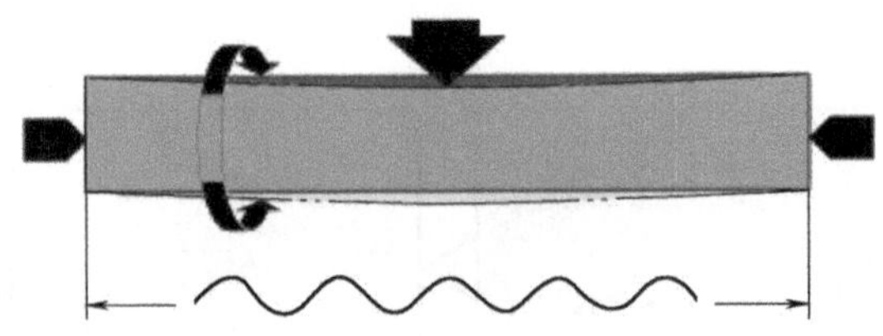

图 3-3 工件刚性对刀具选择的影响

■ **材质**

由于生产中各种不同工件材料的力学性能、化学性能差别很大，如在图 3-4 中可以看到若干钢材的抗拉强度 R_m 的大致水平，如 35CrNi3 的抗拉强度接近 900MPa，而 10 钢的抗拉强度尚不足 400MPa，两者相差 1 倍。同时，材料还有伸长率、导热系数、摩擦因数等力学性能，还有各种化学性能，对切削加工都有不同的影响。

工件材料是否容易断屑也是需要着重考虑的一个方面。

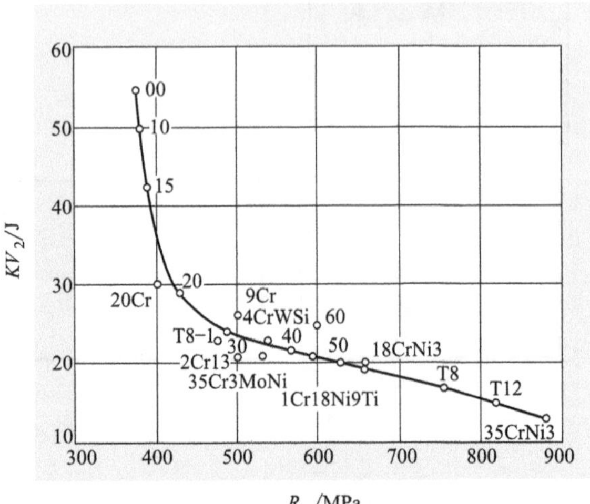

图 3-4 工件材质对刀具选择的影响

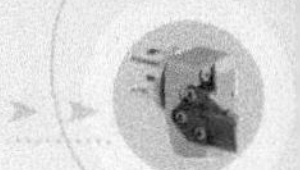

■ 毛坯条件

在车削中，根据毛坯余量的均匀程度，大致可分为余量均匀、连续但余量不均匀、轻微断续切削（如车外圆时，外圆需加工部分有一键槽）、严重断续切削（如圆柱齿轮的端面）几种基本类型。

另外，太小的余量可能会造成车削时切屑不容易被折断，尤其是韧性较强的材料。

■ 装夹

图 3-5 是两种在车床主轴上夹持工件的示意图。图 3-5a 的夹紧作用面小，只适用于切削力比较小的刀具。而图 3-5b 的夹紧作用面大，图 3-5b 的夹紧效果比图 3-5a 的要好，夹紧更为稳固，如遇薄壁工件也较不易变形，更有利于实现高效率的加工方式。

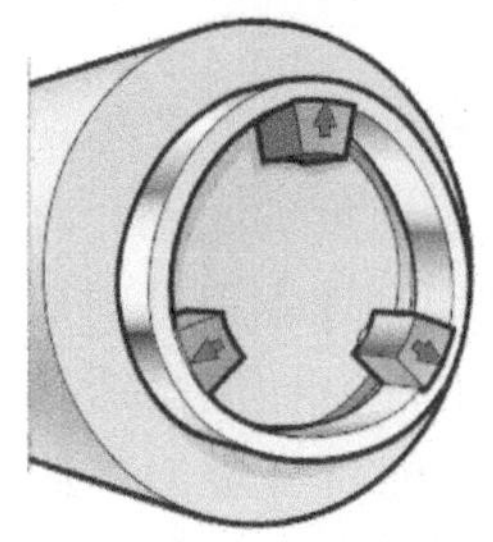

a)

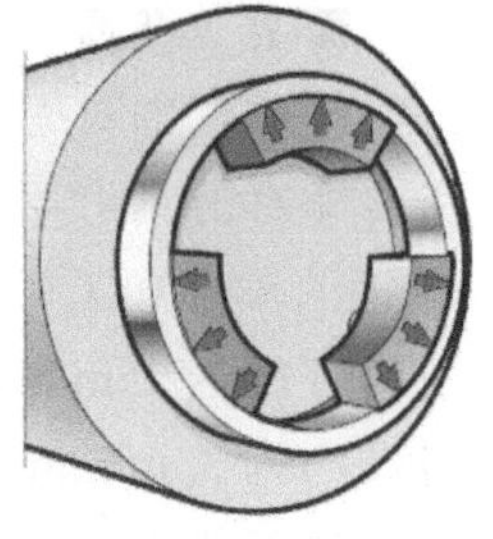

b)

图 3-5 夹持工件示意图

■ 尺寸公差和表面粗糙度要求

根据不同的尺寸公差和表面粗糙度的加工要求，一般会将加工类型分为粗加工、半精加工、精加工、超精加工等几种类型，对应这些不同的加工类型，选用不同的刀片槽型，在后面的章节中将会详细介绍。

3.1.2 机床的因素

■ 车床类型

数控车床按不同的分类方法，可以分为经济型（简易数控）、全功能型、车削中心、车铣复合等，或者卧式、立式等。这些不同类型的数控车床对刀具也有不同的要求，一般而言，越昂贵的机床要求的加工效率越高，而价格较低的机床通常是用相对廉价的刀具更为合适。

■ 刀位数量

车床的刀位数有时会影响刀具的选用。在批量生产中，如果一个工件在一台车床上由于受刀位数限制，无法用标准刀具完成全部车削加工而需要增加一台车床，其成本会高出许多。这时，如果选用了非标准的复合刀具，使加工任务可以集中在更少的机床上完成，会更经济，此时就应该选复合刀具。

■ 刀具装夹方式和尺寸

刀具必须装夹在机床上工作，因此，与机床相适应的刀杆形式和尺寸是刀具能够正确安装在机床上并保持精度和传递切削力的必要条件。

图 3-6 是目前数控车床上最常见的刀杆，其中矩形刀杆以矩形的截面尺寸表示其规格，如 25 方（即 25×25）或 3225（即 32×25）；圆形刀杆和 VDI 接口刀座以圆

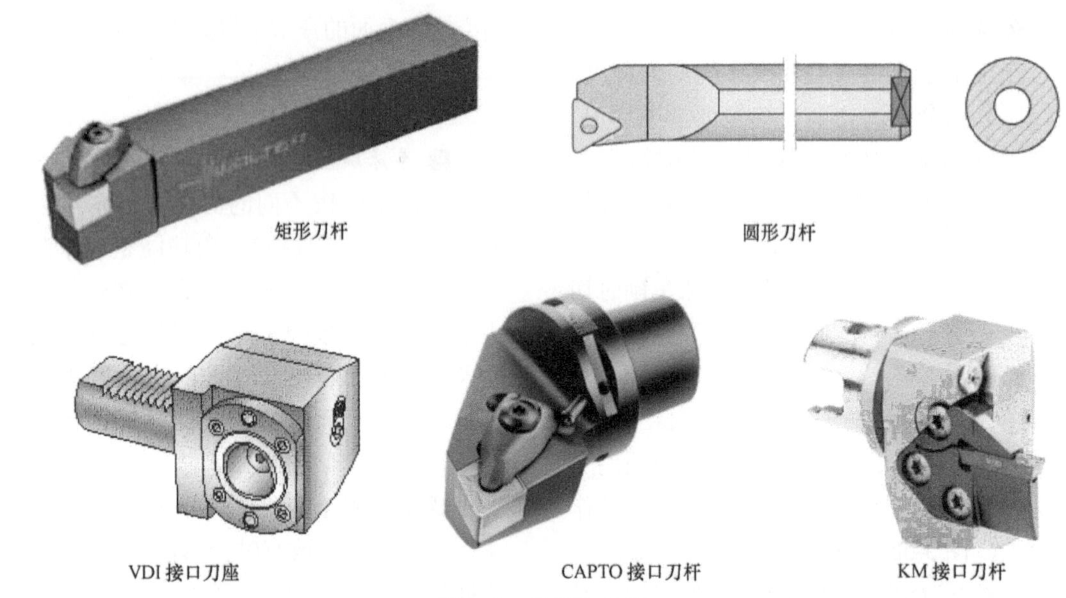

图 3-6 常见的刀杆

柱的直径表示其规格；CAPTO 接口刀杆和 KM 接口刀杆都以法兰盘的直径表示其规格，CAPTO 是字符“C”加上去掉个位数的法兰直径值（如法兰盘直径 50mm 的 CAPTO 规格为 C5）表示其规格，KM 则以字符“KM”加上法兰直径值（如法兰盘直径 50mm 的 KM 规格为 KM50）表示其规格。

■ 切削方向

切削方向通常由机床主轴的高功率转向确定。虽然大部分车床主轴既可以正转（顺时针）切削又可以反转（逆时针）切削，但只有一个方向旋转的功率较大，从而可保证较高的效率，选择刀具时一般应按照这个高功率的转向来选择切削方向。

■ 转速范围

转速范围对刀具选择的影响主要体现在转速对刀具可用的切削速度的限制。在 45 钢的车削加工中，普通高速钢刀具的切削速度仅为 25m/min 左右，高性能高速钢刀具约为 35m/min，焊接硬质合金刀具约为 70~80m/min，未镀层的硬质合金刀具约为 100m/min，镀层硬质合金刀具约为 180~300m/min（参见图 1-3）。例如加工一个小直径的 45 钢工件（直径 2mm），而车床的最高转速为 4500r/min，那么该工件可用的切削速度为

$$v_c=\frac{\pi \times d \times n}{1000}=\frac{\pi \times 2\text{mm} \times 4500\text{r/min}}{1000}=28\text{m/min}$$

从这一速度判断，使用普通高速钢刀具或高性能高速钢刀具应该更合适。

■ 主轴功率

机床的主轴功率是能否实现高效率切削的条件之一。一般而言，高效切削对机床主轴的功率要求也较高（高速加工除外），这就需要机床主轴的可用功率要达到或者超过切削所需功率。

图 3-7 是某数控车床的转矩 - 转速 - 功率曲线。选用在此机床上使用的刀具，既不能超过该转速下的机床最大功率，也不能超过该转速下的最大转矩。例如，机床的转速为 1500r/min，切削功率不应大于 33kW，而切削转矩约 210N · m。

3.1.3 刀具的因素

选择刀具时，需考虑刀具本身的各种因素对切削加工的影响。对于可转位刀具而言，至少要考虑刀杆和刀片两方面的影响。

■ 刀杆的影响

刀杆对完成切削任务的影响主要反映在刀杆的进给方向、截面形状和尺寸、长度、刀片夹紧方式和刀杆几何角度几个方面。

◆ 刀杆进给方向

图 3-8 是三种常用进给方向的刀杆。刀杆的进给方向可以用下面这个方法来判定：将刀杆装刀片面向上，刀尖对着自己，此时，主切削刃在右手边的就是右切车刀（图 3-8a），主切削刃在左手边的就是左切车刀（图 3-8c），而切削刃左右对称的，就是中置车刀（图 3-8b）。

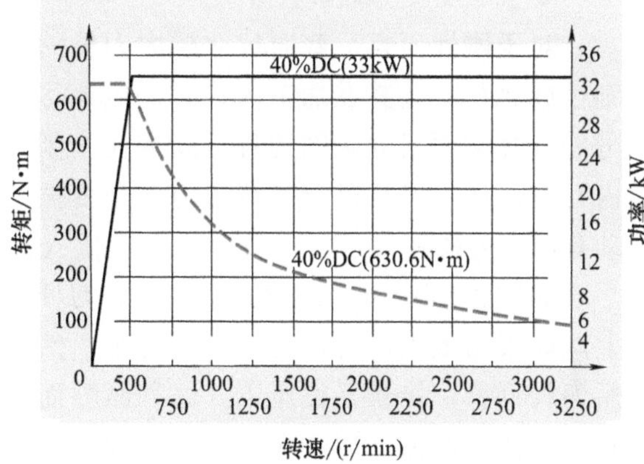

图 3-7　某数控车床的转矩 - 转速 - 功率曲线

图 3-8　三种常用进给方向的刀杆

在日常的切削加工中，最常见的是右车刀。图 3-9 是几种右车刀。

◆ 刀杆截面形状和尺寸

对于刚性而言，截面尺寸越大刀杆的刚性就越好。尤其在加工内孔时，应该尽可能选择截面尺寸大的刀杆。因为在车削内孔时，加工尺寸以及形状与刀杆是否振动有很大关系。

如图 3-10 所示，切削力朝下压在刀杆上，如果力太大，刀杆将会向下变形。然后刀杆回弹，接着又被压下。这种激烈而且有害的自激振动叫颤振。颤振会导致表面粗糙度差、形成锥形孔、孔的精度降低、无法获得较高的产量、增加废品等不利的后果，应该尽量避免。

一般而言，大致有三种方式可以抵消颤振：一是改善内孔车刀刀杆的静态刚度，二是改变内孔车刀杆固有频率，三是改变切削系统振动阻尼。

本节主要讨论改善内孔车刀刀杆的静态刚性。就静态刚性而言，车削内孔时内孔车刀刀杆的悬伸长度与直径的比值对加工状况非常敏感。可以说在任何情况下，都应使直径尽可能大和悬伸长度尽可能小。

图 3-11 和表 3-1 说明了保持悬伸长度最短的重要性。示例给出了在 1600N 的平均切削力作用下整体式钢制内孔车刀刀杆在不同悬伸长度下的偏斜量。

图 3-9　常见的右车刀杆

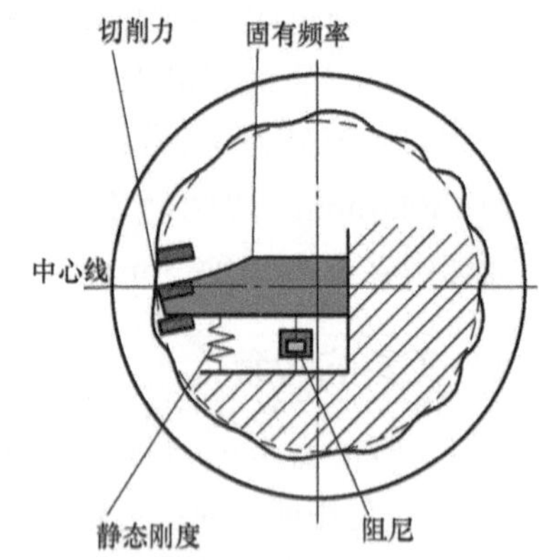

图 3-10　车削颤振原理图（图片源自肯纳金属）

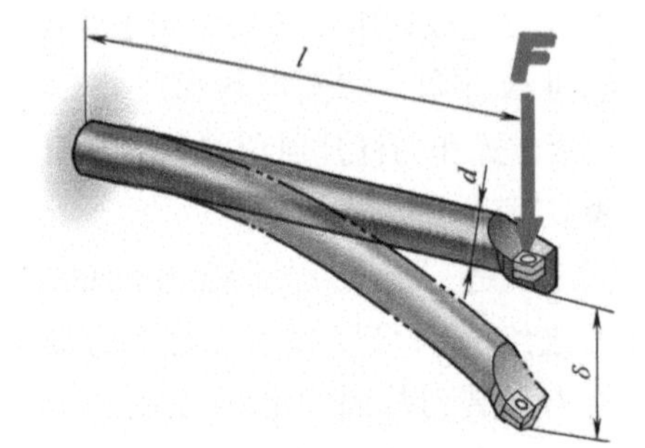

图 3-11　内孔车刀杆弯曲变形（图片源自山特维克可乐满）

内孔车刀刀杆的直径对其静态刚度有很大的影响。图 3-12 表示了刀杆直径与静态刚度的关系。如果加工内孔时最大可用刀杆直径为 50mm，而由于某些原因（出于经济原因、或在刀库里随意选了一个）而只选了直径为 25mm 的车刀刀杆，则静态刚度就比较差。如果改用直径为 32mm 的刀杆，刚度将增加到直径 25mm 刀杆的 2.5 倍，如果改用 40mm 的刀杆刚度则将增加到直径 25mm 刀杆的 5 倍，而如果改用 50mm 的刀杆，刚度将会增加到直径 25mm 刀杆的 16 倍！

车削内孔时，使用带内冷却孔的刀杆可以提高刀具排屑能力，延长刀具寿命，但是刀杆中心的内冷却孔是否会导致刚度降低呢？实际上，一把直径为 25mm、内冷却孔直径为 4mm 的内孔车刀刀杆，刚度仅仅损失 0.06%，是微乎其微的。

在车削内孔时，内孔车刀刀杆的长度是另一个影响静态刚性的要素。在使用中，内孔车刀杆的长度将分为夹持长度和悬伸长度两个主要部分，如图 3-13 所示。

表 3-1　悬伸长度与挠度的关系　（单位：mm）

刀杆直径 d=32	$l=12\times d$	$l=10\times d$	$l=4\times d$
悬伸长度 l	384	320	128
挠度 δ	2.7	1.6	1

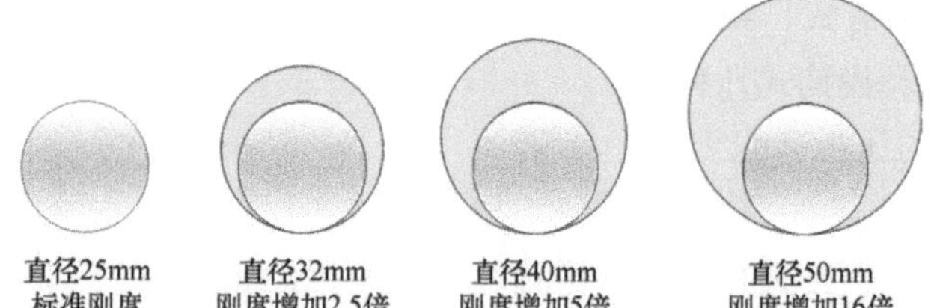

图 3-12　内孔车刀刀杆直径与静态刚度关系图（图片源自肯纳金属）

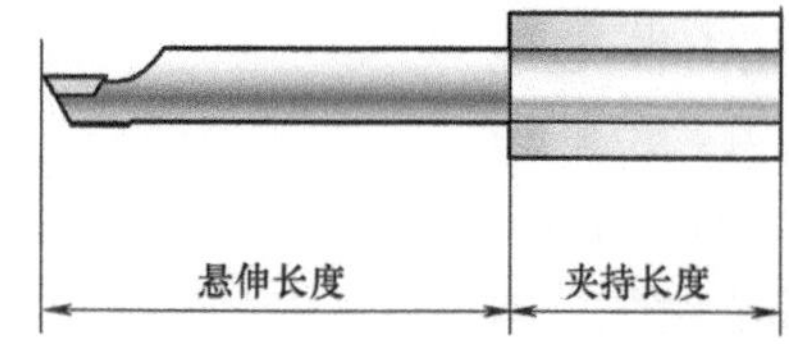

图 3-13　内孔车刀刀杆的夹持长度与悬伸长度

确定夹持长度通常的经验是：直径大于或等于 25mm 时内孔车刀刀杆夹紧长度是直径的 2.5~3 倍，刚性要求高时为直径的 4 倍；而直径为 25mm 或更小的内孔车刀刀杆夹紧长度为 62.5mm。

确定悬伸长度的经验则是：悬伸长度越短，性能越好。表 3-1 已经表示了悬伸长度 l 对挠度 δ 的影响。随着悬伸长度变短，刚度迅速增加，挠度变小。当一个直径 25mm 的刀杆悬伸长度由直径的 4 倍（100mm）减为 3 倍（75mm）时，刚度为原来的 2.4 倍；进一步缩短悬伸长度至直径 2 倍（50mm）时，刚度增加到原来的 8 倍；而再一步缩短悬伸长度至直径 1 倍（25mm）时，刚度竟可以增加到原来的 64 倍！

◆ 刀片夹紧方式

在内外圆车刀方面，最常用的夹紧方式包括压板式、偏心销式、螺钉锁紧式、锲销压紧式、曲杆式和楔钩式几种。

如图 3-14 所示的压板式主要用于压紧无孔刀片。

虽然刀片上无孔，但是具有某种形状的压紧凹坑（图 3-15）也可以使用相似的压紧机构。图 3-16 是经过改进的一种压板机构，它不仅可以用来压紧普通的无孔刀片，也能用于压紧带异形压紧凹坑的无孔刀片。

第二种常用的锁紧方式是偏心销式。图 3-17 为增加了顶部压板的偏心销式，它具有结构简单、夹紧元件少、使用方便的特点，夹紧力比较小，一般用于中小型车床上作连续切削的车刀刀杆。因为偏心距有一定范围，所以调节距离不大。

第三种常用的锁紧方式是螺钉式。这种方式一般是用带锥头的螺钉，将带锥孔的刀片压紧在刀杆上，如图 3-18 所示。这种结构可以将刀杆做得很小，因此小直径的内孔车刀大多采用这种方式夹紧可转位刀片。但这种结构的刀片锥孔中心线与刀杆上的螺孔中心线是不重合的，图 3-18 左侧螺钉锥头与刀片锥孔存在间隙，可以看出这是一个偏心结构。

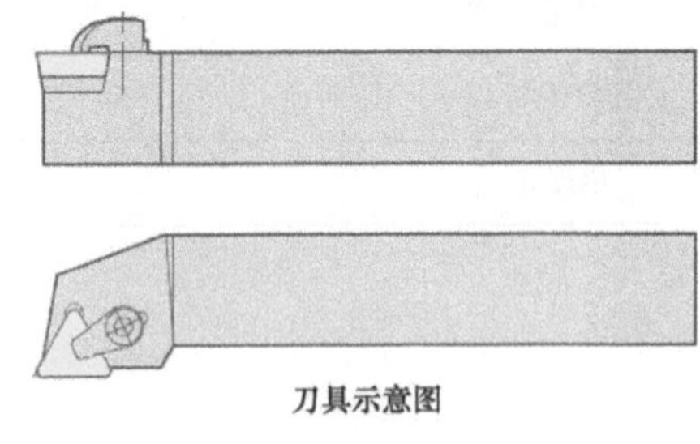

刀具示意图

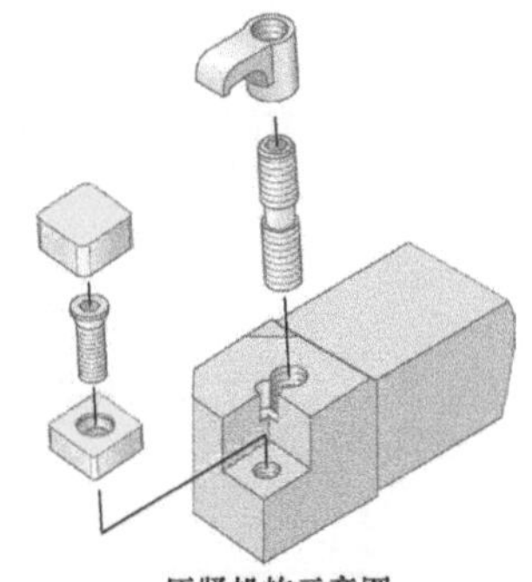

压紧机构示意图

图 3-14　使用无孔刀片的车刀

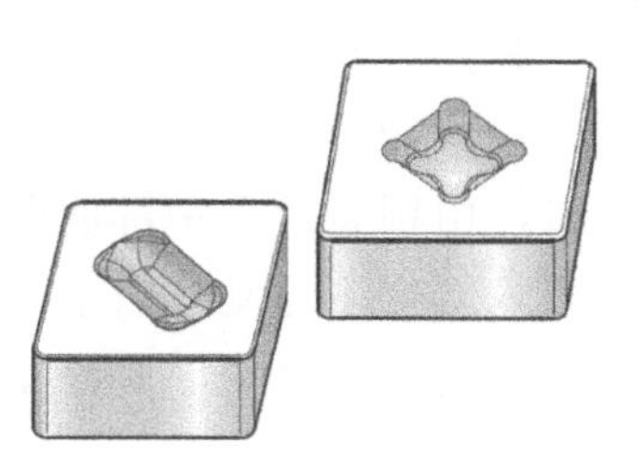

图 3-15 带有压紧凹坑的无孔刀片

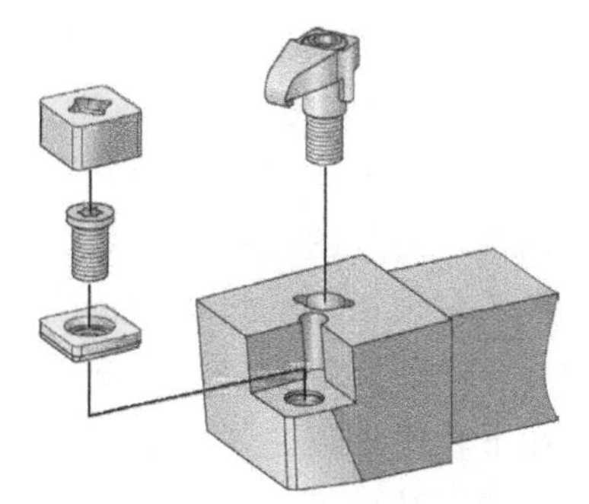

图 3-16 使用带有压紧凹坑无孔刀片的车刀

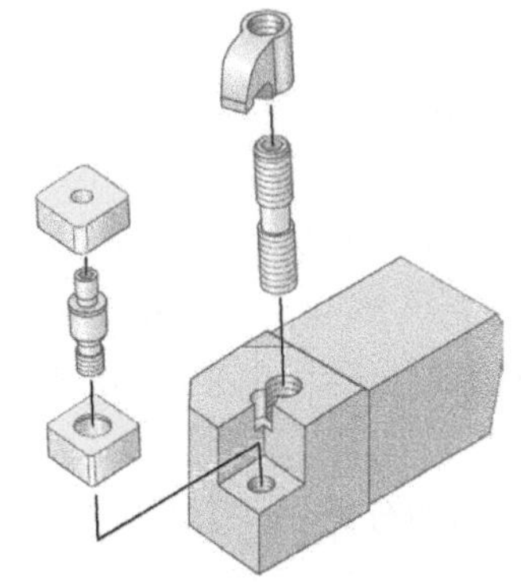

图 3-17 增加了顶部压板的偏心销式锁紧车刀

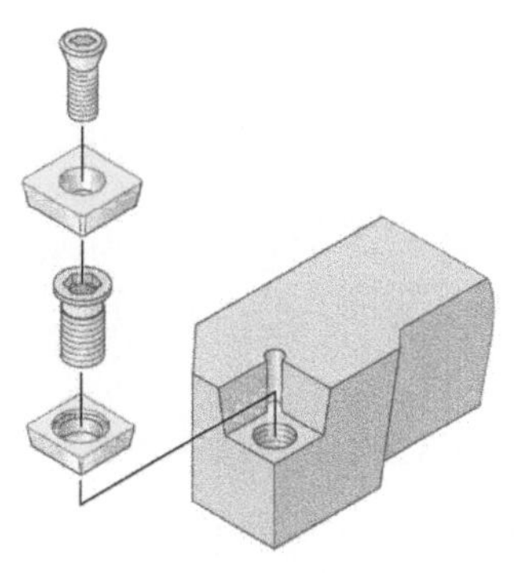

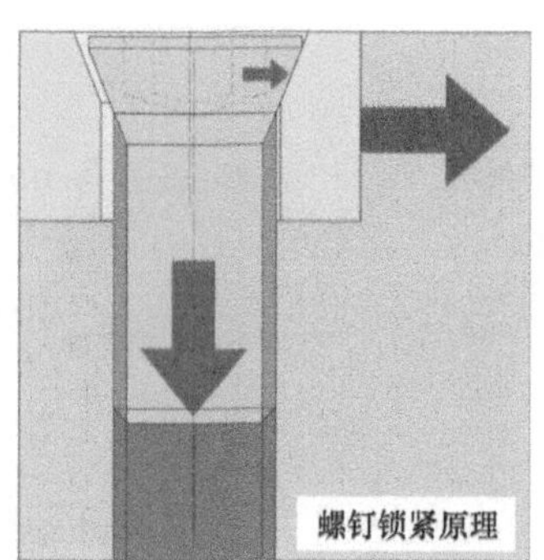

图 3-18 螺钉式锁紧车刀

第四种常用的锁紧方式是锲销压紧式（图 3-19）。锲销压紧式是一种中心孔 - 顶面联合压紧。锲销压紧式组件中锁紧销的上端是一个圆锥，刀片的孔可以套到这个圆锥上，在楔块在往下压的过程中，后面的斜面与刀杆上的斜面贴合并沿着斜面往下压，楔块在下行的过程中由于后面受到斜面的约束，慢慢往前推，使刀片的内孔与锁紧销的外圆贴合，楔块向刀片上伸出的压舌压住刀片的顶面，从而完成刀片的定位和压紧。同时，顶部在刀尖处压紧可在承受切削力时防止刀片翘起。这种设计中所用的零件比较多，此种方式适用于中载和重载切削。

第五种常用的锁紧方式是曲柄杠杆式。图 3-20 是曲柄杠杆式（简称“曲杆式”）锁紧结构的示意图，图 3-21 是该机构的分解图。从图 3-20 中可以看到其中的主要部件。更换刀片的时候，不需要更换刀垫，因此曲杆式刀具的刀垫是用开口卡簧固定在刀杆上。安装刀片时，用花型内六角扳手的长端插入锁紧螺钉顶部的驱动孔，向下拧锁紧螺钉，由锁紧螺钉中部的凹槽，带动曲杆的嵌入端向下移动。由于曲杆的外拐角卡在刀杆的曲杆孔内，曲杆便以外拐角为支点作顺时针转动，曲杆上部的压紧端便向右压紧刀片，使刀片先紧贴刀杆的刀片槽定位，然后压紧，这样就完成了刀片的定位压紧。

由于正型刀片孔口常带有锥度，使其孔口受力面与负型刀片不同，因此厂家设计出两种原理相同但结构略有不同的机构，分别适用于负型刀片和正型刀片的机构（图 3-20）。关于负型刀片和正型刀片的区别，将会在下面章节中进行分析。

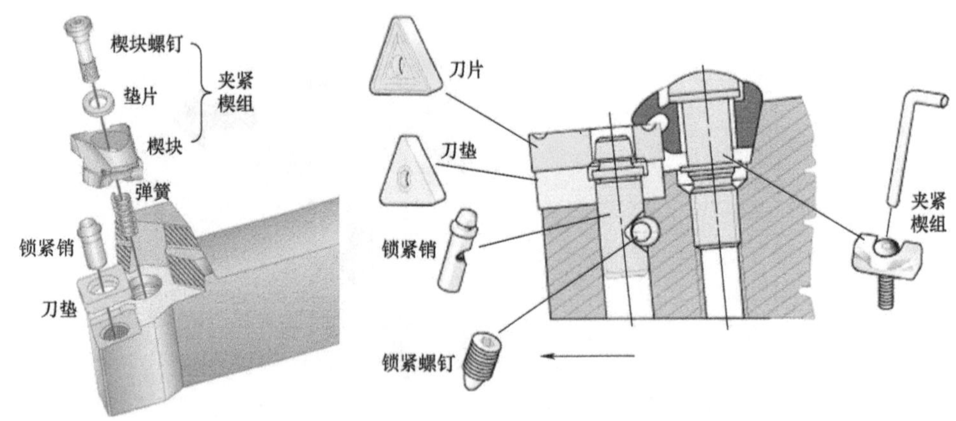

图 3-19　锲销压紧式锁紧车刀

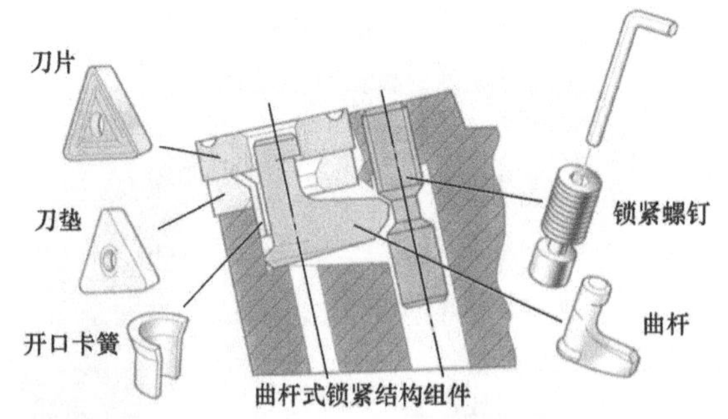

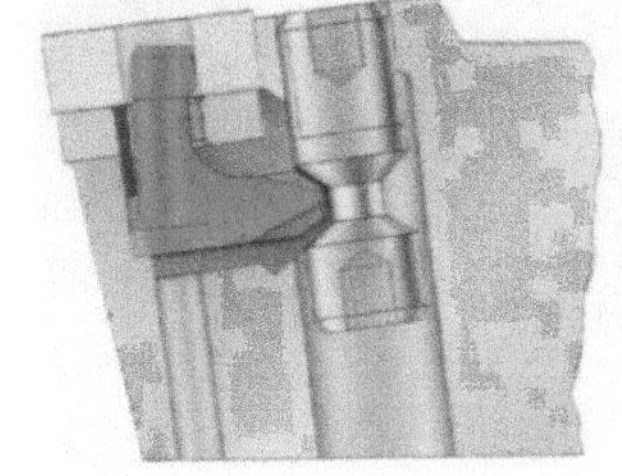

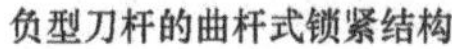

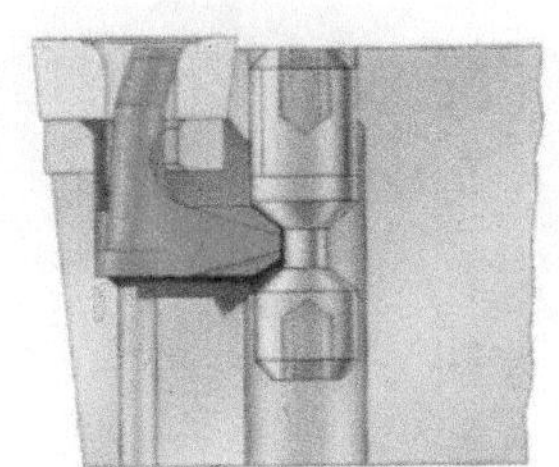

图 3-20 曲杆式锁紧结构

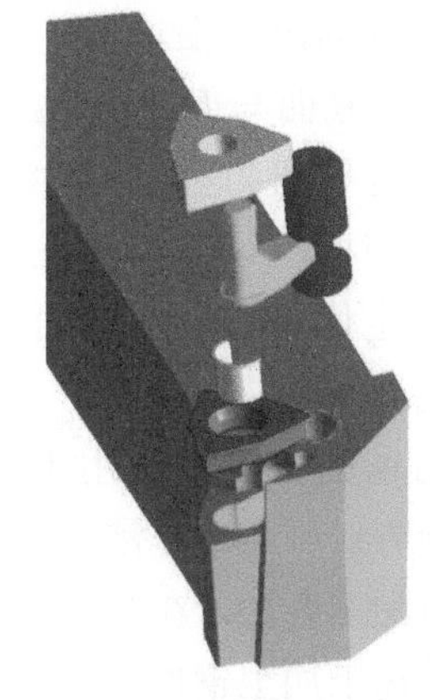

图 3-21 曲杆式锁紧车刀分解立体图

由于曲杆锁紧机构更换刀片只需要将锁紧螺钉拧动很小的一个角度（通常 1~2 圈之内即可解决），操作工人会觉得很方便，因此在内外圆车刀中应用广泛。但这种结构在带来方便的同时，也可能会带来一些问题，请各位读者注意：

1）曲杆锁紧机需要在刀杆内部挖出一个足以放入曲杆的空腔并使曲杆能够在其内部运动，这就或多或少受到削弱了刀杆的刚性。这种削弱在内孔车刀刀杆尤其是小直径内孔车刀杆上尤为明显。因此，依据作者的经验，在刀杆直径小于等于 20mm 时要谨慎选用曲杆式锁紧机构，刀具悬伸长度大时更不宜选用。

2）负型刀片使用曲杆锁紧机时，曲杆在锁紧刀片时向下推动刀片的力较小，在刀片侧面与刀杆接触面产生摩擦力，此摩擦力很容易形成刀片底面与刀杆上刀片槽分离，导致刀片的定位锁紧不稳固，在切削力较大时容易产生崩刃等现象。

第六种常用的锁紧方式是钩销式。钩销式是近年来新发展的一种锁紧方式，这种锁紧方式国际大型刀具制造商都有，虽结构略有差异，但可以说是原理大同小异。图 3-22 是几种不同的钩销式结构，现以瓦尔特的钩销式结构为例进行介绍。

钩销式结构的特点是压刀片的压板前端带有一个钩销。所谓“钩销”，就是这一部分既是把刀片压向定位面的“钩”，又是与刀片内孔紧密接触的“销”。在钩销往下压的过程中，刀杆头部后方的斜面使压板在往下压的同时向后“钩”刀片，往下压的力使刀片底面与刀片槽的上定位面贴合，而往后“钩”的力则使刀片的侧定位面很好地紧贴刀槽，这样就能使刀片在刀片槽里很好地定位和夹紧，从而保证刀片在切削时平稳可靠。

从目前的研究和使用来看，这种钩销式的锁紧方式可靠性非常高，尤为适合大负荷的粗重加工条件，在断续切削时效果也不错。如果用于加工钢件，由于这种结构中有压板，压板可能对于长切屑有阻碍作用，切屑会使压板被迅速磨坏而无法正常使用，因此这种结构是首先用于短切屑工件材料（铸铁）。如果需要用于加工钢件，可使用带淬硬钢板或者硬质合金的压板。

另外，这种结构一般认为是专用于负型刀杆的，使用时冷却系统必须充分供给切削液。

在可转位车刀的国际标准中（国际标准为 ISO 5608:2012，我国现行标准为 GB/T5343.1-2007，等效采用了 1995 版的国际标准），有一个字母是用来表示刀片固定方式的，如图 3-23 所示。

C 型是上压式，压板式就属于这种方式。

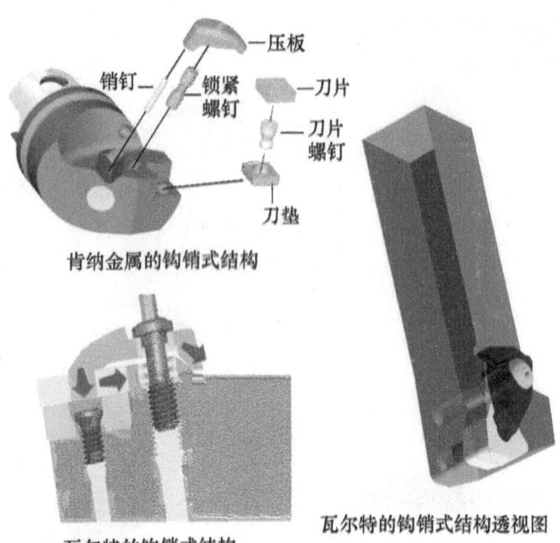

图 3-22 钩销式锁紧车刀

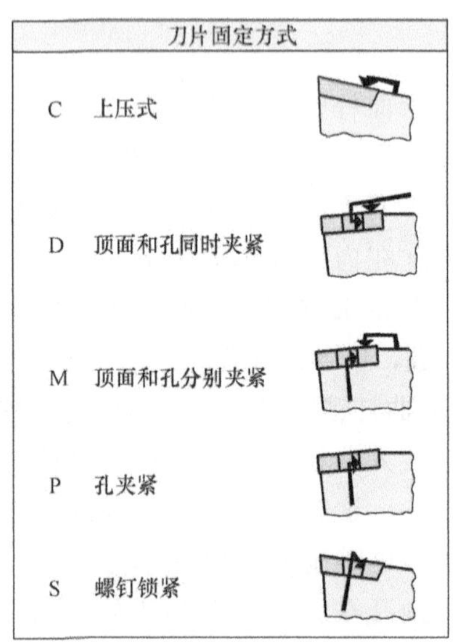

图 3-23 可转位车刀刀片固定方式

D 型是顶面和孔同时夹紧，钩销式就属于这种方式。

M 型是顶面和孔分别夹紧，增加了顶部压板的偏心销式、锲销压紧式就属于这种方式。

P 型是孔夹紧，偏心销式、曲杆式就属于这种方式。

S 型是螺钉夹紧，螺钉锁紧式就属于这种类型。

◆ 刀杆几何角度

可转位刀具的几何角度包括刀杆的几何角度和刀片的几何角度（图 3-24）。可以说，刀具的实际角度取决于刀片上槽型等几何角度以及刀片在刀体上的安装角。可转位刀具的角度关系见表 3-2。

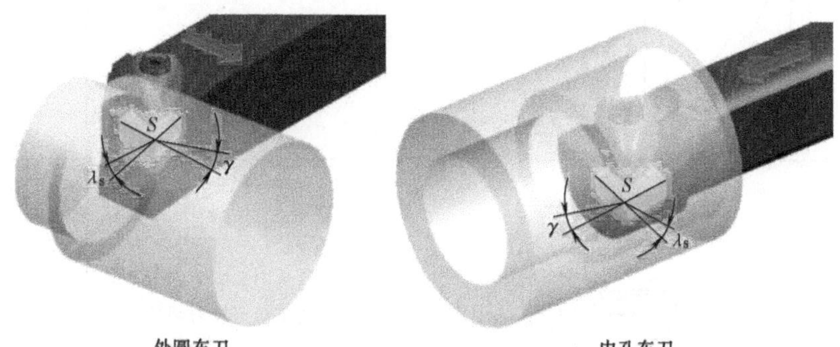

图 3-24　车刀几何角度

表 3-2　可转位刀具的角度关系

角度	示意图	内容	公式
前角	$\gamma_{o刀杆}$ $\gamma_{o刀具}$ $\gamma_{o刀片}$	可转位刀具的前角等于刀片与刀杆在正交平面中前角的代数和	$\gamma_{o刀具}=\gamma_{o刀杆}+\gamma_{o刀片}$

（续）

角度	示意图	内容	公式
后角	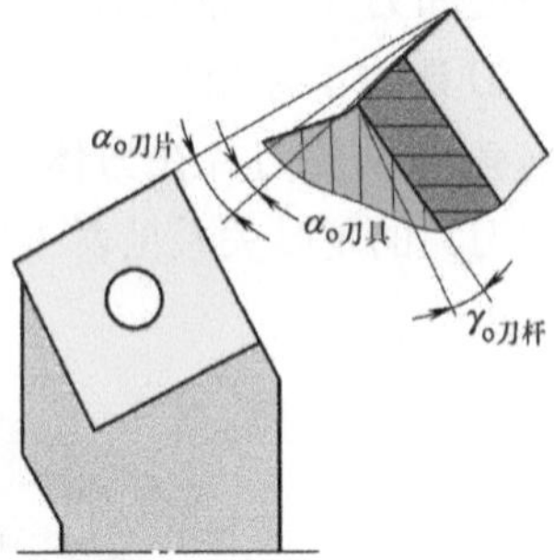 $\alpha_{o刀片}$ $\alpha_{o刀具}$ $\gamma_{o刀杆}$	可转位刀具的后角等于刀片在正交平面中的后角与刀杆在正交平面中的前角之差	$\alpha_{o\,刀具}=\alpha_{o\,刀片}-\gamma_{o\,刀杆}$
刃倾角	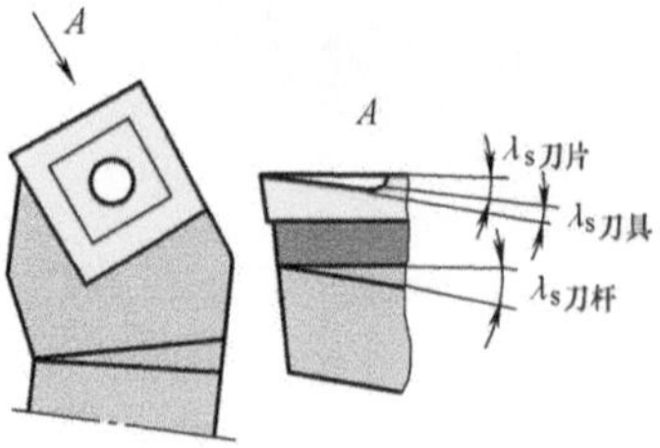 A A $\lambda_{s刀片}$ $\lambda_{s刀具}$ $\lambda_{s刀杆}$	可转位刀具的刃倾角是刀片刃倾角与刀杆刃倾角的代数和	$\lambda_{s\,刀具}=\lambda_{s\,刀杆}+\lambda_{s\,刀片}$
主偏角	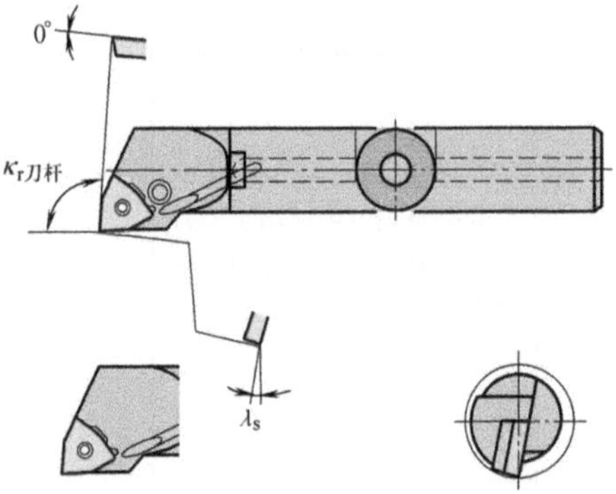 0° $\kappa_{r刀杆}$ λ_s	可转位刀具的主偏角是由刀杆自身的主偏角决定的	$\kappa_{r\,刀具}=\kappa_{r\,刀杆}$

刀杆的前角见图 3-25。

在标注刀杆的几何角度时，假想在刀杆上安装了一个零前角、零后角的刀片，这样不会改变刀具的角度。刀具的前角、后角都就是刀杆的前角、后角。

图 3-25 中的前角实际上类似于在正交平面上测量的前角 γ_o。而安装面则是在理想状态下平行于基面的平面，标注的刀杆顶平面同样也是平行于基面的。

负前角的刀杆表示从刀尖点处向上倾斜，当切屑从刀片上表面移动时，它容易向上移动、卷曲。这种刀杆容易对切屑进行压缩，使其卷曲得更为厉害，切屑显得较为紧凑。负前角的刀杆的切削力相对正前角的刀杆大，消耗功率也较大。

实际上，图 3-25 中刃倾角就是在切削平面上测量的前角，它与切屑的流向相关，故叫做“刃倾角”。负的刃倾角将使切屑流向已加工表面，而正的刃倾角将使切屑流向待加工表面，如图 3-26 所示。

如果主偏角 κ_r 是 90°，那么刃倾角 λ_s 与所谓的径向前角 γ_p 发生了重合。图 3-27 是某公司为铝轮毂设计的一种刀杆，这把刀杆的主偏角约 90°，它在假定工作平面（又称侧平面，即平行于假定进给运动方向，并垂直于基面 p_r 的平面）内的前角侧前角 γ_f 为 0，而约 90° 的主偏角使其切削平面与背平面（即垂直于假定进给运动方向，并垂直于基面 p_r 的平面）基本重合，即 $\lambda_s \approx \gamma_p$=15°，较大的正向刃倾角使切屑流向待加工表面，保护工件表面不致被划伤。

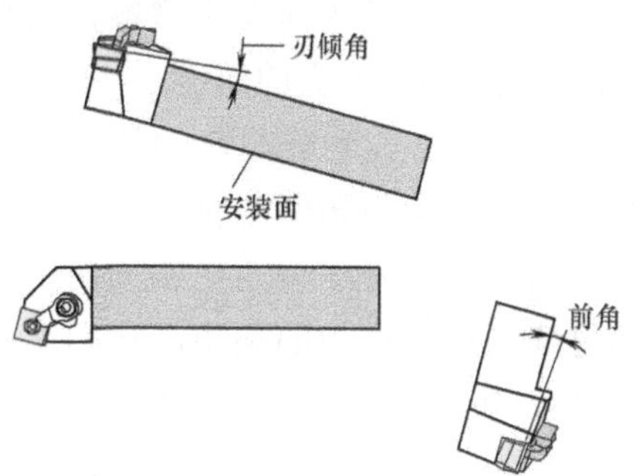

图 3-25　刀杆的前角

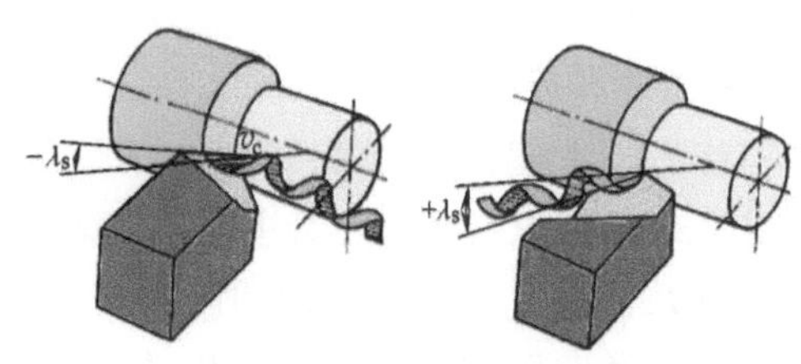

图 3-26　刀杆的刃倾角

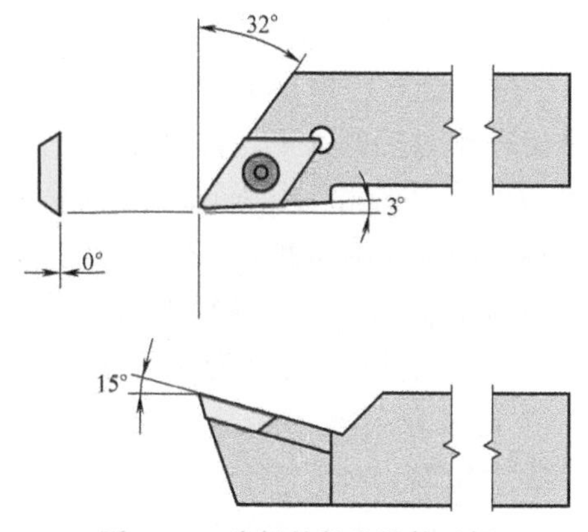

图 3-27　为铝轮毂设计的刀杆

在图 3-25 上没有标出刀杆的后角，因为只要刀片能正确安装，刀杆的后面在切削过程中不与工件表面发生摩擦，刀杆的后角在切削中没有太大的作用。

刀杆直接决定可转位车刀的主偏角与副偏角，主偏角与副偏角对切削的影响是多方面的。不论是主偏角、副偏角、过渡刃偏角或其他切削刃的偏角，它们的共同作用是使刀具的各条切削刃合理的分工、连接与配合，保证合理的刃形和切削图形，同时保证刀尖部位具有一定的强度和散热体积。选择合理的主偏角、副偏角和其他切削刃偏角，可以提高加工表面质量，延长刀具寿命和提高生产率。

首先，主偏角将影响切削力的分配。从图 3-28 中可以看到，随着主偏角的改变，切削力 F_c、进给力 F_f（轴向切削力）和背向力 F_p（径向切削力）都会发生改变。在主偏角小于 90° 的范围内，随着主偏角的加大，切削力逐渐减少，最多可减少约 20%；在进给力 F_f 增长了几乎 100%，但始终维持在相对较低水平。背向力 F_p 的变化趋势与进给力 F_f 相反，是随着主偏角的加大而逐渐减小（图 3-29）。这一点在加工细长轴类刚性较差的工件时影响特别大。

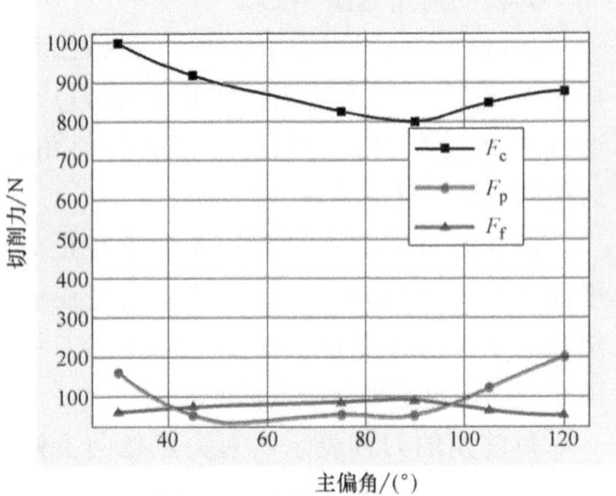

图 3-28 主偏角与切削力的关系

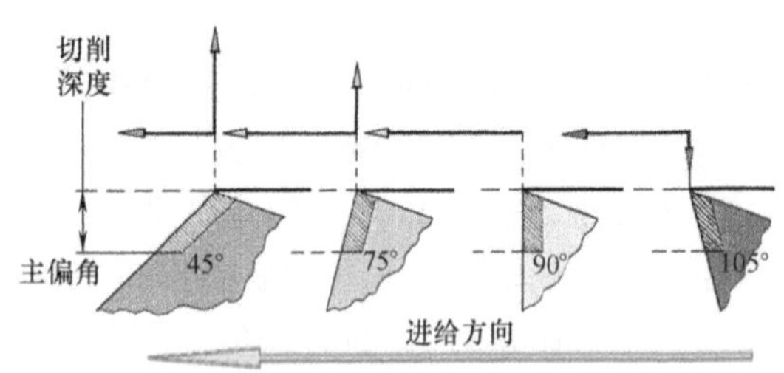

图 3-29 常用主偏角的切削力分配示意图（图片源自肯纳金属）

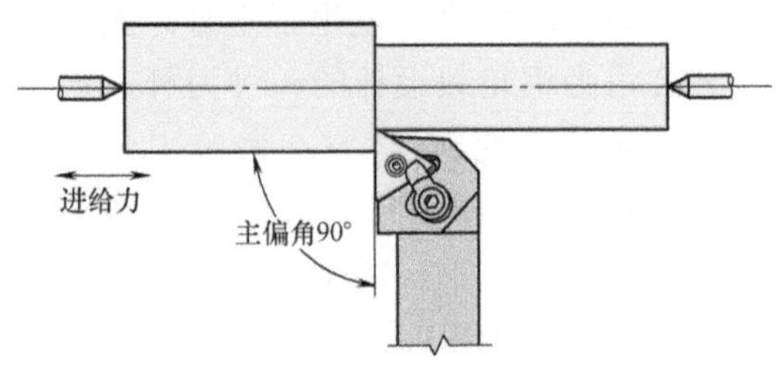

图 3-30 90° 主偏角车刀加工细长轴（图片源自肯纳金属）

图 3-30 是用主偏角为 90° 的车刀车削一个细长轴。在不考虑刀尖圆弧影响时，除主切削力外几乎都是进给力，工件不易发生变形。当用主偏角小于 90° 的车

刀（图 3-31）或大于 90° 的车刀（图 3-32）进行加工时，工件易在背向力下发生变形，材料在加工过程中被少切或多切，从而形成桶形或沙漏形。

其次，切削力会改变切削层截面形状，在相同的切削深度 a_p 和进给量 f 时，切削层宽度 b_D 和切削层厚度 h_D 都会发生改变。随着主偏角的增大，切削层宽度 b_D 逐渐减小，这意味着切削力在主切削刃上分布的宽度更窄，单位长度上的切削负荷较大，刀具磨损会更快；另一方面，切削层厚度 h_D 则越来越大，代表着切屑更厚，不易卷曲而容易折断，如图 3-33 所示。

再次，主偏角和副偏角都会对加工残留面积的大小有影响，从而影响表面粗糙度值。从图 3-34 可以看到，随着主偏角 κ_{r1} 增大到 κ_{r2}，工件上残留面积高度由 h_{c1} 增大到 h_{c2}，也就是说，随着主偏角的加大，工件的表面粗糙度值变大，表面质量变差了。

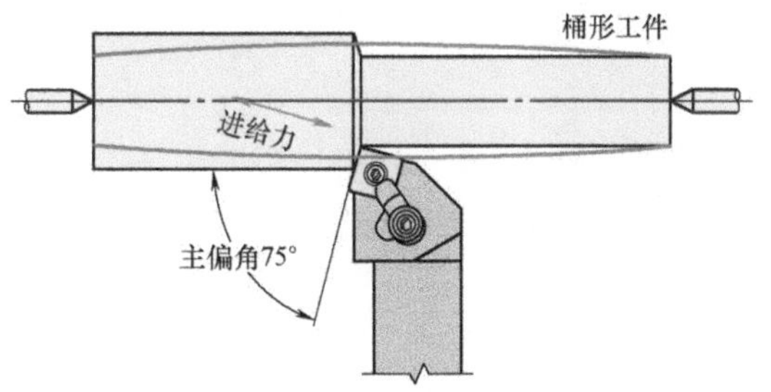

图 3-31 75° 主偏角车刀加工细长轴（图片源自肯纳金属）

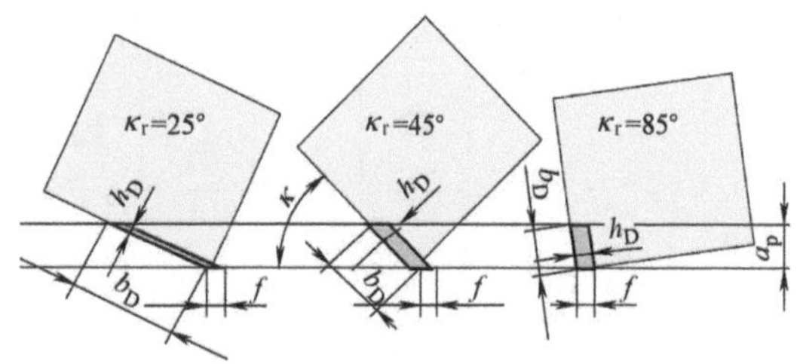

图 3-33 主偏角与切削图形的关系（图片源自肯纳金属）

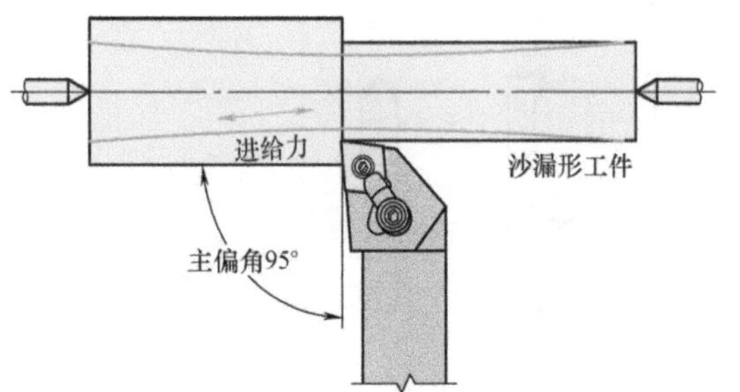

图 3-32 95° 主偏角车刀加工细长轴（图片源自肯纳金属）

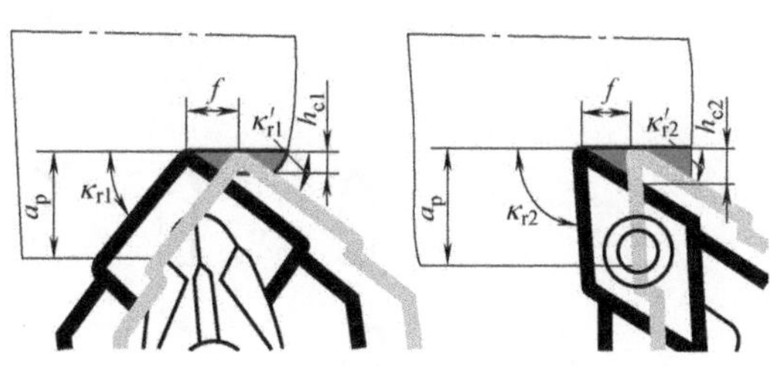

图 3-34 主、副偏角与残留面积的关系

◆ 刀杆的标准代号

图 3-35 是关于数控外圆车刀刀杆的标准代号（国际标准为 ISO 5608:2012，我国现行标准为 GB/T5343.1-2007，等效采用了 1995 版的国际标准），其中许多代号在前面已介绍过，具体含义如下：

第 1 位字母：表示刀片固定方式，参见图 3-22 所示。

第 2 位字母：表示可转位刀片的基本形状，车刀片常用的有 C、D、R、S、T、V、W 七种，将在下一部分加以详细介绍。

第 3 位字母：表示刀具头部形式（主偏角）。外圆车刀的常用主偏角见图 3-36。

第 4 位字母：表示刀具的刀片法后角。刀片常用的后角，将在下一部分加以详细介绍。

第 5 位字母：表示刀具的切削方向，也就是刀杆进给方向。这一部分在前面已经讨论过（参见 P21），刀杆的进给方向分为右切刀杆，以字母“R”表示；左切刀杆，以字母“L”表示；中置刀杆，以字母“N”表示。

第 6 位的两位数字：表示刀杆高度值的整数部分，若整数部分十位数空缺，则以“0”表示。

P	W	L	N	R	25	25	M	08
1	2	3	4	5	6	7	8	9

图 3-35 数控外圆车刀刀杆的标准代号

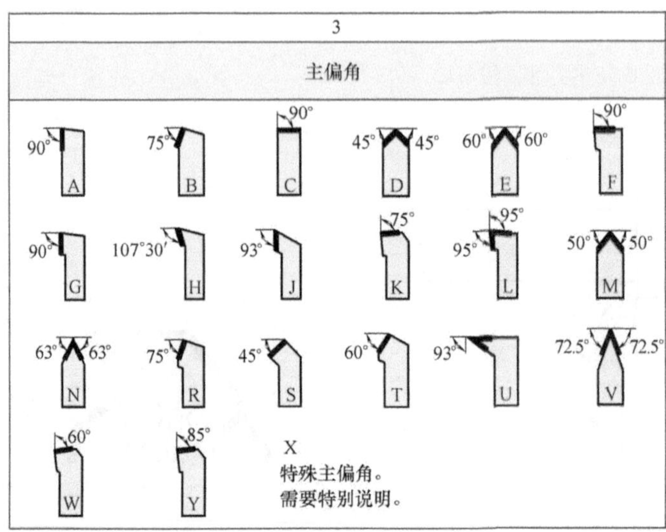

图 3-36 外圆车刀的常用主偏角

第 7 位的两位数字：表示刀杆宽度值的整数部分，若整数部分十位数空缺，也以“0”表示。

第 8 位字母：表示刀杆的长度（在山特维克可乐满 CAPTO 刀柄和肯纳的 KM 刀柄中表示悬伸长度），其值如图 3-37 所示。

第 9 位两位数字：代表切削刃长度（图 3-38），将在下一部分加以详细讨论。

如 CAPTO、KM 之类的车刀杆，在前面先以 1 或 2 个字母表示种类，再以数值标出其规格，然后以短横“-”连接常规的车刀杆代号。如 CAPTO50 的前置代号为“C5”，而 KM32 的前置代号就是“KM32”。

图 3-39 是 CAPTO 主柄车刀杆的代号实例。第“0”位的 C5 表示该刀柄是法兰盘直径为 50mm 的 CAPTO 刀柄，1~5 位代码与矩形车刀杆代码一致。第 7 位的两位数代表刀尖的偏心值 f（图 3-40）。CAPTO 刀柄代码与矩形刀柄代码的另一不同点是，它第 8 位不是用数字代码来表示，而是直接用 3 位数字表示悬伸长度 l_4 的数值。CAPTO 的内孔刀柄也是如此表达 f、l_4。第 10 位是国际标准（国际标准为 ISO 5608:2012，我国现行标准为 GB/T5343.1-2007，等效采用了 1995 版的国际标准）留给厂商的附加代码，需要使用时以短横杠“-”与国际标准代码分隔。

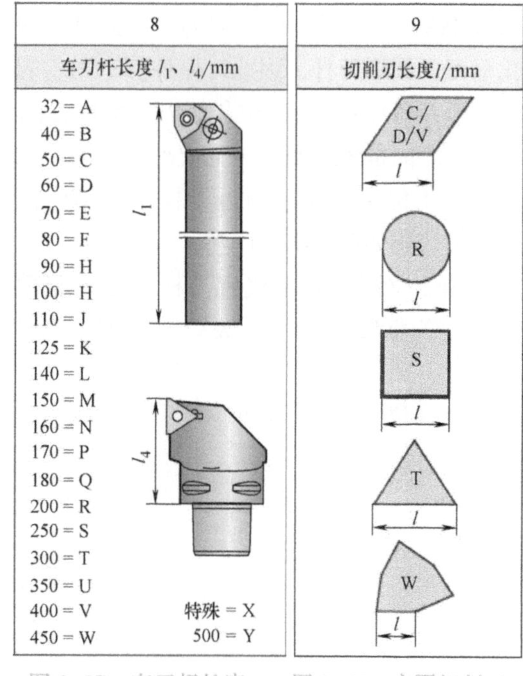

图 3-37 车刀杆长度代号

图 3-38 主要切削刃长度代号

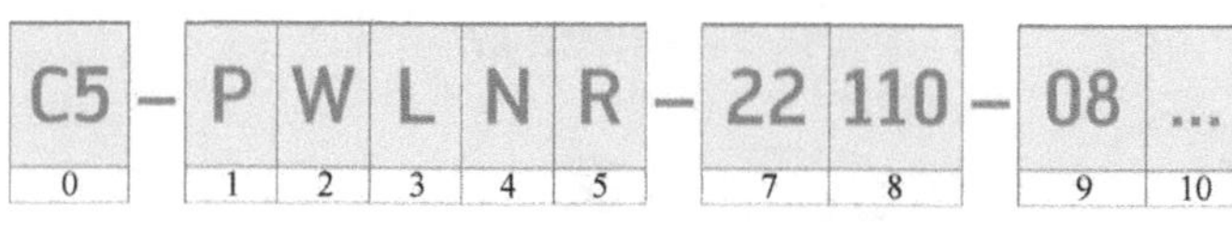

图 3-39 CAPTO 主柄车刀杆代号

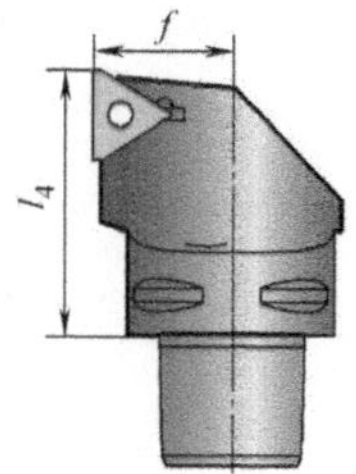

图 3-40 CAPTO 车刀刀尖偏心值

图 3-41 是数控内圆车刀（也叫内孔车刀）刀杆的国际标准代号（国际标准为 ISO 5609-1-2012，我国现行标准为 GB/T 20336—2006，等效采用了国际标准 ISO 6261-1995），一般外圆车刀为矩形刀杆，内孔车刀为圆形刀杆。因此，原外圆车刀中表示矩形刀柄尺寸的第 6 位和第 7 位就不见了，取而代之的是在前面有 3 位代码。

第 1 位字母表示刀杆结构，常用的四种结构代码如图 3-42 所示。

第 2 位两位数字代表刀杆直径的整数部分，若整数部分十位数空缺，则以“0”表示。

第 3 位字母表示长度，参见图 3-37。

■ **刀片的影响**

刀片是切削加工时与工件直接接触的部分，它承受着切削力和切削热，会对切削效果产生重大影响。

◆ 刀片的类型

谈刀片的影响，我们就首先来介绍刀片的形式，即前面介绍的刀杆型号中的第 4 位刀片后角的字母的问题。将图 3-43 中的后角分成两类：一类“N”型，后角为 0°（或者说没有后角），称为“负型”刀片，也称“负角”刀片；而将其他后角的刀片划为另一类，叫做“正型”刀片或“正角”刀片。

负型刀片和正型刀片在切削时受力、

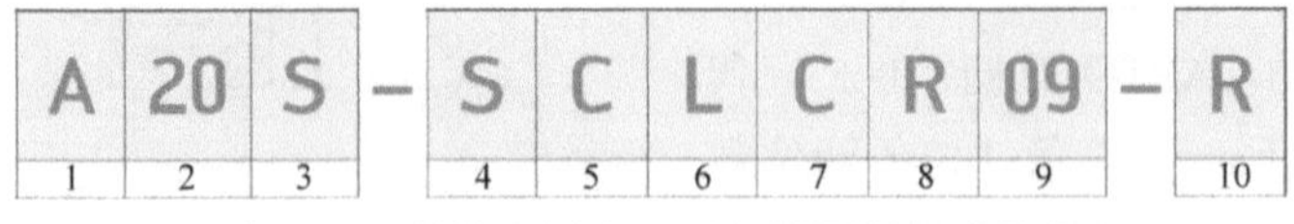

图 3-41　数控内圆车刀刀杆的国际标准代号

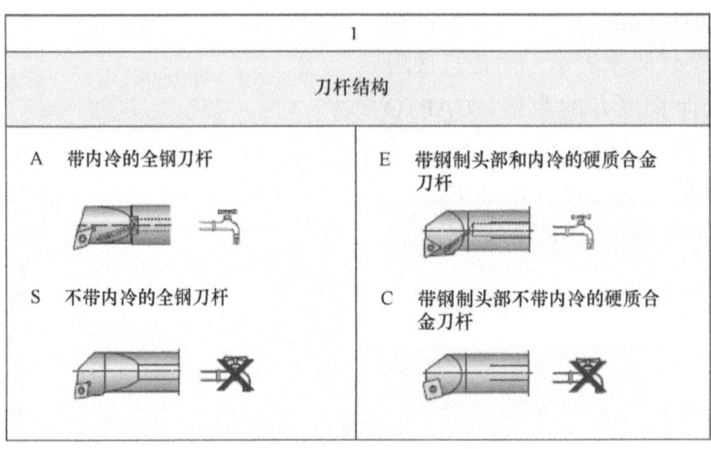

图 3-42　数控内圆车刀刀杆结构代码

经济性等方面相差较大。

负型刀片分为双面刀片（实际上是刀片上有两组相同的底面和前面）和单面刀片两个类型。

双面刀片是负型刀片的基本形式，它能满足大部分钢件和铸铁件的加工需要。能在从精加工到粗加工的范围内有效地控制长切屑钢件的断屑，它的各种负倒棱、前角以及相应的楔角确保了即使工件材料强度高达1500 N/mm^{2}也能进行经济的加工。这些刀片广泛用于加工钢、铸铁、奥氏体不锈钢、高温合金、硬铸铁和硬钢。

图3-44是六种双面负型刀片的示意图，图下面对应的型号是国际标准刀片代号（国际标准为ISO 1832:2012，我国现行标准为GB/T 2076—2007，等效采用了2004版的国际标准）中对这些形式的代号，称为“刀片加工和固定特征”，既表示刀片断屑槽的情况，也代表刀片有无固定孔（有固定孔还表示对固定孔的大致描述）。

目前，绝大部分的双面负型车刀片是A型和G型，A型主要用于加工铸铁的硬质合金刀片以及焊有PCBN（立方氮化硼）的刀片；陶瓷刀片则大多是N型。其他几种负型双面车刀片较为少见。

负型刀片的另外一种形式是单面负型刀片，如图3-45所示。标准刀片代号中有三种，其中，最常见的是M型。

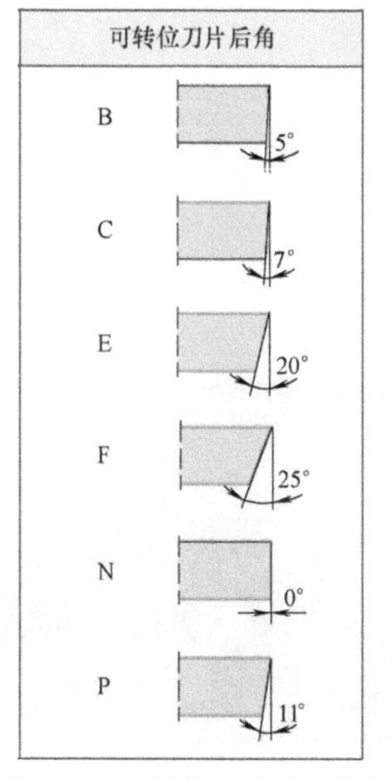

图3-43 可转位刀片后角代号

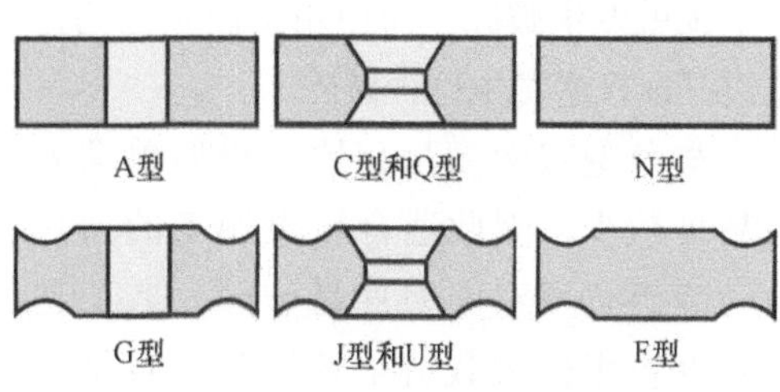

图3-44 双面负型刀片

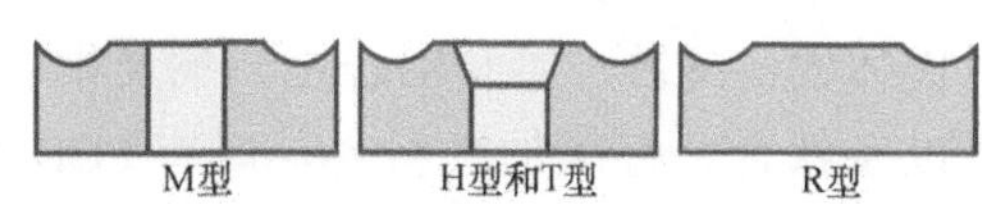

图3-45 单面负型刀片

相对于双面负型刀片而言，单面负型刀片不能翻面使用，可用的切削刃数量少了 50%，乍看似乎很不经济。但实际上，在粗重加工的场合，它经常比双面负型刀片表现更好，也更为经济。

图 3-46 是两种负型刀片的受力示意图。由于负型刀片的两刀尖间距离要小于两底面间的距离（为保证切削时另一面的刀尖不致与刀垫磕碰造成损伤），另一面的刀尖与刀垫不直接接触，因而刀垫对刀片的支承反力与切削力常常形成一个力矩（该力臂的长短与槽型设计有关，将在以后的章节中再阐述），由于粗重加工时的作用力大而使这个力矩变得很大。硬度虽高但抗拉强度却不高的硬质合金刀片极易在这种强大的力矩下破碎（图 3-47）而中途报废，且经常在刀片使用不久就发生破碎。而使用单面负型刀片则能很好地规避发生这种破碎。

与负型双面刀片相比，负型单面刀片的品种数少，因此适合粗重加工的刀片很少。但当负型双面刀片易破碎，或在超过其允许范围的大载荷下使用时，负型单面刀片更有优势。

正型刀片都是单面刀片。图 3-48 所示为部分瓦尔特正型刀片，正型刀片的加工范围广泛，可加工软钢、普通钢、不锈钢、奥氏体钢、铸铁、铝及铝合金、铜及铜合金以及钛合金等难加工材料。焊有 PCBN（立方氮化硼）片的正型刀片可以用来加工硬钢和硬铸铁。

正型刀片的断屑槽有多种槽型，可以从超精加工到中等加工中进行有效断屑。

虽然正型刀片相对比较锋利，但只能单面使用，故在使用小功率机床和加工系统刚性差时应优先选用。另外，由于加工内孔时受工件内孔圆弧的影响，正型刀片特别适合于内孔加工。图 3-49 显示了两种正型刀片在

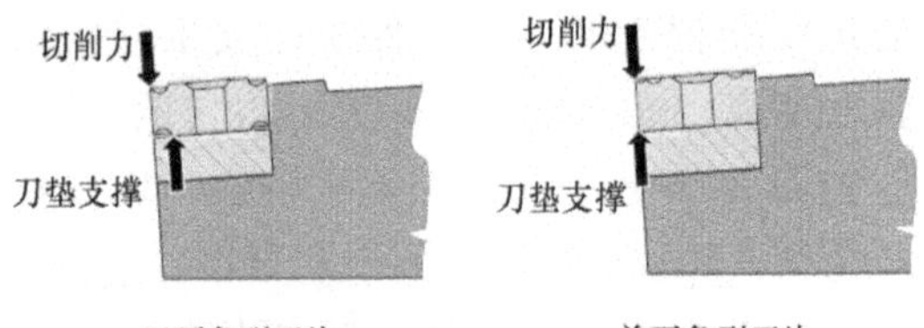

图 3-46 两种负型刀片受力示意图

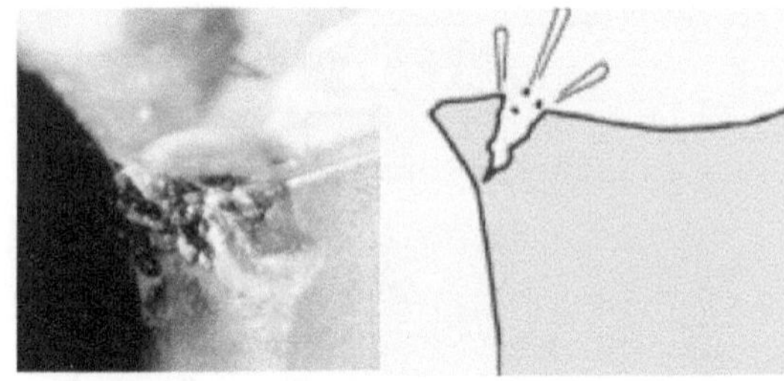

图 3-47 刀片破碎实例（图片源自山特维克可乐满）

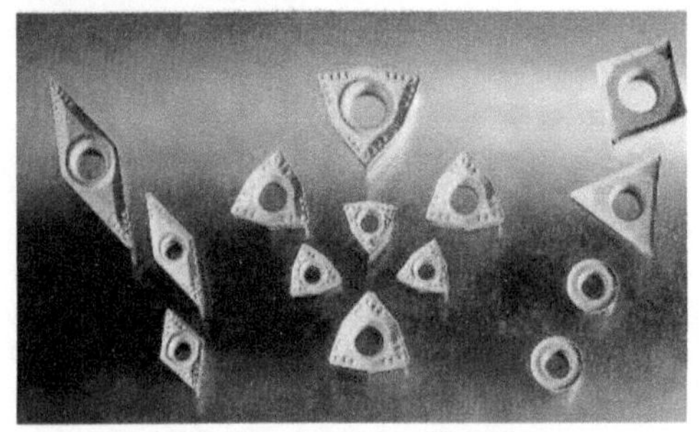

图 3-48 瓦尔特正型刀片

加工内孔时的状况。用内切圆均为 12.7mm、厚度为 4.76mm 的刀片安装在直径为 25mm 的刀杆上加工直径为 32mm 的内孔，红色的负型刀片与黑色的 7° 后角的正型刀片相比，即使其采用了比正型刀片更大的负值刀杆前角，刀片与孔壁间的间隙仍然比正型刀片小很多。计算表明，负型刀片距离孔壁的间隙约 0.12mm，而正型刀片距离孔壁的间隙则可以达到约 0.36mm，两者的差别显而易见。如果负型刀片要获得类似的间隙，就不得不采用更大的负值刀杆前角，这将使切削力增大，又增加了加工尺寸的不稳定性和振刀的危险。

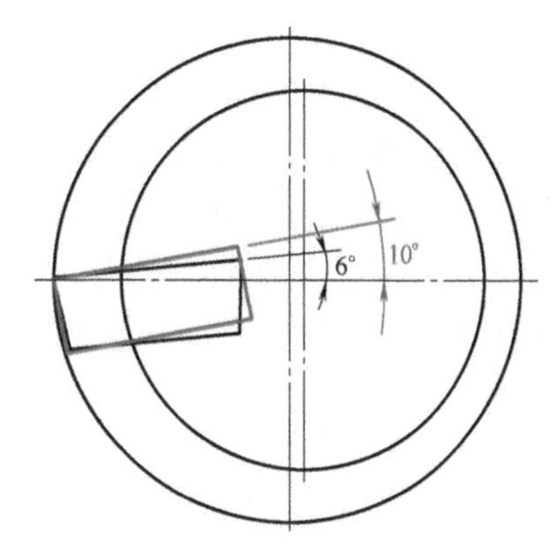

图 3-49　两种正型刀片在加工内孔时的状况

同时，由于正型刀片的受力状态（见图 3-50），使刀片在切屑对刀片的正压力作用下，无法像负型刀片有内部的支承，由于硬质合金的耐冲击性差，在较大载荷下就容易出现破碎，因此，一般不推荐用正型刀片来进行粗加工。负型刀片和正型刀片的主要优缺点对比见表 3-3。

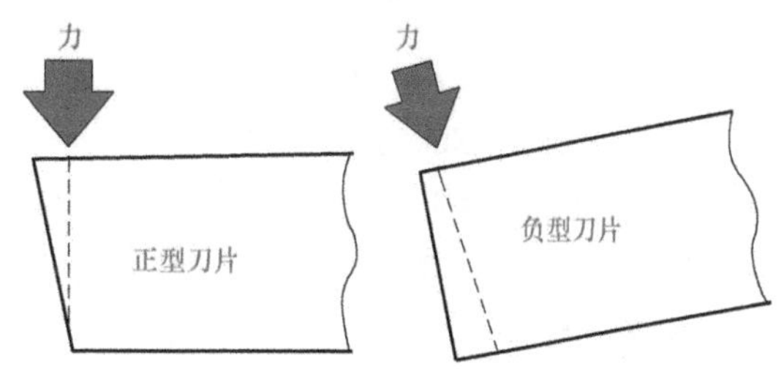

图 3-50　刀片的受力状态

表 3-3　负型刀片和正型刀片的主要优缺点对比

	负型刀片	正型刀片
优点	• 切削刃强度较大 • 散热量更大 • 能承受更大的切削力 • 适用于断续切削 • 可使用更多的切削刃（双面负型刀片）	• 剪切金属，切削更轻快 • 引导切屑流离工件 • 发热量小 • 消耗功率低
缺点	• 压缩金属材料，引导切屑流向工件 • 高压 • 消耗更大的功率 • 发热量大	• 切削刃较薄弱，耐冲击性差，受力状态不佳 • 切削刃少，刀片不能翻转使用

综上所述，单面负型刀片、双面负型刀片、正型刀片（都是单面）三种类型的刀片分别主要适用于粗重加工、精加工到粗加工、超精加工到中等加工三种范围，如图 3-51 所示。而图 3-52 则表示了单面负型刀片、双面负型刀片、正型刀片的一些其他性能特点。

◆ 刀片的形状

刀片的形状除受工件形状的制约外，它的选取主要影响可用的切削刃数量、刃口的强度以及切削时是否容易发生振动。对应刀杆代号（国际标准为 ISO 5608:2012，我国现行标准为 GB/T 5343.1—2007，等效采用了 1995 版的国际标准）里第 2 位的一个字母。可转位刀片的基本形状，车刀片常用的有 C、D、R、S、T、V、W 七种（图 3-53）。

一般认为刀片外形与加工的对象、刀具的主偏角、刀尖角和有效切削刃数量等有关。一般外圆车削常用 80° 凸三边形（W 型）、四方形（S 型）和 80° 棱形（C 型）刀片。仿形加工常用 55° （D 型）、35° （V 型）棱形、60° 等边三角形（T 型）和圆形（R 型）刀片。不同的刀片形状刀尖强度不同，一般刀尖角越大刀尖强度越大，反之亦然。圆刀片（R 型）刀尖角最大，35° 菱形刀片（V 型）刀尖角最小。在选用时，应根据加工条件，按重、中、轻切削有针对性地选择。在机床刚性、功率允许的条件下，大余量、粗加工应选用刀尖角较大的刀片，反之，机床刚性和功率小，小余量、精加工时可选用刀尖角较小的刀片。

	超精加工	精加工	中等加工	粗加工	粗重加工
单面负型刀片					
双面负型刀片					
单面正型刀片					

图 3-51 三种刀片的加工范围

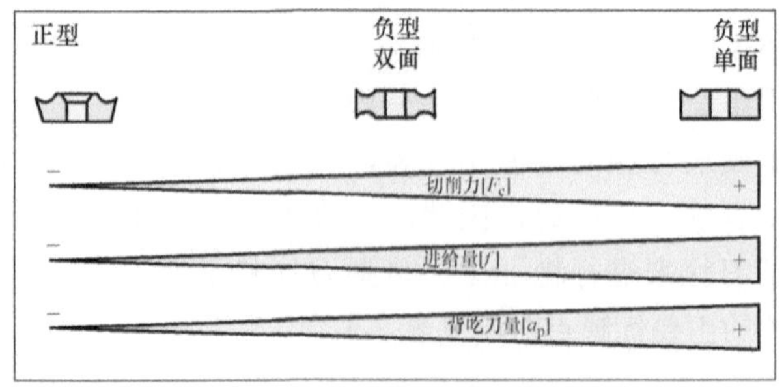

图 3-52 三种刀片的特征

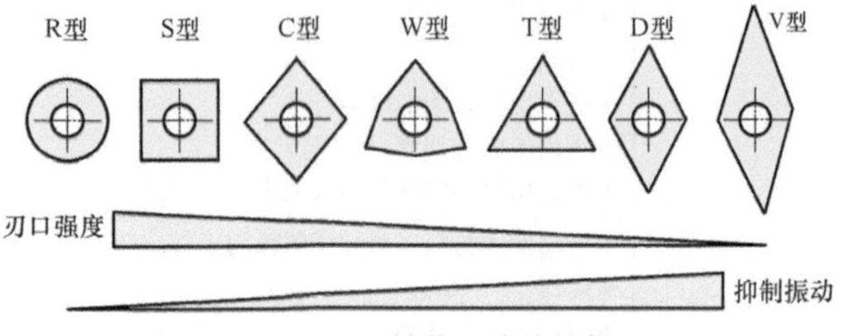

图 3-53 可转位刀片的性能

◆ 刀片的大小和刀尖圆弧

刀片的大小主要影响可使用的切削深度，在标准刀杆代号（国际标准为 ISO 5608:2012，我国现行标准为 GB/T 5343.1—2007，等效采用了 1995 版的国际标准）里是位于第 9 位的两位数。当然，刀片可使用的切削深度也与刀片的形状有一定关系。图 3-54 所示为各种形状的车刀片可使用的最大切削深度 a_p。

在图 3-54 中，除了 R 型（圆形）刀片和 V 型刀片之外都有两个数据。在这两个数据中，前面那个数值较小的，代表正型刀片的最大切削深度，后面一个数值较大的代表负型刀片的最大切削深度。

不同厂家的刀片可用的最大切削深度不一样，其中一个重要的因素是刀片厚度。标准代号（国际标准为 ISO 1832:2012，我国现行标准为 GB/T 2076—2007，等效采用了 2004 版的国际标准）中的刀片厚度是切削刃与底面间的距离，如图 3-55 所示。

刀片由于槽型不同，其刃口的受力方式、刃口强度都不相同，具体某个刀片的可用切削深度还应查询断屑参数。

刀尖圆弧半径（图 3-56a）是可转位刀片的另一个重要参数。

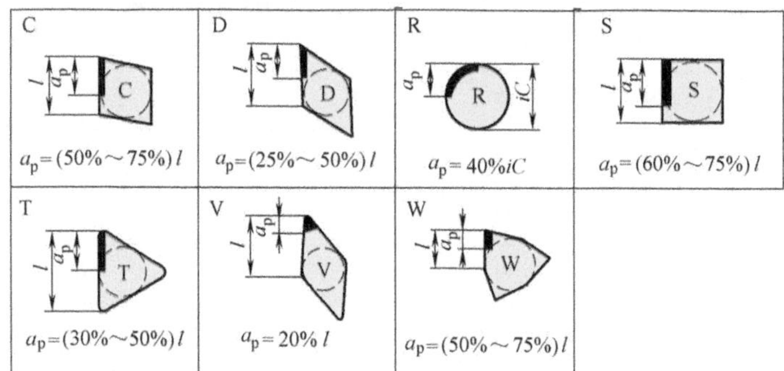

图 3-54　可转位刀片的最大切削深度（图片参照山特维克可乐满）

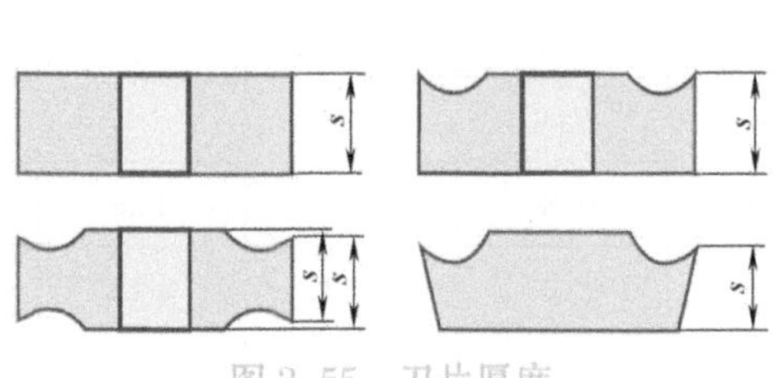

图 3-55　刀片厚度

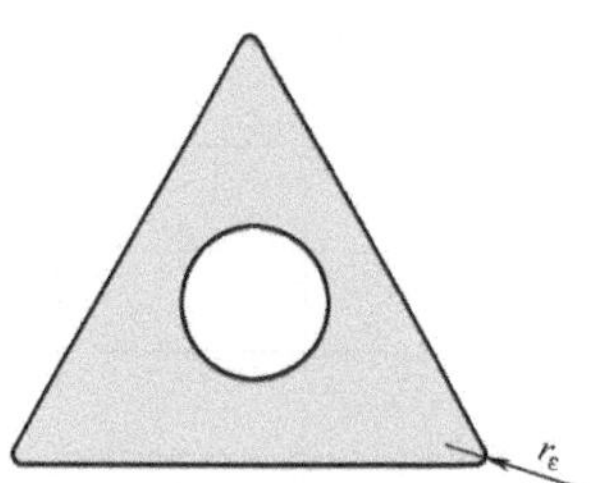

a) 刀尖圆弧半径示意

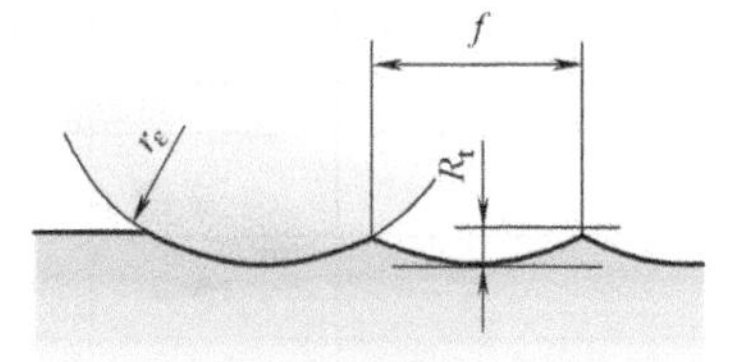

b) 残余高度、进给和圆弧半径的关系

图 3-56　刀尖圆弧半径

刀尖圆弧半径对加工过程的影响主要体现在表面质量、断屑区间、切削力、加工精度几个方面。

大的刀尖圆弧半径在工艺系统足够时有利于改善被加工零件的表面粗糙度，在相同的加工效率时获得数值较小的表面粗糙度值。式（3-1）表示刀尖圆弧半径 r_ε、进给量 f 和残留部分高度 R_t 三者之间的关系（图 3-56b）

$$R_t = \frac{f^2}{8 \times r_\varepsilon} \times 1000 \tag{3-1}$$

表 3-4 列出了常见的可转位刀片的刀尖圆弧半径或圆刀片加工相应的表面粗糙度时可用的最大进给量。刀尖圆弧半径、进给量和表面粗糙度的关系如图 3-57 所示。

表 3-4　常见的可转位刀片的刀尖圆弧半径或圆刀片加工相应的表面粗糙度时可用的最大进给量

刀尖圆弧半径 /mm	圆刀片 /mm	Ra/Rz/μm					
		0.4/1.6	1.6/6.3	3.2/12.5	6.3/25	8/32	32/100
		可用的最大进给量 /mm					
0.2		0.05	0.08	0.13			
0.4		0.07	0.11	0.17	0.22		
0.8		0.1	0.15	0.24	0.3	0.38	
1.2			0.19	0.29	0.37	0.47	
1.6				0.34	0.43	0.54	1.08
2.4				0.42	0.53	0.66	1.32
	6	0.2	0.31	0.49	0.62		
	8	0.3	0.36	0.56	0.72		
	10	0.25	0.4	0.63	0.8	1	
	12		0.44	0.69	0.88	1.1	
	16		0.51	0.8	1.01	1.26	2.54
	20			0.89	1.13	1.42	2.94
	25				1.26	1.58	3.33

刀尖圆弧半径和进给量对表面粗糙度的影响很大。要确定达到理论表面粗糙度所需的刀尖圆弧半径，可以按下列方法进行（图 3-57）：

1）在垂直轴上找到所需的表面粗糙度值。

2）沿着与所需表面粗糙度值对应的水平线找到其与假定进给量所对应斜线的相交点。

3）向下投射一条线至刀尖圆弧半径刻度并读出所需的刀尖圆弧半径。

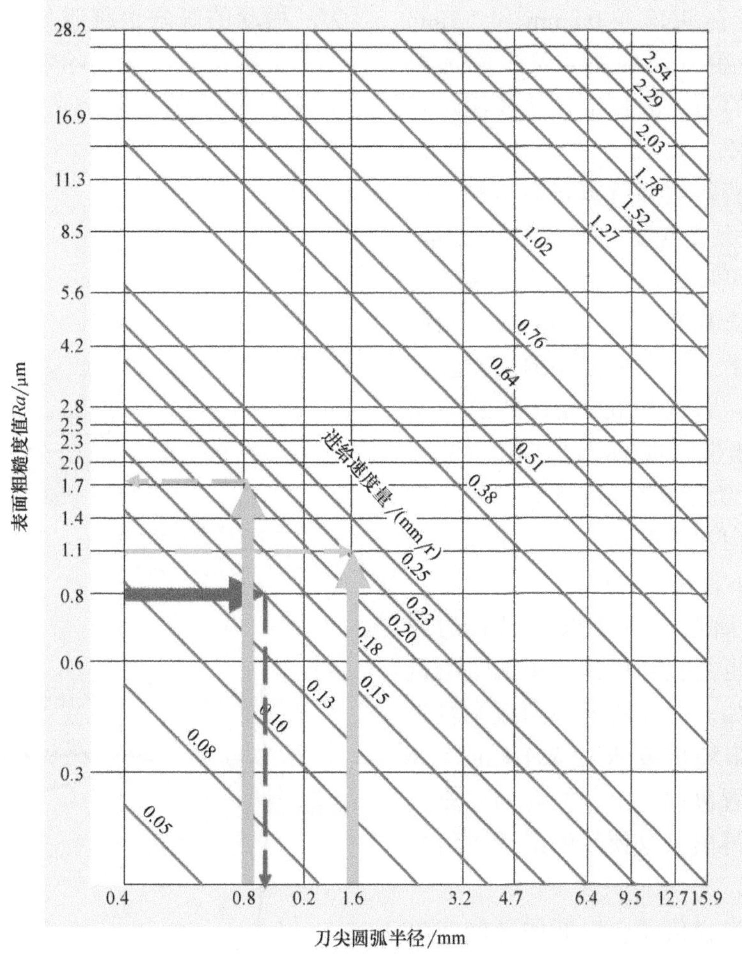

图 3-57　刀尖圆弧半径、进给量、表面粗糙度关系图

4）如果该线位于两值之间，选择较大值。

例如，表面粗糙度值为 *Ra*0.8μm（图 3-57 中较粗实红色线箭头所在位置），进给量为 0.15mm/r（图 3-57 中箭头所指的那条斜线），向下投影（图 3-57 中红虚线所示），可以看到投影箭头落在 0.8mm 和 1.2mm 之间，根据上述方法的第 4 条，应选取 1.2mm 或更大的刀尖圆弧半径才能满足表面粗糙度的要求。

如果无法获得达到所需表面粗糙度的刀尖圆弧半径，就需要考虑减小进给量，重新查找。也可以逆向查找，从选定的刀尖圆弧半径来查找有可能达到的表面粗糙度值。例如，手上有一个刀尖圆弧半径为 0.8mm 的刀片，打算用 0.2mm/r 的进给量加工，那么从横坐标的 0.8 位置向上（粗绿线），找到与进给量 0.2mm/r 那条斜线相交的点，由该点向左，得到的表面粗糙度值稍大于 *Ra*1.7μm 而小于 *Ra*2μm。

而根据表面粗糙度要求和已有的刀尖圆弧半径，也能找到可以选用的进给量的最大值。例如，刀片的刀尖圆弧半径为 1.6mm，表面粗糙度要求为 *Ra*1.1μm，分别由这两个位置纵向向上、横向向左查找（蓝色线组），得出可以使用的最大进给量约为 0.23mm/r。

刀尖圆弧半径值还会对断屑区间产生影响。当断屑槽形相同时，刀尖圆弧半径越大，它的断屑区间也向更大的切削深度和更大的进给量方向变化。图 3-58 是肯纳金属的某种断屑槽形在不同刀尖圆弧半径下断屑区间的变化示意。

刀尖圆弧半径还会对切削力产生影响。刀尖圆弧半径越大，产生的径向切削力越大，振动的倾向也越明显。当切削深度小于刀尖圆角时，其实际效果就相当于一个小型的圆刀片在进行加工（图 5-59）。

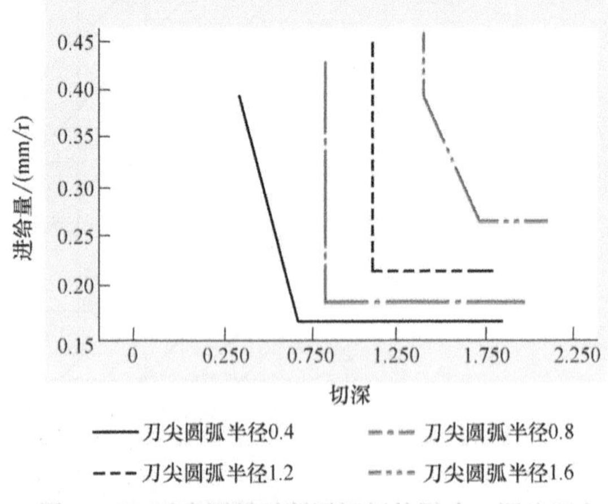

图 3-58 刀尖圆弧对断屑区间的影响（图片源自肯纳金属）

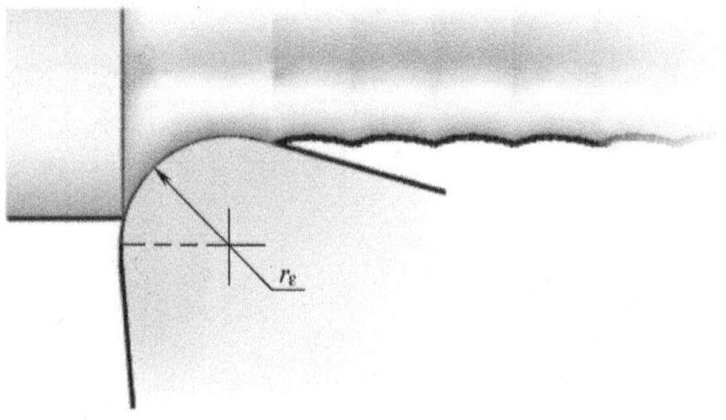

图 3-59 刀尖圆弧半径对切削深度的影响

刀尖圆弧对加工精度产生的影响主要在仿形车削方面。由于刀尖圆弧的存在，在仿形车削时车刀的运动轨迹与工件轮廓应是距离为刀尖圆弧半径的等距曲线（图3-60），在精度要求高时，刀尖圆弧的半径误差会直接对加工零件的精度产生影响，因此应在加工前做好刀尖圆弧半径的测量工作，并将测量结果输送到数控程序中。因此，在仿形加工中，如果零件精度要求比较高，推荐使用可转位刀片，尤其是精度等级较高的可转位刀片，以取得足够准确的刀尖圆弧半径值。

◆ 断屑槽

• **典型断屑槽结构**（图 3-61）

典型的槽型大致包括 5 个部分：

1）钝化。

2）倒棱（包括如图第一前角角度和棱边宽度两个尺寸）。

3）主前面（包括如图第二前角角度）。

4）底面（包括如图底面宽度、底面高度两个尺寸）。

5）后表面（包括如图后表面角度、全槽宽度、基面突出量三个尺寸）。

在实际的断屑槽型中，主要的是前 3 个部分。断屑槽的主要任务是使车削加工时的切屑形成合适的形状，在合适的长度断开，以便排出切屑。

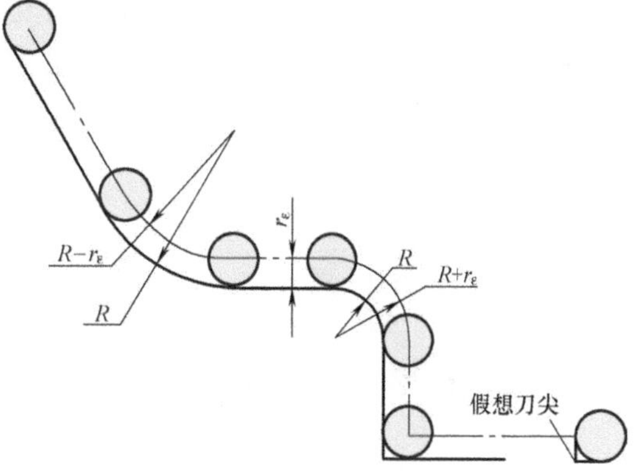

图 3-60　刀尖圆弧半径对编程的影响

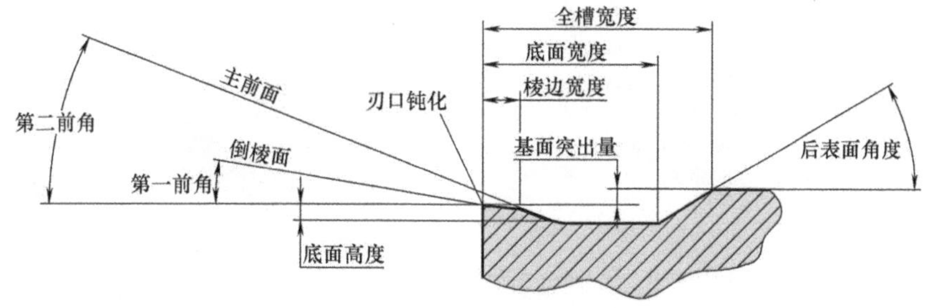

图 3-61　典型断屑槽结构

切屑的卷曲可以分解成绕着 x、y、z 三个轴的卷曲，3 个不同的卷屑方向组合如图 3-62 所示。

• **不同加工任务的断屑槽**

由于不同的加工任务（如粗加工、半精加工、精加工或者超精加工等）具有不同的切削深度和进给量，切屑的卷曲和断裂就会不同，因此就需要不同的断屑槽型（图 3-63、图 3-64、图 3-65）。同时，由于刀尖圆弧与切削刃主要部分的切削条件也经常不一致，两处的断屑槽型也可能会有些差别。

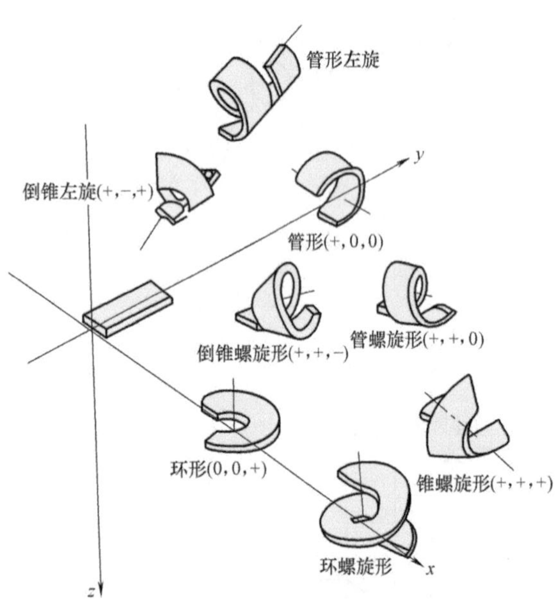

图 3-62　三个不同的卷屑方向组合（图片来自哈尔滨理工大学）

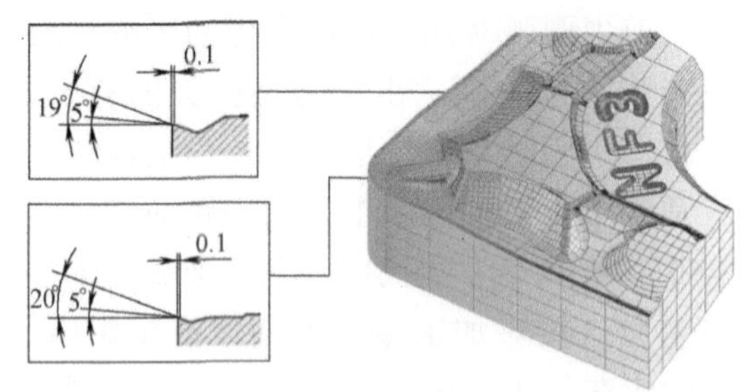

图 3-63　一种精加工的刀片槽型

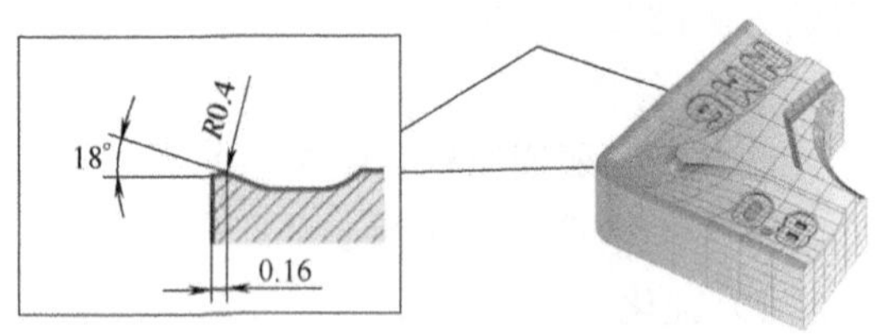

图 3-64　一种半精加工的刀片槽型

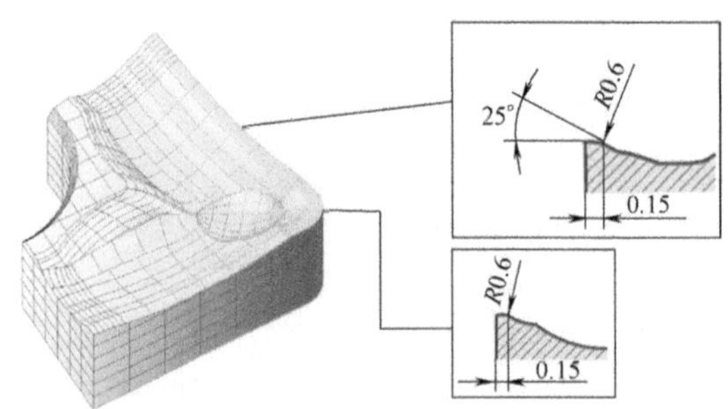

图 3-65　一种粗加工的刀片槽型

- **新型断屑槽**

近年来，发展出一些既能用于粗加工，又能用于精加工的断屑槽型。如果将该刀片用于精加工，那么承担切削任务的主要是刀尖处，原先的主切削刃几乎不承担切削任务。对断屑起主要作用的就是刀尖处的断屑槽型；如果将该刀片用于粗加工，那么承担切削任务的主要是主切削刃，刀尖圆弧处的作用相对次要，对断屑起主要作用的就是主切削刃处的断屑槽。

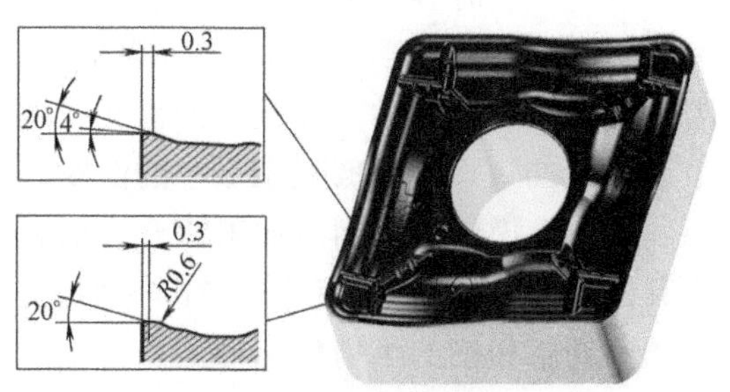

图 3-66　一种粗精加工兼用的刀片槽型 NRF

图 3-66 就是瓦尔特一种粗精加工兼用的刀片槽型。它的刀尖处被称为 V 型断屑槽，在小切削深度加工时，可以依靠它来断屑，实现控制切屑的目的；而主切削刃是由两段圆弧组成的波纹断屑槽，它减小了作用在切削刃上的平均载荷，使切削刃更坚固，切削更平稳，加工更具可靠和安全性，延长刀具寿命。

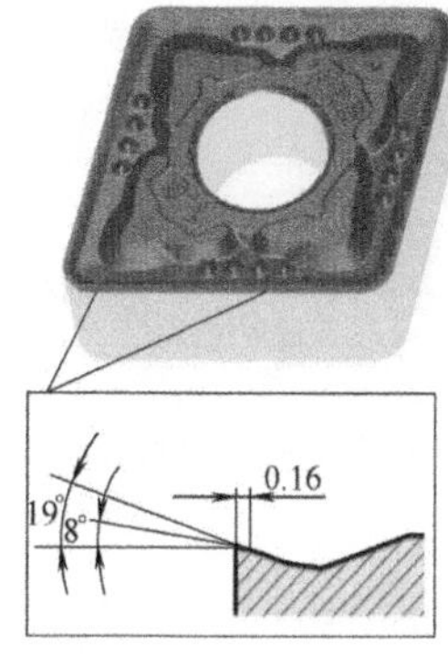

图 3-67　粗加工高温合金的刀片槽型 NRS

虽然这种断屑槽型既能用于粗加工、又能用于精加工，但在半精加工的某个范围内，它的断屑也许不能达到理想的水平。

- **不同加工材料的槽型**

当被加工材料不同时，由于不同的材料有不同的特性，刀片的槽型也会不同。图 3-67 和图 3-68 分别是用较大余量和中等余量加工高温合金（包括了镍基、钴基和铁基三种）的两种槽型。图 3-69 则是精加工钛合金的刀片槽型（CNMG 的 100° 刀尖角例外，见图上说明）。钛合金加工的主

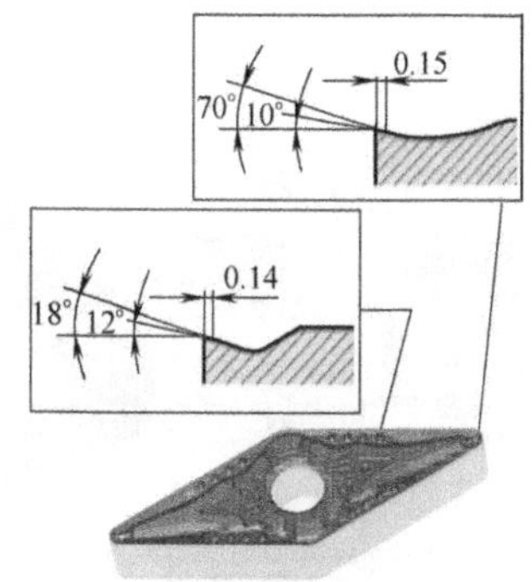

图 3-68　半精加工高温合金的刀片槽型 NMS

要特点是加工时容易易产生积屑瘤，切屑不易折断，还常导致较差的表面粗糙度。因此钛合金加工常常需要较大的前角（图中示例为20°），没有倒棱或较小的倒棱。

加工奥氏体不锈钢与加工钛合金的刀片有几分相似。图3-70和图3-71分别是奥氏体不锈钢和钢的半精加工槽型，可以看出加工奥氏体不锈钢的刀片更锋利一些。

正型刀片中也有一些特别的槽型，这里介绍三种正型刀片的槽型。图3-72是粗加工圆刀片槽型，-18°的倒棱前角使这种刀片能承受较大的切削力，重载及图3-73是断屑范围很广的一种槽型，各方面的均衡做得不错；图3-74是非常锋利的槽型，常用于铝和铜及其合金的加工。

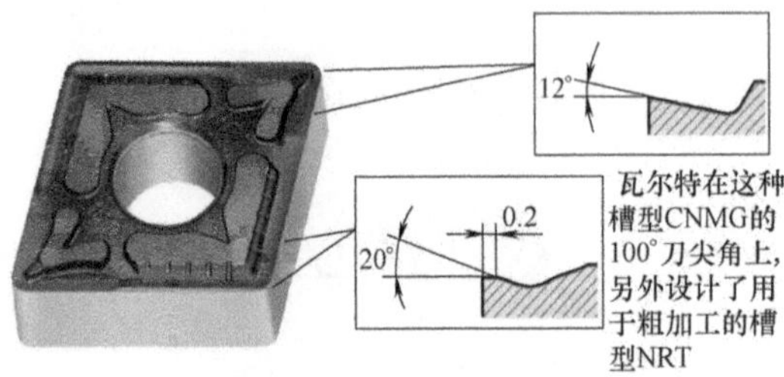

图3-69　精加工钛合金的刀片槽型NFT

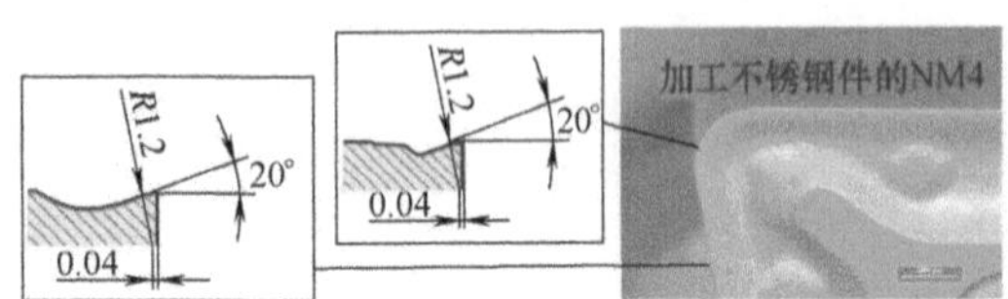

图3-70　奥氏体钢的半精加工槽型

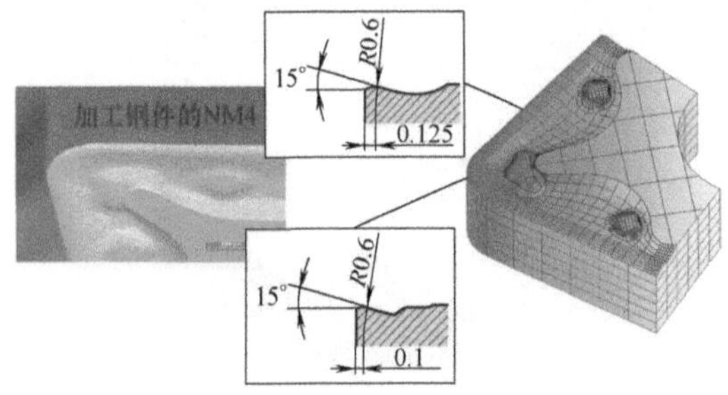

图3-71　钢的半精加工槽型

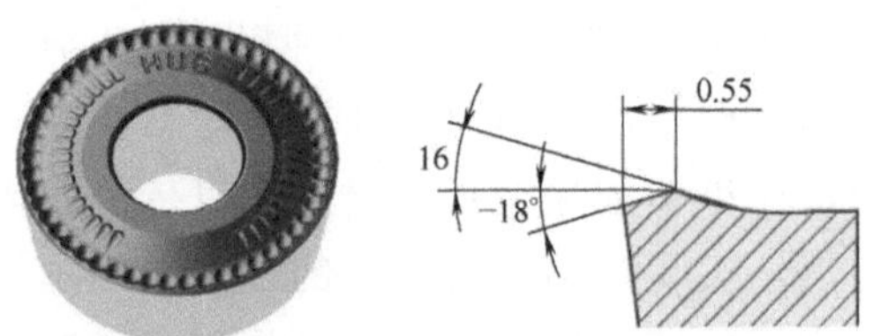

图3-72　粗加工圆刀片槽型

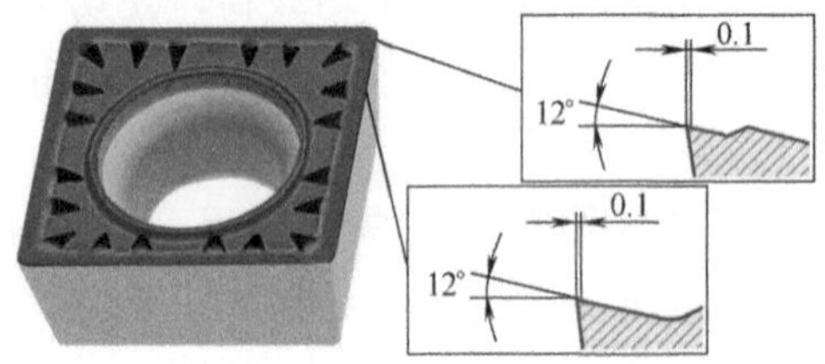

图3-73　断屑范围极广的槽型（PM5）

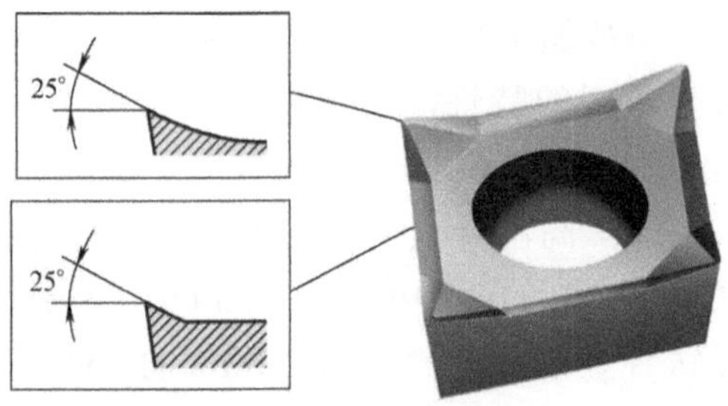

图3-74　锋利的槽型（PM2）

◆ 刃口钝化

除了刀具槽型，刃口钝化也是影响刀具性能的一个非常重要的方面。刃口钝化是对刀具的切削刃进行改进，它能够去掉切削刃的缺陷（图 3-75），提高切削刃强度（图 3-76），为涂层作准备（化学气相沉积即 CVD 的刀片在涂层之前必须进行钝化，物理气相沉积即 PVD 的刀片在涂层之前也可以进行钝化）。也就是说，钝化的目的是提高切削刃的强度和提高切削性能。

钝化有两种基本形式：直线钝化和曲线钝化。直线钝化类似于一个微小的倒棱，而曲线钝化则根据其在前面和后面的尺度不同分为钝圆型、椭圆型或抛物线型（图 3-77）。

除切削铝合金、铜合金等较软材料外，许多刀具钝化后，在切削刃耐磨性（图 3-78）、切削刃强度（图 3-79）以及切屑控制等方面都得到了改善。

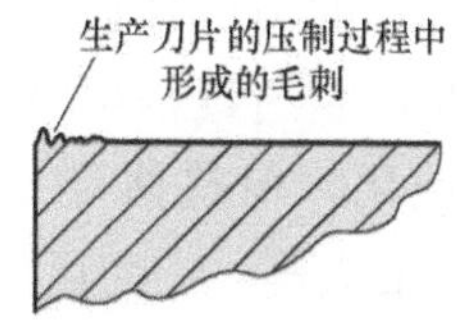

图 3-75 切削刃的缺陷

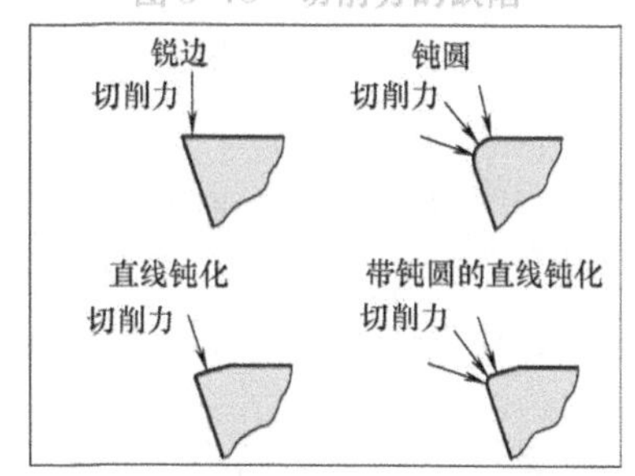

图 3-76 典型的切削刃形态

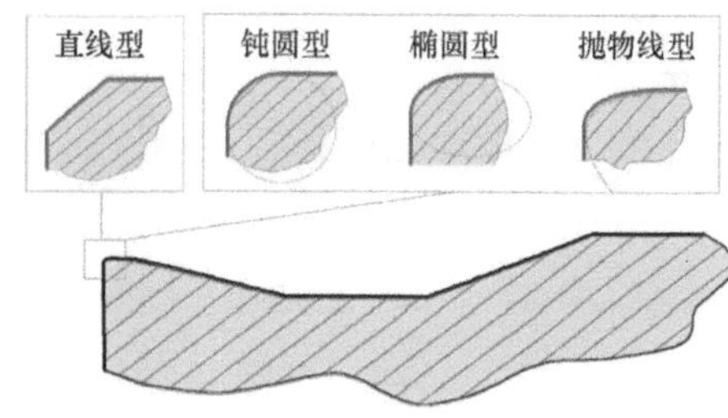

图 3-77 典型的刃口钝化形式

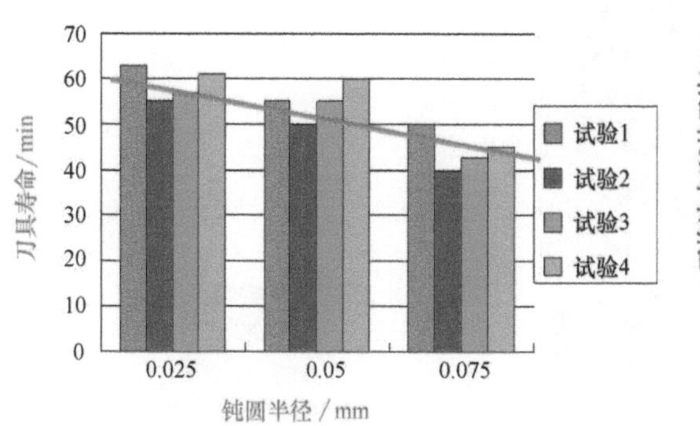

图 3-78 钝圆半径对刀具寿命的影响
（图片源自肯纳金属）

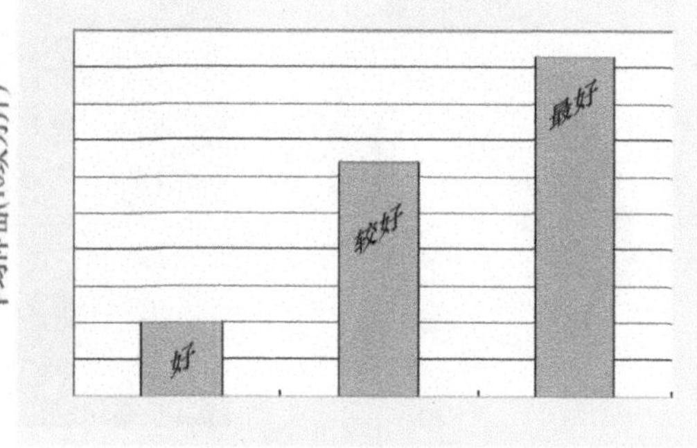

图 3-79 钝圆半径对刀具强度的影响
（图片源自肯纳金属）

可转位刀片的刃口钝化，一般由专业刀片制造企业在制造过程中完成，无需用户考虑如何钝化。但整体硬质合金铣刀、整体硬质合金钻头等，在使用后被磨钝了，如果不是送到专业厂去修磨而是自己修磨，那么也需要进行钝化操作以提高刃磨后刀具的性能。

钝化一般有三种常见的方式：①手工操作，用磨石将刀具钝圆，操作简单但不易控制；②抛光，用磨料刷或者磨料刷轮把刀具的边缘磨损掉，如图 3-80 所示；③喷砂，用磨料向刀具的切削刃喷射，如图 3-81 所示。

◆ 刀片的精度

许多刀具样本在解释刀片精度时都会列出的相应的参数，如图 3-82 所示。其中，*d* 是刀片内切圆尺寸，这个尺寸控制刀片外形的大小；*s* 是刀片的厚度。这里主要要讨论 *m* 值。

在可转位刀片的尺寸中，*m* 是切削刃口相对于刀杆（或者刀体）上刀片槽的相对位置。如果刀片的这种相对位置一致性好，车刀在车床上使用时就能换刀片或者旋转刃口而免于调整；但如果这种一致性不好，那换刀片或者旋转刃口后就需要用试切来得到刀尖位置，然后用刀具长度补偿来解决这一问题。

这个 *m* 值的问题在车削中常常显得不那么重要，可以通过刀具长度补偿来解决，但在铣削中有着很重要的影响。

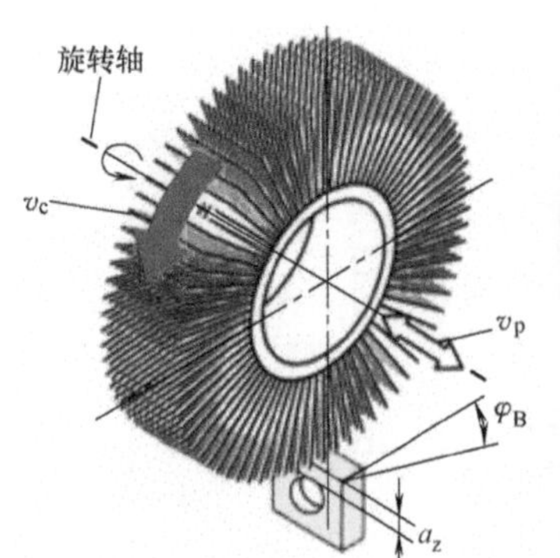

图 3-80　刃口钝化的抛光方法（图片源自《工具展望》）

图 3-81　刃口钝化的喷丸方法

在图 3-82 中，车刀最常见的 3 种精度等级是：G 级、M 级和 U 级。

G 级刀片的内切圆 *d* 和 *m* 值的极限偏差是 ±0.025mm，厚度 *s* 的极限偏差是 ±0.13mm，这样的精度等级，就目前的工艺水平而言，绝大部分刀片生产厂商都需要用磨削的方法来加以保证；M 级刀片的内切圆 *d* 的极限偏差为 ±0.05~0.15mm，而具体的极限偏差要由刀片内切圆的公称尺寸来确定，m 值极限偏差为 ±0.08~0.20mm（除了与内切圆的公称尺寸相关，还与刀尖角相关，详见表 3-5），而厚度极限偏差与 G 级相同。这样的精度等级，工艺水平比较先进的企业不需要对刀片的周边（刀片后面）进行磨削，而工艺水平一般的企业则需要对刀片的周边进行磨削。而 U 级刀

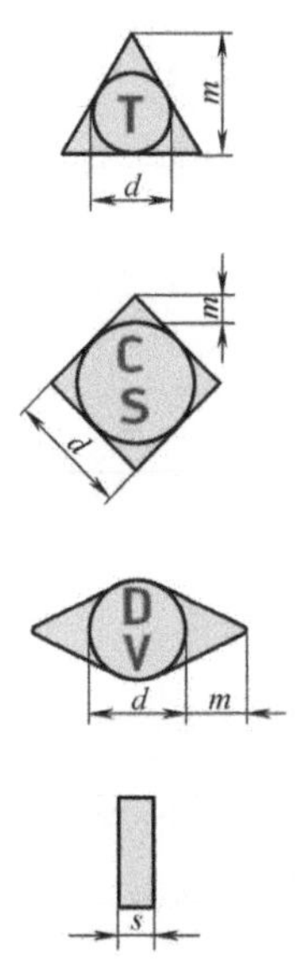

极限偏差/mm

	d	*m*	*s*
A	±0.025	±0.005	±0.025
C	±0.025	±0.013	±0.025
E	±0.025	±0.025	±0.025
F	±0.013	±0.005	±0.025
G	±0.025	±0.025	±0.130
H	±0.013	±0.013	±0.025
J[1]	±0.05~0.15[2]	±0.005	±0.025
K[1]	±0.05~0.15[2]	±0.013	±0.025
L[1]	±0.05~0.15[2]	±0.025	±0.025
M	±0.05~0.15[2]	±0.08~0.20[2]	±0.130
N	±0.05~0.15[2]	±0.08~0.20[2]	±0.025
U	±0.08~0.25[2]	±0.13~0.38[2]	±0.130

1. 刀片有精磨的副切削刃
2. 视刀片尺寸而定(见 ISO 1832)

图 3-82　可转位刀片的精度代号

片的内切圆 d 极限偏差为 ±0.08~0.25mm，m 值极限偏差为 ±0.13~0.38mm，这样的精度等级，工艺水平比较先进的企业都已不再生产，仅工艺水平一般的企业作为烧结刀片还在供应市场，但在数控车削中用得比较少。

烧结成形的瓦尔特可转位刀片误差达到 0.1mm。为使其在刀片座中可靠定位，仅对其定位面磨削处理，因此该刀片价廉物美。烧结成形的可转位刀片用于粗加工，也可在一定的情况下进行半精加工。

瓦尔特可转位车刀片的定位面，后角，平面修光刃和减振倒棱都经过磨削。误差为 ±0.015mm。

表 3-5　不同内切圆公称尺寸的 M 级刀片极限偏差　　（单位：mm）

<table>
<tr><th rowspan="2">内切圆公称尺寸</th><th>刀尖角≥ 60°
80° 90° 60°</th><th>刀尖角 =55°
55°</th><th>刀尖角 =35°
35°</th><th rowspan="2">d 值极限偏差</th></tr>
<tr><th colspan="3">m 值极限偏差</th></tr>
<tr><td>4.76</td><td rowspan="5">0.08</td><td>—</td><td rowspan="2">—</td><td rowspan="5">0.05</td></tr>
<tr><td>5.56（6.0）</td><td rowspan="4">0.11</td></tr>
<tr><td>6.35</td><td rowspan="3">0.15</td></tr>
<tr><td>7.94（8.0）</td></tr>
<tr><td>9.525（10.0）</td></tr>
<tr><td>12.7（12.0）</td><td>0.13</td><td>0.15</td><td>0.2</td><td>0.08</td></tr>
<tr><td>15.875（16.0）</td><td rowspan="2">0.15</td><td rowspan="2">0.18</td><td rowspan="2">0.27</td><td rowspan="2">0.1</td></tr>
<tr><td>19.05（20.0）</td></tr>
<tr><td>25.4（25.0）</td><td>0.18</td><td rowspan="2">—</td><td rowspan="2">—</td><td>0.13</td></tr>
<tr><td>31.75（32.0）</td><td>0.20</td><td>0.15</td></tr>
</table>

◆ 刀片的材质

刀片的材质对刀具性能具有极其重要的影响。一般刀具材料的硬度（耐磨性）和强度（耐冲击性）的分布如图 3-83 所示。

理想的刀具材料是硬度和韧性都很高的材料，但就目前可以投入应用的刀具材料来看，还有不小的困难。目前在数控车削中使用最多的是涂层硬质合金，未涂层的硬质合金（包括钛基硬质合金即金属陶瓷），氧化物陶瓷、氮化物陶瓷、立方氮化硼（PCBN）和金刚石在特定范围内也有较多的应用，而高速钢车刀在数控车削中的应用比较少见。

图 3-84 是典型的硬质合金刀片的生产过程。钨基硬质合金先由钨粉和碳粉混合经碳化处理形成碳化钨粉，加入作为粘结剂的钴粉，以及提高刀片性能的如碳化铌、碳化钛、碳化钽后，经过压制、烧结和磨削基准面，就成为了具有基本功能的硬质合金车刀片。然后磨削刀片周边来控制刀片的内切圆直径 d 和 m 值，而烧结刀片则不需要进行这一过程（这一过程图中未绘出）。最后，如果需要的是涂层硬质合金的刀片，则需要经过涂层处理（包括涂前和涂后的处理），就可以投入使用了。

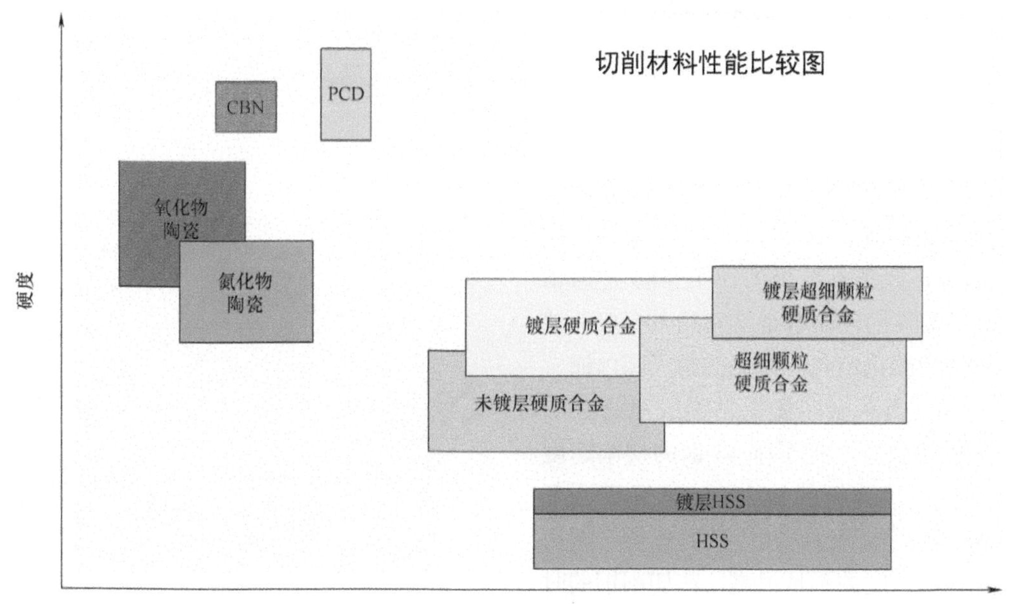

图 3-83　一般刀具材料的硬度和强度分布

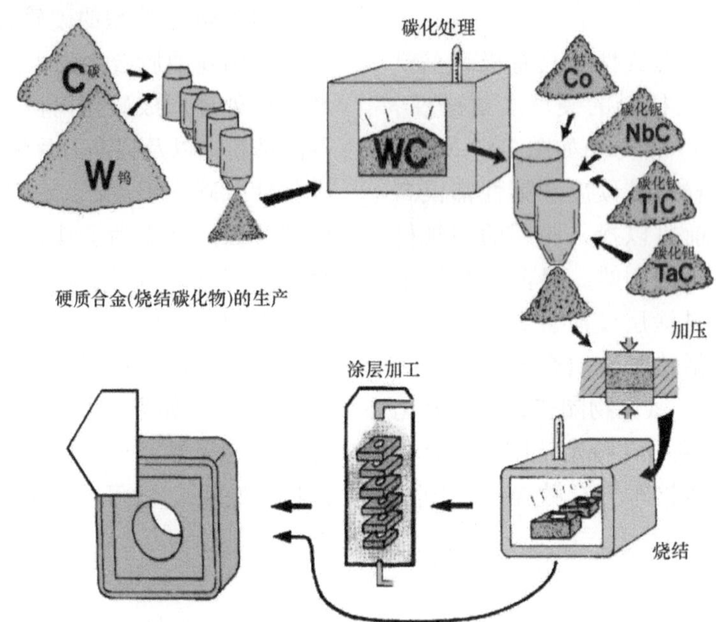

图 3-84　典型硬质合金刀片的生产过程（图片源自山特维克可乐满）

在烧结硬质合金的过程中，一般而言作为硬化相的碳化钨（WC）和作为粘结相的钴（Co）是必不可少的。图 3-85 是通常用来加工铸铁的硬质合金，它的主要成分就是灰褐色的碳化钨和浅黄色的钴（国内通常把这样的硬质合金叫做钨钴类硬质合金）。这样的硬质合金，把车削 45 钢的切削速度由原来使用高速钢的约 20m/min 提高到了约 80m/min，显示出非同寻常的优势。但由于碳化钨的硬度并不是很高，在切削钢的时候，面对切削速度上升后切屑对刀具前面的摩擦加剧，显得有些力不从心。

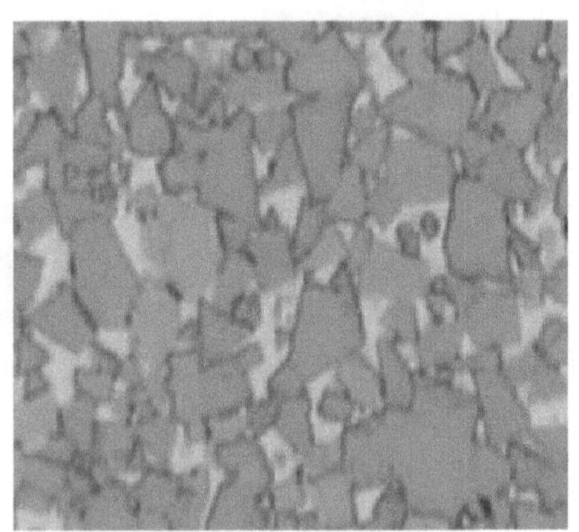

图 3-85　硬质合金相图（图片源自肯纳金属）

到了快20世纪40年代，金属钛的碳化物碳化钛被加入了硬质合金。由于碳化钛的硬度（3200HV）较碳化钨的硬度（2400HV）高出了1/3，加入碳化钛的硬质合金加工钢件时的耐磨性得到了明显的改善（这类硬质合金国内习惯称为钨钴钛类硬质合金）。图3-86是含有碳化钛（TiC）的硬质合金，其中浅黄色的是作为粘结剂的钴，灰褐色的大颗粒是作为主要硬化相的碳化物（WC），而深褐色的则是碳化钛、碳化钽、碳化铌等。

在发明硬质合金之后，这些组织成分上的进展不是很多，但在金相组织上有两个主要变化。第一个变化是晶粒细化。表3-6是瑞别格（Rübig）提供的该公司两种类似成分但颗粒度有较大差异的K10硬质合金的参数和性能，从中可以看出，超细颗粒的K10虽然由于粘结剂钴含量略多而硬度比普通K10稍低，但其颗粒尺寸只有普通K10的1/4，强度比其高出约1/3。

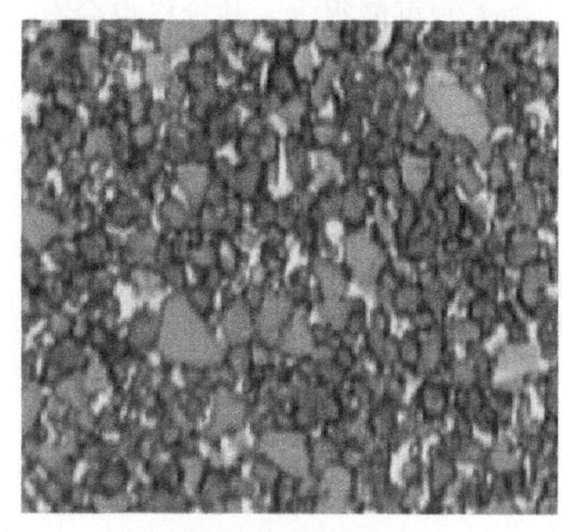

图3-86　含有碳化钛的硬质合金相图（图片源自肯纳金属）

表3-6　K10硬质合金的参数和性能

组别	金相图片	Co（%）	颗粒尺寸 /μm	硬度（HV30）	强度/（N/mm²）
普通K10		10	2.0	1850	3300
超细颗粒K10		12	0.5	1720	4300

图 3-87 以表格和示意图的方式说明普通颗粒、细颗粒、极细颗粒、超细颗粒的概念，图中的圆圈表示这些颗粒尺寸的比例。这样的小颗粒显示出来的性能差别可能很大，其价格也会有差别。因此，在选择刀具时，刀片硬质合金颗粒的大小也是应该考虑的一个方面。

合金类别	纳米系列	超细	极细	细	中	中粗	粗	极粗
WC平均颗粒度μm	0.1～0.3	0.3～0.5	0.5～0.9	1.0～1.3	1.4～2.0	2.1～3.4	3.5～4.9	5.0～7.9

图 3-87　硬质合金颗粒尺寸（资料来源于山特维克可乐满）

硬质合金材料组织的第二个变化是硬质合金基体内组织分布人为地不均匀，例如富钴层技术（也叫钴加强技术）。图 3-88 是一种带有涂层的富钴层技术的刀片，从照片中可以看出，其基体底部显示为浅色的粘结相钴比较少，而在接近涂层处的部分，浅色的钴占比明显要多于底部，事实上在刀片外缘的含钴量约为刀体内部的 3 倍。富钴层技术的刀片周边钴含量很高，这使得刀具有较高的切削刃强度，而在内部含钴量较低，具有抗变形能力。

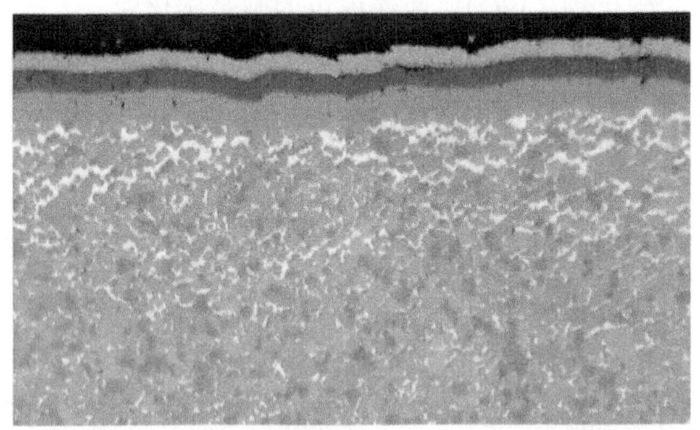

图 3-88　富钴层技术金相图（图片源自肯纳金属）

金属陶瓷（Cermets）即钛基硬质合金（图 3-89），它不是像钨基硬质合金那样以碳化钛为主要硬质相，金属陶瓷是以碳化钛、氮化钛为主要硬质相，而以 Ni-Mo 或 Ni-Co-Mo 等为粘结相。它与钨基硬着合金比，抗冲击韧度略低些而高温硬度和耐磨损性都略高一些，与被加工材料的亲和力也较小，因此适合用来做小余量、精加工的车刀片。

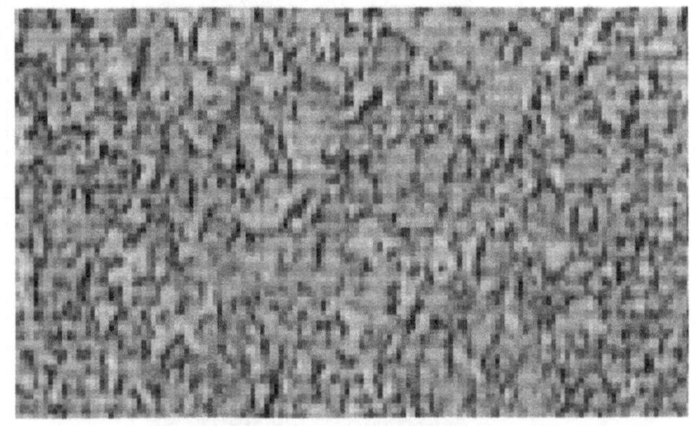

图 3-89　金属陶瓷金相图

金属陶瓷与钨基硬质合金属于同类，陶瓷则完全是另一大类的刀具材料。陶瓷刀具材料主要分为氧化物陶瓷（图 3-90）和氮化物陶瓷（图 3-91）两类。

这里简要介绍陶瓷材料的特点，它具有高硬度、高耐磨性、化学稳定性优良，与被加工材料的化学亲和性小、摩擦因数低、在 790℃的高温下仍能保持较高的硬度、它能用于高速切削或高速重切削。

氧化物的陶瓷主要包括氧化铝和氧化铝基复合陶瓷两个类别，一般用于加工钢件和铸铁件。

氮化物的陶瓷主要是氮化硅陶瓷，一般用于加工铸铁。添加了须晶的氮化硅陶瓷，可以用于高速加工如镍基高温合金那样的难加工材料。

采用须晶增韧的氧化铝基复合陶瓷或氮化硅陶瓷都有可以用于加工硬材料的品种。

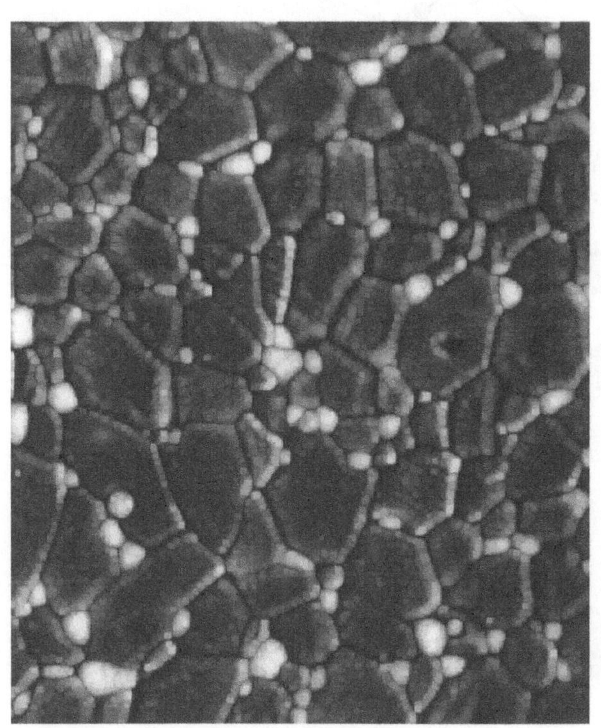

图 3-90　氧化物陶瓷金相图

图 3-91　氮化物陶瓷金相图

立方氮化硼（PCBN 或 CBN）和聚晶金刚石（PCD）是材质不同但结构非常相似的两种极硬的刀具材料（图 3-92~ 图 3-94），属于超硬刀具材料。

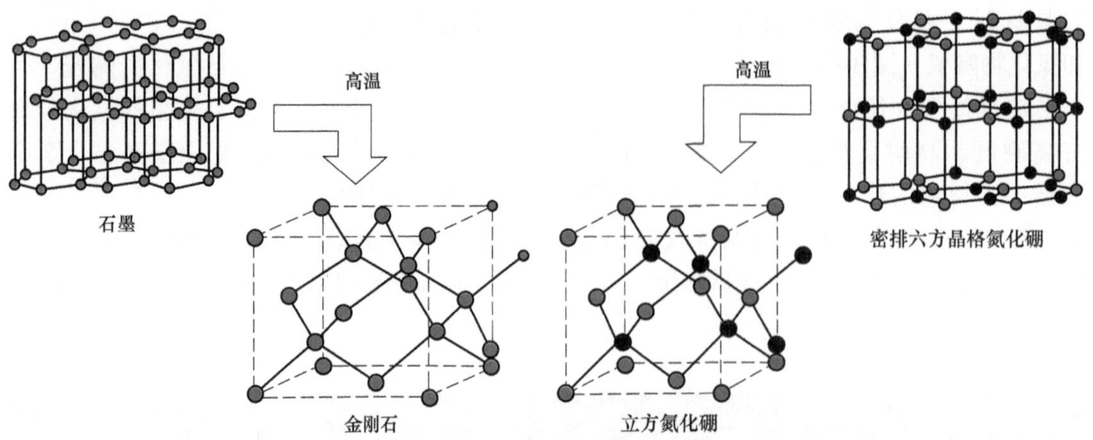

图 3-92 金刚石结构图

图 3-93 立方氮化硼结构图

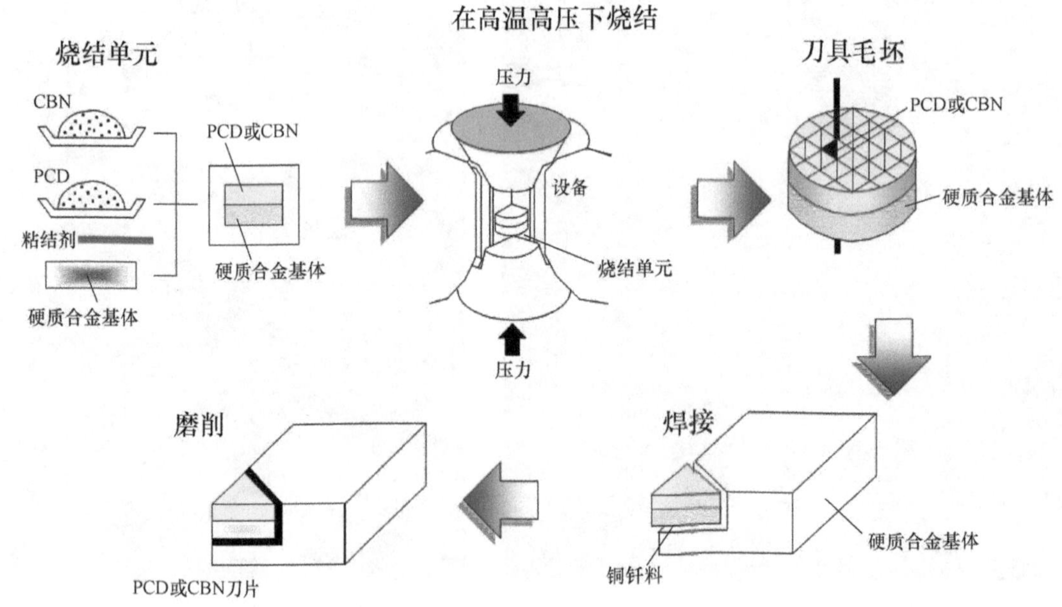

图 3-94 金刚石、立方氮化硼刀具生产流程图

CBN 根据其含量不同（根据住友电子的介绍，通常也伴随着结合剂的不同），其硬度（耐磨性）、强度（韧性）都有所不同（图 3-95），因此不同的 CBN 含量的刀片有着不同的用途：

CBN 含量 50% 的刀片，主要用于连续切削淬硬钢（45~65 HRC）。

CBN 含量 65% 的刀片，主要用于半断续切削淬硬钢。

CBN 含量 80% 的刀片，主要用于加工镍铬铸铁和重断续切削淬硬钢。

CBN 含量 90% 的刀片，主要用于高速切削铸铁，断续切削淬硬钢，加工硬质合金、烧结金属、重合金。

CBN 含量 80%~90% 的刀片，还常被用于高速切削铸铁（v_c=500~1300m/min），粗加工和半精加工淬硬钢。

金刚石是目前已知的最硬的刀具材料，但它用于加工金属有一个很大的局限性，就是它几乎不能用来加工诸如钢、不锈钢、铸铁等各种铁碳合金。因为金刚石是一种特殊形态的碳，它会在较高的温度下与铁碳合金中的铁发生亲和作用，导致刀具失效。因此，金刚石主要用于切削铝合金、铜合金等非铁材料。

图 3-96 是两种金刚石刀具的金相结构，一般的金属加工主要用 25μm 金刚石，而 10μm 金刚石常用于较高表面粗糙度要求的金属加工场合。

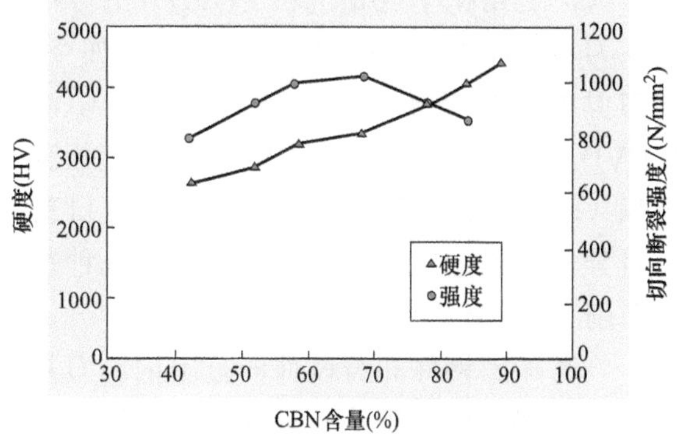

图 3-95　不同含量立方氮化硼刀具的性能

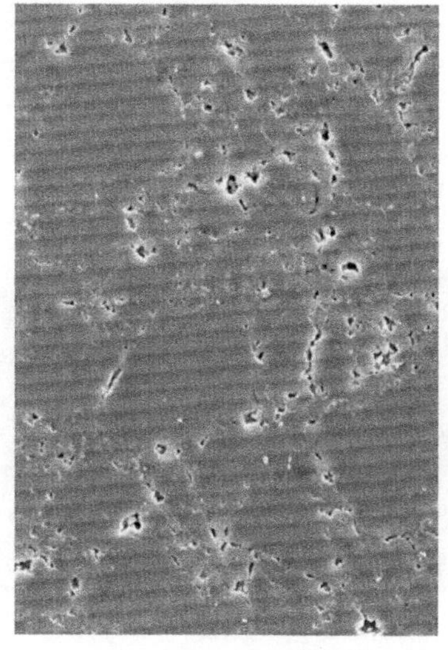

a）25μm 金刚石

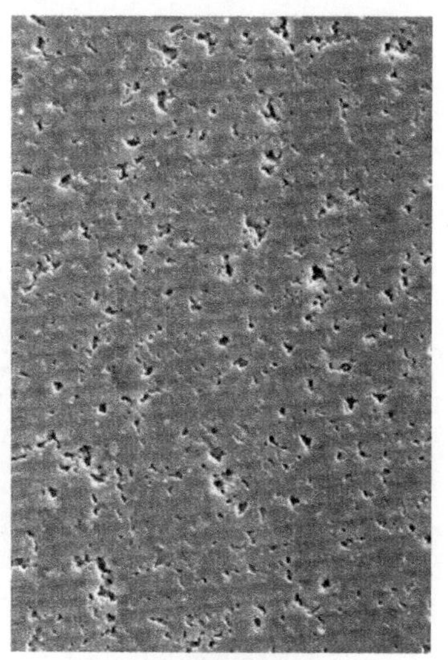

b）10μm 金刚石

图 3-96　金刚石刀具的金相结构（图片源自肯纳金属）

刀具材质除了包括刀具基体材料之外，刀片上的涂层也是一个重要方面。从图3-97可以看出，涂层对刀具性能的改善是多方面的。

在刀具上使用涂层大约始于20世纪70年代，是用化学气相沉积（CVD）的方法在刀具上涂覆了一层碳化钛（TiC）。如今，刀具的涂层技术已经有普通CVD、中温CVD（MT-CVD）、离子CVD、物理气相沉积（PVD）等多种，涂层的品种也是日新月异，发展迅速。这里简单地介绍几种在车削上应用较多的涂层。

在加工钢件和铸铁件的范围内，刀具的氧化铝涂层几乎是不可或缺的。这是因为氧化铝涂层比起其他的各种涂层具有高得多的耐高温性能，能够在高的切削速度下保持优良的性能。但氧化铝涂层本身是黑色的，与硬质合金的基体颜色相近，因此在刀具磨损的情况下判别磨损不太容易。而氮化钛涂层是金色的，它摩擦因数小，化学惰性大而不易与其他材料亲和，磨损后判断磨损也很方便。

图3-98是瓦尔特开发的老虎刀片（TigerTec），其涂层结构如图3-99所示。这种刀片的前面是黑色的α相的三氧化二铝（α-Al_2O_3），而后面的外面是金黄色的氮化钛（TiN）。黑色的α-Al_2O_3具有很高的耐温能力，因此它能应付高的切削速度和进给率带来的高切削温度，从而减少月牙洼磨损和氧化磨损，延长刀具寿命；金黄色的TiN使得确定磨损量变得很方便，这样就易于分辨切削刃是否已被使用，也不会浪费未被使用过的切削刃。老虎刀片在加工钢和铸铁方面有非常不错的效果。

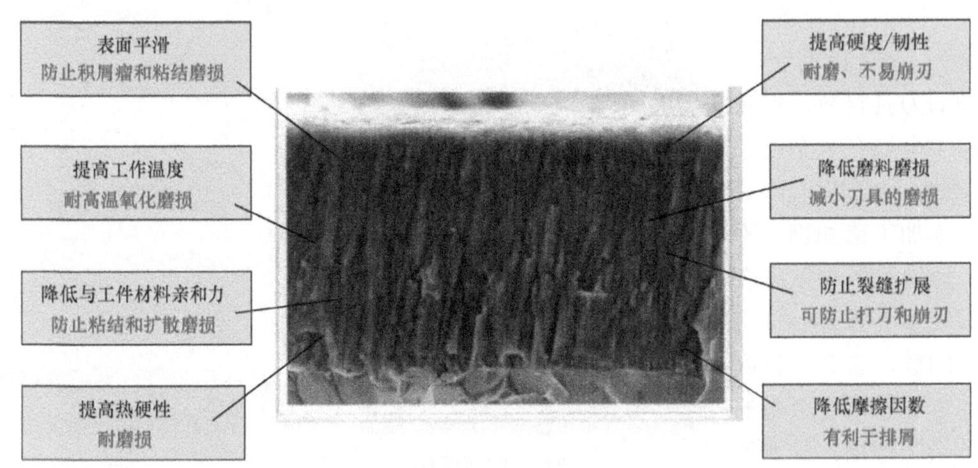

图3-97 涂层对刀具性能的改善（图片来自中国刀协会议报告）

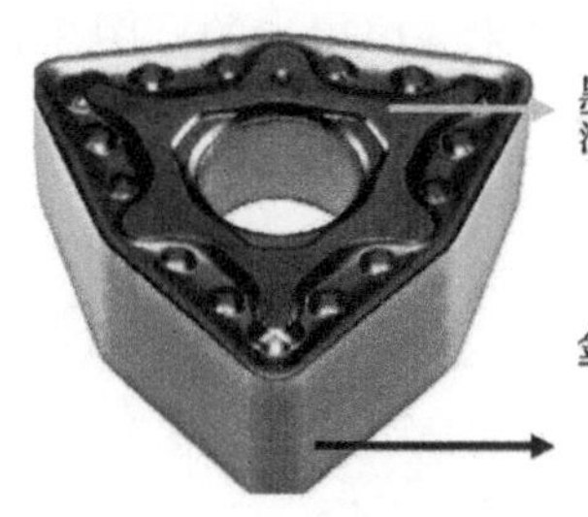

a) 老虎刀片(TigerTec)简要介绍

b) 不同涂层磨损对比

图 3-98　老虎刀片

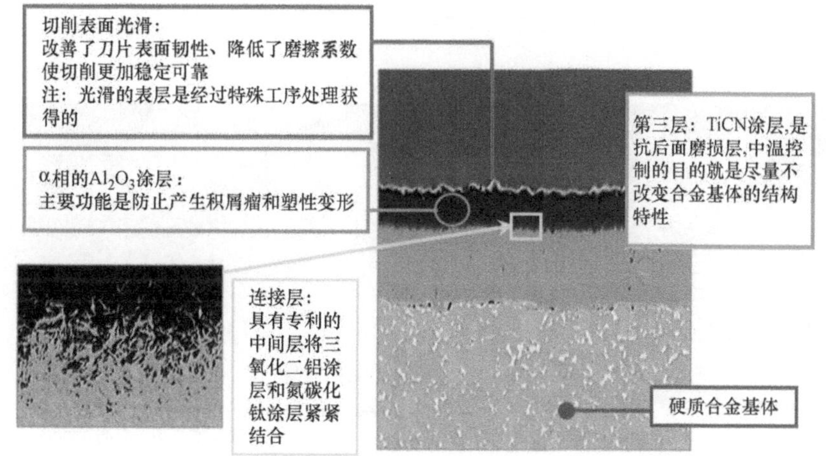

图 3-99　老虎涂层结构

近年来，涂层技术有一个新的发展趋势，控制氧化铝成长的状态，形成柱状晶。图 3-100 是瓦尔特具备柱状晶的银虎刀片涂层和特性的简单对比。与传统的 Al_2O_3 相比，柱状晶 Al_2O_3 镀层的工作温度由 915℃降低到了 880℃，而膜层的硬度则由 27.5GPa 提高到 30.5GPa，抗月牙洼磨损性能提高。

图 3-101 是传统 CVD 涂层的 Al_2O_3 和采用柱状晶 Al_2O_3 涂层的银虎刀片在采用切削速度 v_c 为 330m/min，进给量 f 为 0.25mm/r，切削深度 a_p 为 2mm，以加切削液的湿式切削方式连续切削 45 钢后的磨损状态。可以看出，采用柱状晶技术的银虎刀片尽管加工了比传统涂层技术多 62% 的时间，图 3-101b 中的磨损还是明显比图 3-101a 中磨损要小。

除了钢和铸铁外，不锈钢、铝合金、铜合金、钛合金和高温合金也有使用物理气相沉积涂层技术（PVD）的。图 3-102 是 PVD 涂层示例。

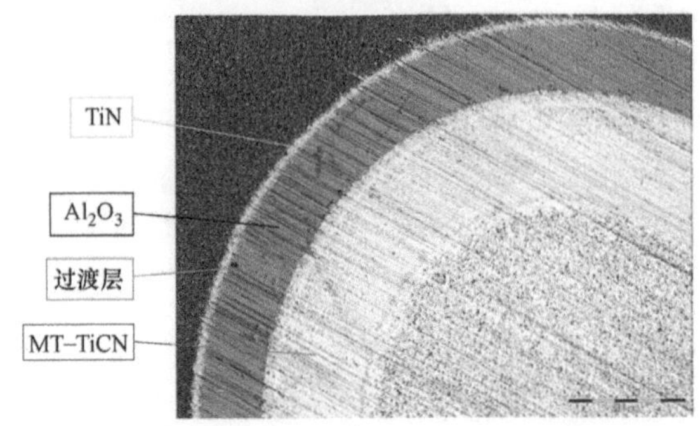

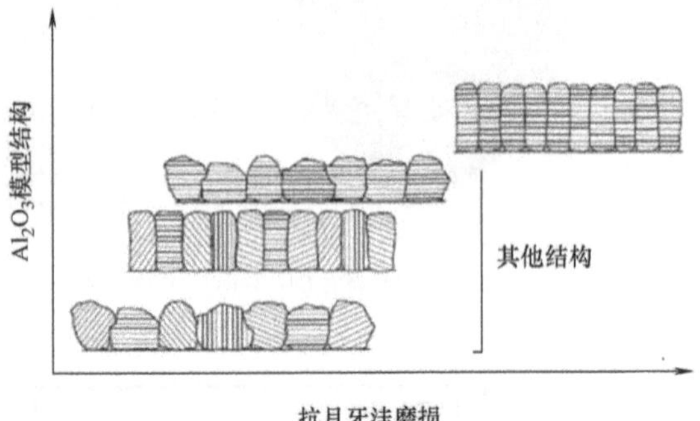

图 3–100　银虎涂层结构

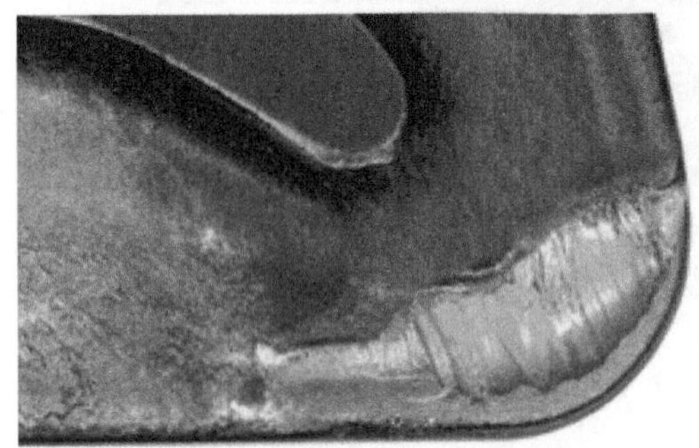

a) 传统的CVD 涂层技术，加工时间16min

b) 银虎技术，加工时间26min后

图 3–101　银虎涂层特性

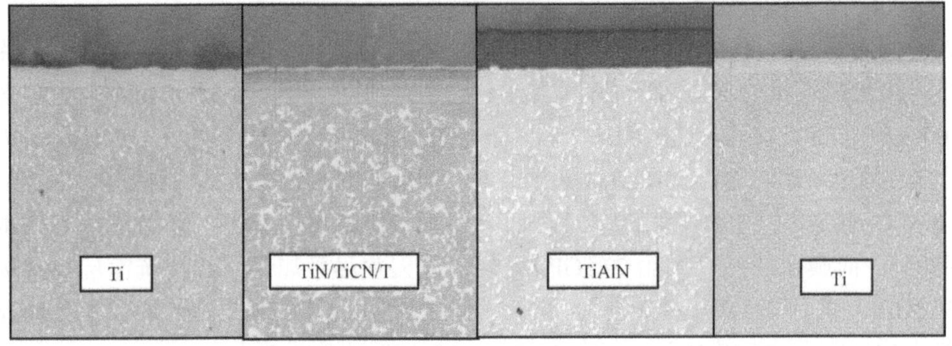

图 3–102　PVD 涂层示例（图片源自肯纳金属）

在基体材料和涂层确定之后，材料的基本性能就基本确定了。刀具公司都会以材料应用表的方式，说明这种基体材料和涂层的组合可以用在哪些类别的加工中，适用于加工什么样的材料，是属于推荐使用的优先等级，还是可以作为后备方案的一般等级等。图 3-103 是材料应用表及其解读的示例。

在图 3-103 中，表格第一列是厂商的牌号。这部分是各个厂商按照自己的命名规则编写的，这里不多做解释。

第二列是国际标准化组织（国际标准为 ISO 513:2012，我国现行标准为 GB/T2075-2007，等效采用了 2004 版的国际标准）（ISO）制定的关于切削材料的用途代号。两个大写字母代表刀具材料所属的类别，如上面各个材料前面的 HC 就代表涂层的硬质合金。后面用短杠分开后的第一个字母，代表其用途即被加工材料类别。注意，短杠之前的材料是刀具材料（切削材料），短杠后面的材料是工件材料（被切削材料）。按被加工材料主要分为六类：

耐磨性 ←

→ 韧性

瓦尔特切削材质牌号	ISO代码	工件材料组 P 钢	M 不锈钢	K 铸铁	N 有色金属	S 难加工材料	H 硬材料	O 其他	应用范围 01 05 10 15 20 25 30 35 40 45	涂层工艺	涂层结构	可转位刀片示例
WSM 10	HC－M10		●●							PVD	TiAlN+Al_2O_3 (ZrCN)	
	HC－S10					●●						
	HC－P20	●										
WSM 20	HC－M20		●●							PVD	TiAlN+Al_2O_3 (ZrCN)	
	HC－S20					●●						
	HC－P20	●										
WSM 30	HC－M30		●●							PVD	TiAlN+Al_2O_3 (ZrCN)	
	HC－S30					●●						
	HC－P30	●										

BL ＝ 低氮化硼含量的氮化硼车刀片
BH ＝ 高氮化硼含量的氮化硼车刀片
CC ＝ Si_3N_4，镀层
CN ＝ Si_3N_4
DP ＝ 多晶金刚石
HC ＝ 镀层硬质合金材料
HF ＝ 细晶粒硬质合金材料，未镀层
HW ＝ 硬质合金材料，未镀层

●● 主要应用
● 可选应用

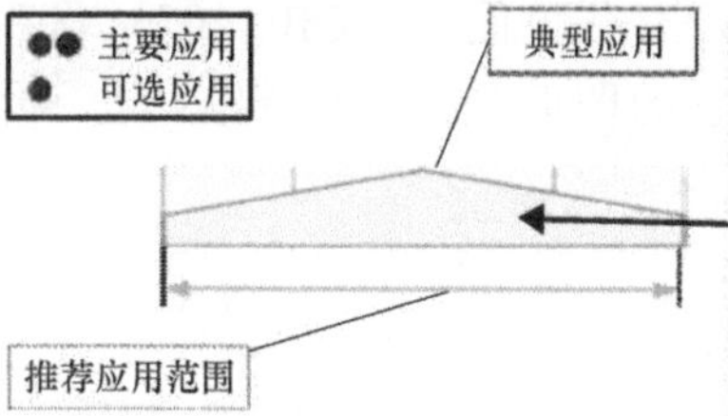

典型应用
推荐应用范围

蓝色：P类主要用于加工长切屑的黑色金属。
黄色：M类适于不锈钢材料。
红色：K类主要用于加工短切屑的黑色金属。
绿色：N类主要用于加工短切屑的有色金属及非金属材料。
褐色：S类主要用于加工镍基材料、钛合金等难加工材料。
白色：H类主要用于加工淬硬钢、淬硬铸铁等。

图 3-103 材料应用表及其解读

1）P 类（标记色：蓝色）主要用于加工长切屑的黑色金属。

2）M 类（标记色：黄色）主要用于加工不锈钢材料。

3）K 类（标记色：红色）主要用于加工短切屑的黑色金属。

4）N 类（标记色：绿色）主要用于加工短切屑的有色金属及非金属材料。

5）S 类（标记色：褐色）主要用于加工镍基材料、钛合金等难加工材料。

6）H 类（标记色：白色或浅灰色）主要用于加工淬硬钢、淬硬铸铁等。

第三个区域是加工对象标示区，标明其适合的主要类别及适用程度。如 WSM20 作为 ISO 代码 HC-M20 主要应用于不锈钢加工，作为 HC-S20 主要应用于难加工材料，也作为 HC-P20 应用于钢材，但加工钢材只是备用，而不是推荐。

第四个区域是应用范围标示区。它中间有一个屋形区域，高处的屋顶尖所指的位置，就是其典型的应用。如 WSM20 作为 ISO-M20 的典型应用就是 M20，而推荐的应用范围是从 M10~M30。注意，这个范围标示的屋形不一定是对称的，有些可能偏向一边，不能想当然地认为它的图形是两侧对称的。这一部分的上方有一串数字，这是 ISO 标准对该材料性能的一个非定量的描述。ISO 标准规定从 01（代表最高的耐磨性也就是最高硬度）到 50（代表最高的韧性），分成不同等级，每个材料类别都类似。ISO 标准中这个值的主系列是：01、10、20、30、40、50，并规定可在主系列相邻的数字间插一个数字来表示中间的值，于是，出现了 05、15、25、35、45 这样的值。因此，就出现了如 K10、M20、S35、P40 这样一些代号。由于 ISO 标准中这部分材料分类本身比较粗，如 HC 涂层硬质合金的基体既包含了一般颗粒的钨基硬质合金（粒度≥ 1μm），也包含了细颗粒的钨基硬质合金（粒度＜ 1μm），甚至还包含了钛基硬质合金（即金属陶瓷）。涂层也未明确用了哪种或哪些涂层工艺，涂了什么材料，涂了几层，厚度多少等，一个类别里材料很多，使得材料之间的可比性不是很强，大部分只能在同一个公司、同一个时期的这类代号作比较。

下面以可转位刀片的 ISO 代号（国际标准为 ISO 1832:2012，我国现行标准为 GB/T2076-2007，等效采用了 2004 版的国际标准）进行介绍（图 3-104）：

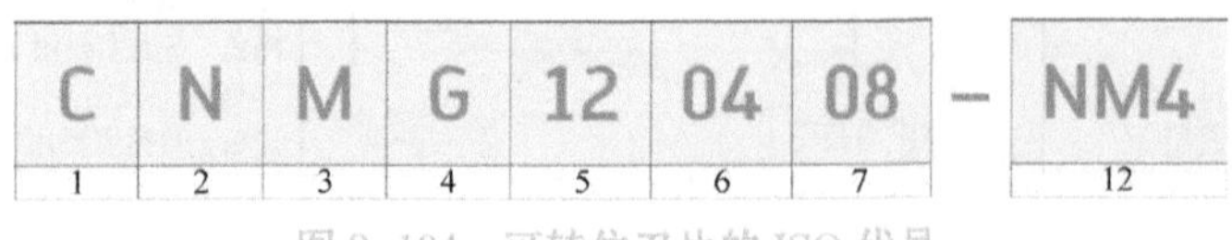

图 3-104　可转位刀片的 ISO 代号

第 1 位字母：可转位刀片的基本形状（参见图 3-52）。

第 2 位字母：可转位刀片的后角（参见图 3-42）。

第 3 位字母：可转位刀片的精度等级（参见图 3-82）。

第 4 位字母：可转位刀片加工和固定特征，在图 3-43 中已有涉及，这里进行详细介绍，见表 3-7。

表 3-7　可转位刀片加工和固定特征

		无断屑槽	有断屑槽	
			单面	双面
无固定孔		N 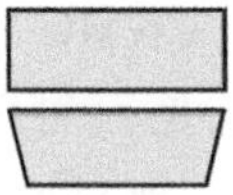	R 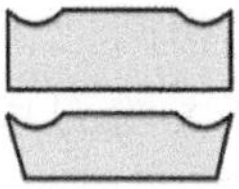	F 
圆形固定孔		A 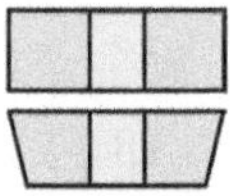	M 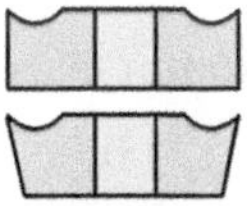	G 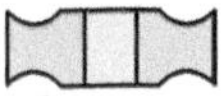
40°~60°固定沉孔	单面	W 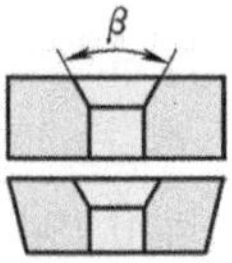	T 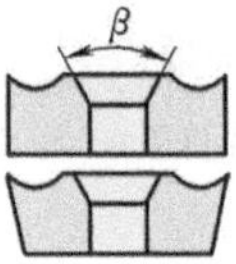	
	双面	Q 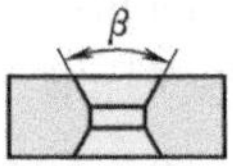		U 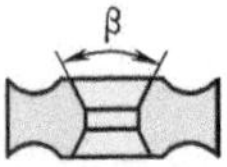
70°~90°固定沉孔	单面	B 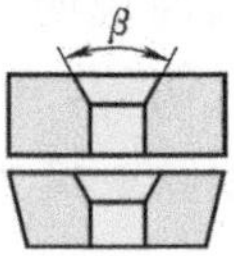	H 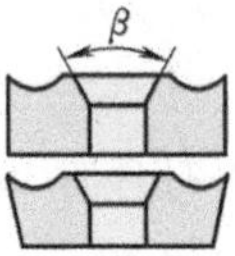	
	双面	C 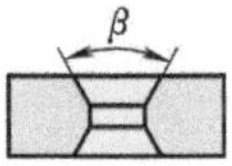		J 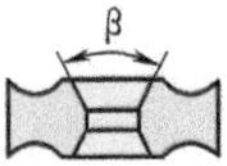

第 5 位的两位数字：代表切削刃长度（参见图 3-53），是切削刃长度的整数部分，当舍去小数部分后只剩下一位数字时，必须在数字前加一个“0”。如刃长 6.35mm 的标记为 06，刃长 9.53mm 的标记为 09，刃长 12.7mm 的标记为 12。

第 6 位的两位数字：代表刀片厚度，是刀片厚度的整数部分，当舍去小数部分后只剩下一位数字时，必须在数字前加一个“0”，当刀片厚度的整数相同而小数部分值不同时，则将小数部分大的刀片的代号用“T”代替“0”，以示区别。如刀片厚度 3.18mm 的标记为 03，刀片厚度 3.97 mm 的标记为 T3，刀片厚度 4.76mm 的标记为 04，刀片厚度 5.56 mm 的标记为 05。

第 7 位的两位数字，代表刀尖圆弧。

美国标准的刀片代号中第 5~7 位是一个数字。这里参考 ANSI B212.4—1986 标准，介绍有关车刀片的代码。

刀片大小：美国标准中刀片大小不是刀片边长，而是刀片内切圆直径，标注的是该直径的英分（1/8 英寸）数值。如 12.7mm（即 1/2 英寸，也称 4 分），因此代码为“4”。

刀片厚度：美国标准的刀片厚度，标注的是该厚度值 1/16 英寸的倍数。1/16 英寸即 1.5875mm，如厚度 4.76mm 的代码为“3”（4.76÷1.5875≈3）。

刀尖圆弧：美国标准的刀尖圆弧，标注的是该圆弧半径值 1/64 英寸（约 0.397mm）的倍数。因此圆弧半径 0.4mm 代码为“1”，圆弧半径 0.8mm 的代码为“2”。

举一个美国标准刀片的例子：CNMG432

CNMG 与 ISO 标准一样，代表刀片的形状是刀尖角为 80° 的菱形刀片、后角为 0，M 级精度，双面带断屑槽，中间带圆形贯通孔，不再详细讲解。

数字“4”是刀片内切圆为 1/8 英寸的 4 倍，即 12.7mm。

数字“3”为刀片厚度，1/16 英寸的 3 倍，即 4.76mm。

数字“2”为刀尖圆弧，1/64 英寸的 2 倍，即 0.794mm，也就是平时说的 08 圆弧。

因此，美国标准代码 CNMG432“翻译”成 ISO 标准代码，就是 CNMG120408。

图 3-104 中的第 12 位是制造商代码或制造商说明，这部分常常是槽型代码、材质代码等，但这一部分与前面的 ISO 代码必须以短杠“-”分开。

3.2 内外圆车刀的选用实例

本节首先将通过一个简单的实例，来说明可转位内外圆车刀的选择过程（本例按照瓦尔特样本进行）。该加工任务的主要条件如下：

1）精车图 3-105 所示的细长轴，转角处圆角不超过 0.3mm。

2）加工余量为 0.2mm。

3）根据表面粗糙度要求必须使用的进给率 f=0.1 mm。

4）连续切削，表面已经经过加工。

5）工件材料为 45 钢。

6）机床 25mm×25mm 方形刀杆，机床刚性不好，右切削。

7）工件装夹不够牢固。

下面，以车削加工此细长轴进行刀具选择。根据工件“细长”和样本（图 3-106）工件特性的描述，应选用装有正型刀片的车刀杆。而在这两种锁紧系统中，较小切削力和细长轴加工的首选是螺钉锁紧系统，因此，确定选用螺钉锁紧的正型刀片刀杆。根据图 3-107 可以看到，适合车削带台阶工件的正型刀片主要是表格中第一行第一列的 SCLC R/L、第二行第一列的 SDJC R/L、第三行第三列的 STGC R/L 或第三行第四列的

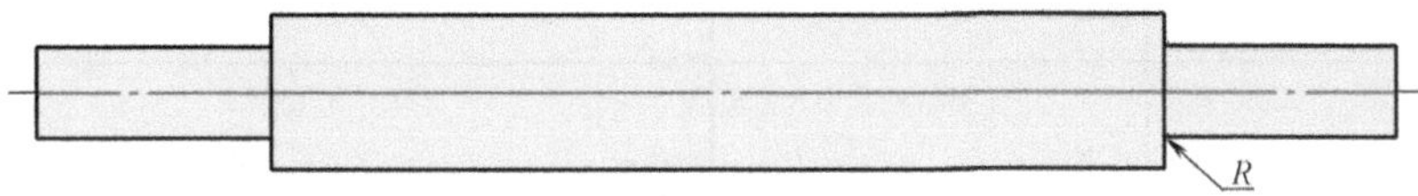

图 3-105 细长轴

用于正型可转位刀片的外圆车刀杆

工件特性	短，稳定			长，不稳定	
基本形状	负型			正型	
刀具夹持系统	刚性锁紧系统	曲杆锁紧系统	楔式锁紧系统	螺钉锁紧系统	曲杆锁紧系统

图 3-106 外圆车刀选用（一）

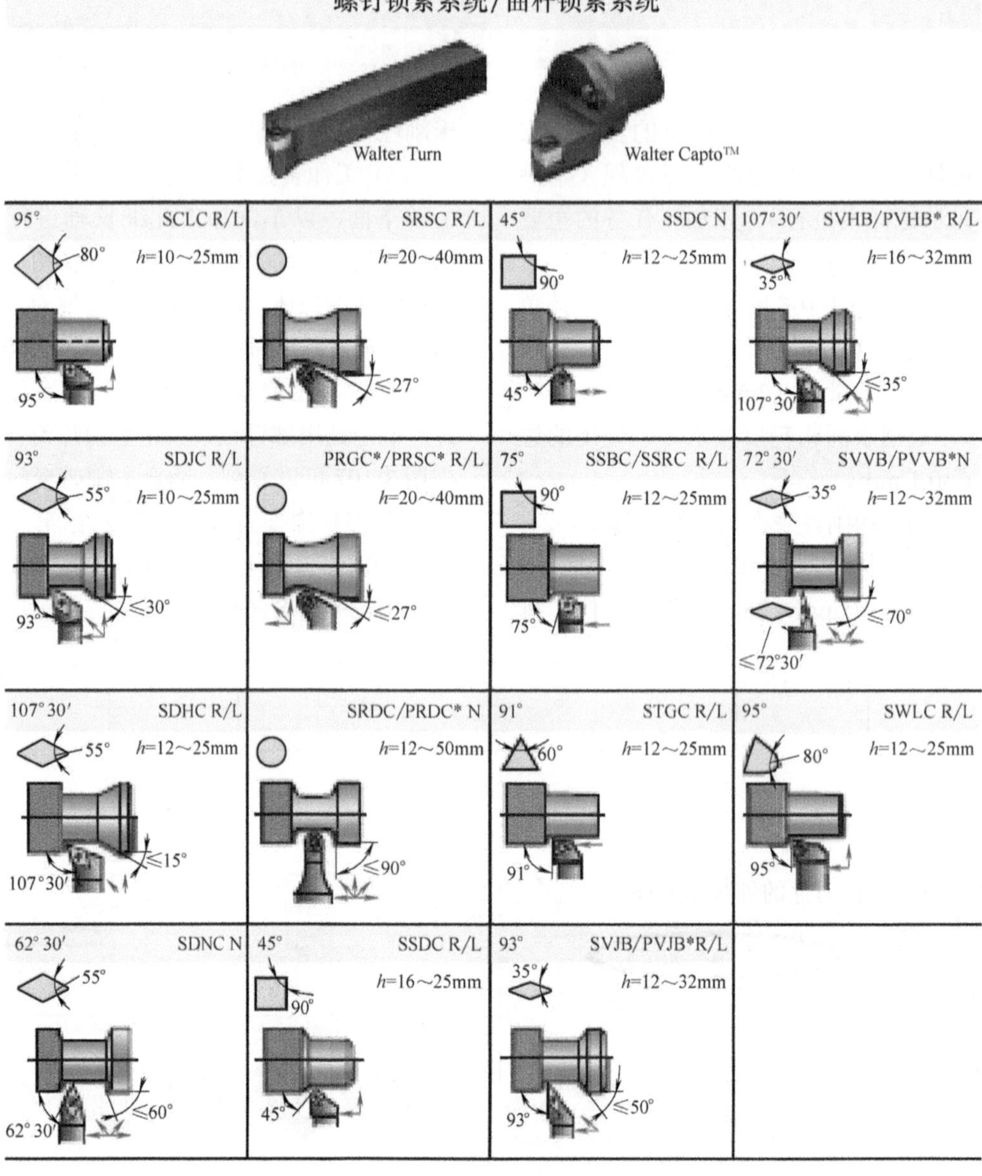

图 3-107 外圆车刀选用（二）

SWLC R/L。在图 3-52 中介绍过 D 型或 V 型的刀片虽抑制振动能力较强但刃口强度较低，而 C 型或 W 型的刃口强度高而抑制振动能力较低，T 型则介于中间位置。由介绍刀杆主偏角时图 3-30~ 图 3-32 部分的分析，在车削细长轴主偏角较接近 90° 时不易造成工件成桶形或沙漏形，因此选择第三行第三列的 STGC R/L，91° 的主偏角和 60° 的刀尖角应该是较好的选择。本例中应选择 STGC R 刀杆（右切削）。矩形刀杆（图 3-108）中 25mm×25mm 的方形刀杆只有一个选择，那就是：STGCR2525M16。至此，车刀杆的选择就完成了。

接下来开始选择刀片。需要先按照工件材料牌号确定其材料组别，如图 3-109 所示。中国的 45 钢相当于德国的 C45 钢，可知该材料属于 P2 组。

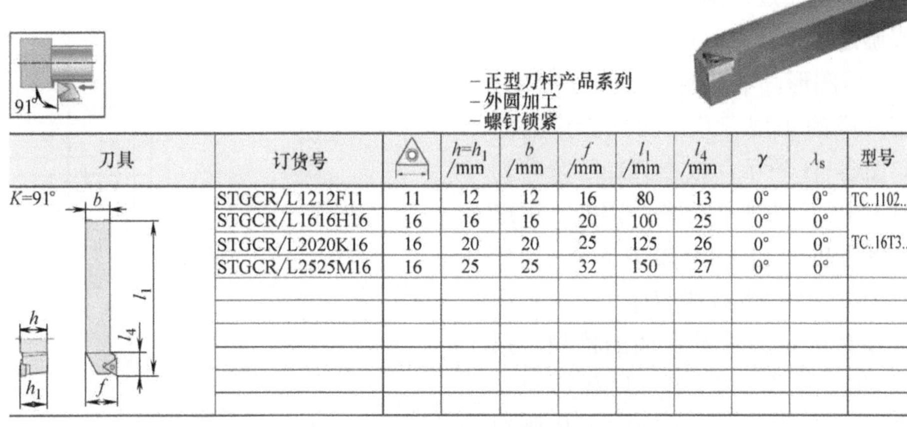

刀具	订货号		$h=h_1$ /mm	b /mm	f /mm	l_1 /mm	l_4 /mm	γ	λ_s	型号
K=91°	STGCR/L1212F11	11	12	12	16	80	13	0°	0°	TC..1102..
	STGCR/L1616H16	16	16	16	20	100	25	0°	0°	
	STGCR/L2020K16	16	20	20	25	125	26	0°	0°	TC..16T3..
	STGCR/L2525M16	16	25	25	32	150	27	0°	0°	

图 3-108　外圆车刀选用（三）

工件材料对照表

工件材料组	加工材料组	德国					英国		法国	意大利	瑞典	西班牙	日本	英国
		材料号 DIN	材料号 DIN EN	DIN	DIN EN	制造商名称	B.S.	EN	AFNOR	UNI	SS	UNE	JIS	AISI/SAE
	结构钢													
	P2	1.0503		C45	C45		080A32.080A35 080M36.1449.40CS		C35.1C35. AF55C35	C35. 1C35	1572. 155	F.113	S 35 C	

图 3-109　外圆车刀选用（四）

瓦尔特选刀步骤的第二步是确定可转位刀片的基本形状，在选择刀杆时已经确定选用正型刀片，因此这一步也已完成。

第三步是确定加工条件，基本依据是图 3-110。根据给定的条件“连续切削，表面已经经过加工”符合第一行的条件，又根据“机床刚性不好”以及“工件装夹不够牢固”的给定条件，确定其机床、夹具和工件系统的稳定性为第三列。这两者就确定加工条件为一个瓦尔特的脸谱符号——上下带缺口的一般条件符号“😬”请记住这个符号，后面会用到这一符号。

第四步，是通过切削深度（a_p）和进给量（f）来确定断屑槽。不同的加工材料应查阅不同的断屑图形，本例加工材料为 P2 组，属于加工 P 类的正型刀片，应该查询的断屑图形如图 3-111 所示。根据其加工余量为 0.2mm，如图中箭头所指位置。因此，可选的刀片槽型为 PF2*/PF4。样本中带星号“*”的是周边磨削刀片，即 G 级刀片。

第五步是确定刀片及合适的槽型。根据已选择的三角形“T”形刀片和第四步的可选值（图 3-112），可以确定刀片槽型是“PF4”。接着从指定的页面上确定刀片材质。前面曾经提示大家记住那个上下带缺口的一般条件符号“😬”，通过加工材料 P 类和这个符号，可以确定刀片材质为 WPP10。

切削状况	机床、夹具和工件系统的稳定性		
	很好	好	一般
连续切削 表面已预加工	☺	☺	😬
带铸造或锻造硬表皮 切深不均匀	☺	😬	☹
断续切削	😬	☹	☹

图 3-110 外圆车刀选用（五）

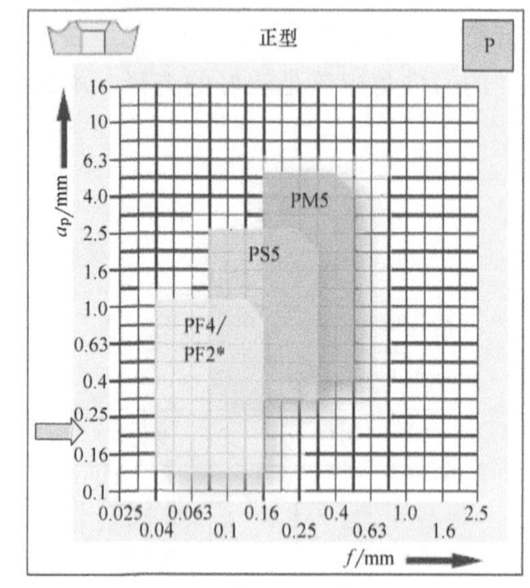

图 3-111 外圆车刀选用（六）

槽型		基本形状 T
	PF*	
	PF4	
	PF5	
	PS5	
	PM*	
	MOT	
	PM5	
	PR5	

图 3-112 外圆车刀选用（七）

同时图 3-107 要求工件拐角处圆弧半径不超过 0.3mm，可选的只有图 3-113 中的第一行：TCMT16T302-PF4 WPP10。

注意外圆车刀杆型号和刀片型号中的三个部分必须对应，如图 3-114 所示。

正型

TCGT/TCMT/ TCMW

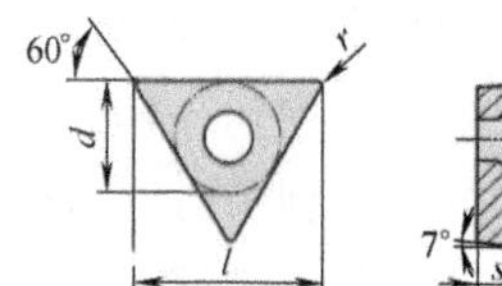

可转位刀片

	型号	d /mm	l /mm	s /mm	r /mm	f /mm	a_p /mm	P HC				M HC				K HC			N HC	N HW	S HC			H BL	H BH
								WPP01	WPP10	WPP20	WPP30	WSM10	WSM20	WSM21	WSM30	WAK10	WAK20	WAK30	WXN10	WK1	WSM10	WSM20	WSM30	WCB30	WCB50
	TCMT16T302-PF4	9.525	16.5	3.97	0.2	0.04～0.12	0.1～1.0	☺	😐	☹			😐		☹							😐	☹		
	TCMT16T304-PF4	9.525	16.5	3.97	0.4	0.05～0.16	0.1～1.5	☺	😐	☹		☺	😐		☹						☺	😐	☹		
	TCMT16T308-PF4	9.525	16.5	3.97	0.8	0.08～0.20	0.1～2.5	☺	😐	☹		☺	😐		☹						☺	😐	☹		

图 3-113 外圆车刀选用（八）

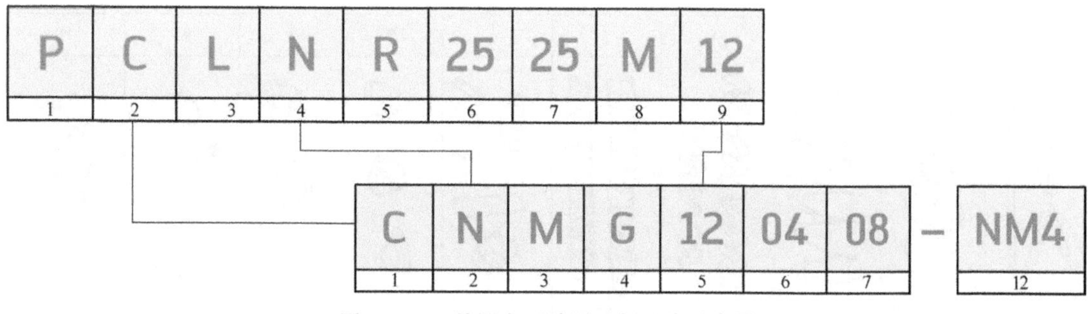

图 3-114 外圆车刀选用刀杆刀片对应图

3.2.1 内外圆车削中的常见问题

■ 断屑问题

在数控车削内外圆时，断屑总是一个重要问题。加工钛合金时常要停机清理切屑而降低了生产效率，增加了工时费用，带来很多问题，如图 3-115 所示。因此，在车削中控制切屑形态很重要。

德国切削数据情报中心（INFOS）对切屑形态进行了分类，见表 3-8。对数控车削来说，第 6 种的短螺旋管、第 7 种的宝塔形、第 8 种的 C 字形是理想的切屑形态，而第 9 种的新月形和第 10 种的崩碎形虽不够理想，有时也能接受，不过在缺乏防护罩时要小心这样的细小切屑飞得比较远，要防止它们伤到人。

在车削中产生的切屑会卷曲，有三种基本结果，而后两种结果较好：

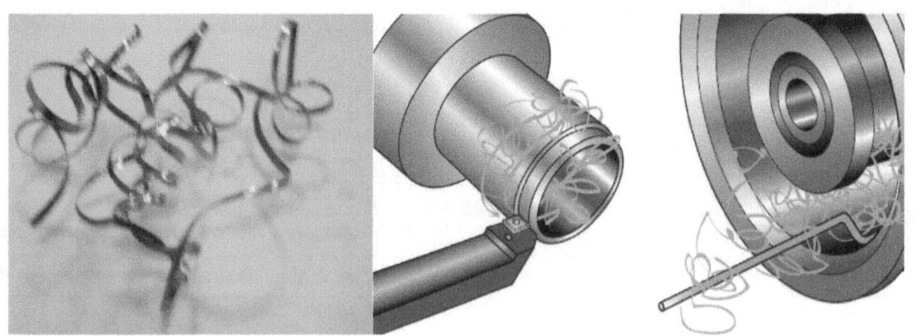

a）长的切屑（图片源自山高刀具）　　b）外圆车削中缠绕工件的切屑（图片源自三菱材料）

图 3-115　断屑示例

表 3-8　德国 INFOS 切屑分类表

1	2	3	4	5	6	7	8	9	10
					良好的切屑形态				
					可接受的切屑形态				

1）流出的切屑或许会卷成一团，清理非常困难，还会划伤已加工表面。

2）切屑受到刀具前面、后面或断屑槽等结构的阻碍，或受到工件的阻碍而折断。

3）切屑在累积到一定长度后，受自身重力的影响而折断。

图 3-116 是三种典型的断屑过程。前两种是切屑撞到阻碍物，切屑上的应变超过了切屑材料允许的最大应变而折断，通常发生在切削钢、不锈钢、铜及其合金、铝及其合金等弹塑性材料时；而后一种则是切屑上某处的应力超过了切屑材料允许的最大应力而折断，通常发生在切削铸铁等脆性材料时。

切屑的形成是一个复杂的过程，影响它的因素较多。图 3-117 是影响切屑形成的主要因素。其中，最重要的因素是工件材料和刀具的切屑控制装置。车刀片上的槽型（常称为“断屑槽”），其功能除形成合理的几何角度之外，一个重要的任务就是断屑。可以发现，大部分加工铸铁用的车刀片绝大多数都没有断屑槽，设计有断屑槽的车刀片基本上都是用来加工弹塑性材料的。

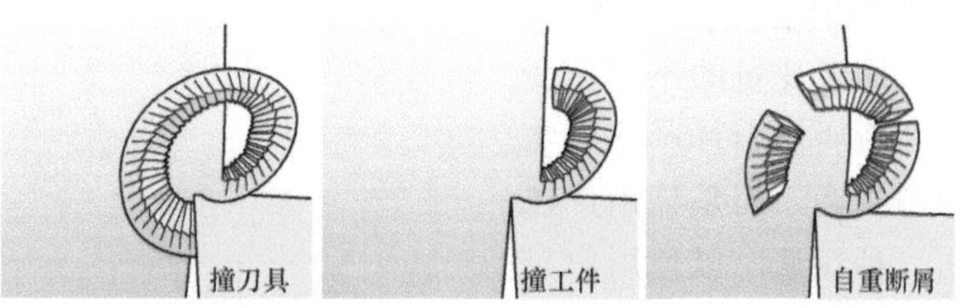

图 3-116　三种断屑方式（图片源自山特维克可乐满）

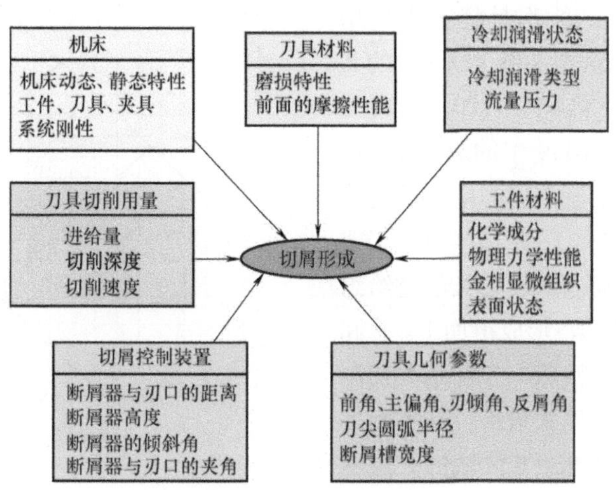

图 3-117　影响断屑的因素（图片源自哈尔滨理工大学）

如何来描述一种断屑槽的断屑特性？国家标准 GB/T 17983—2000《带断屑槽可转位刀片近似切屑控制区的分类和代号》中有一个描述断屑区间的坐标图，进给量 f 的范围为 0.02~2.5mm/r，切削深度 a_p 的范围为 0.1~16mm，如图 3-118 所示。这个图可用来绘制通过标准切削试验而得到的带断屑槽刀片的性能图。由连接坐标图上的各点构成，并表明一个区域，在这个区域内切屑受控制。带断屑槽刀片的供应商可以通过指明产品的主要用途代号对其产品进行分类。注意：由该图确立的各种关系，可能会因工件材料、加工变量的不同而变化。该标准不是为带断屑槽刀片产品的实际应用提供一个专门指南，而是让用户在较宽的范围内作出一种预选，以使用户只注意那些最有可能满足需要的产品。

在实际加工中，一般都是将很小的切削深度与很小的进给组合（图 3-119 中的 A 区），形成超精加工；将较小的切削深度与较小的进给组合（图 3-119 中的 B 区），形成精加工；将中等的切削深度与中等的进给组合（图 3-119 中的 C 区），形成半精加工或中等加工；而将大的切削深度与大的进给组合（图 3-119 中的 D 区），形成粗加工。E 和 F 两个区域的加工比较特殊，分别是大切削深度小进给和小切削深度大进给，在实际加工中用得很少。但近年来，F 区域的大进给加工的使用已经越来越多了。

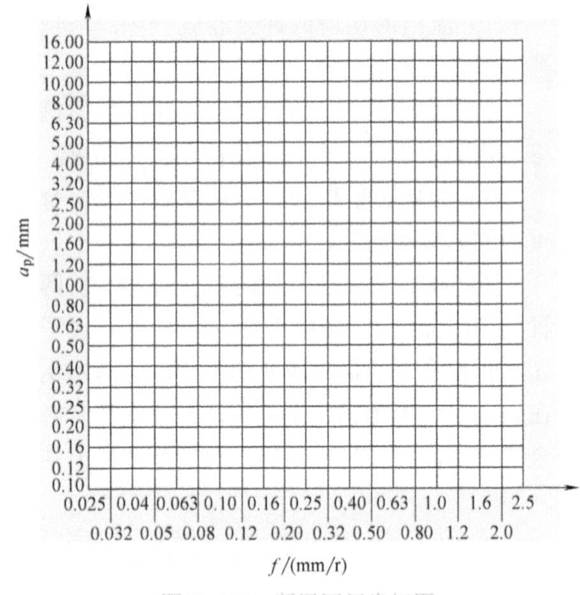

图 3-118　断屑区间坐标图

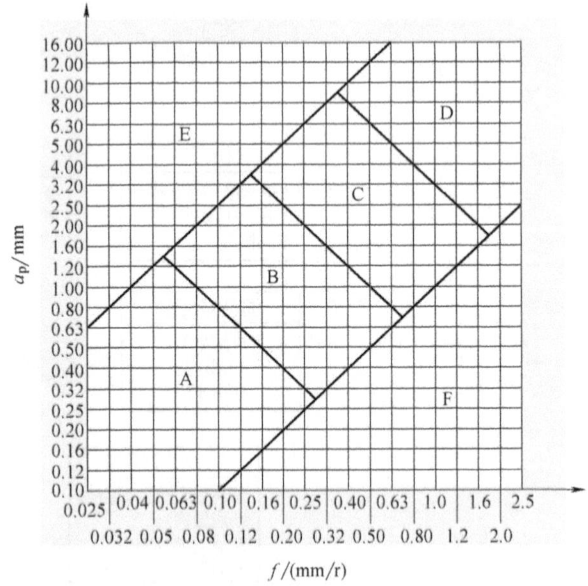

图 3-119　六种断屑区间

各刀具制造商会根据相关的原理，依据自身的设计经验、刀具使用需要（如工件材料、切削深度和进给量、刀尖圆弧等）和自身的刀具材质、涂层等不同条件（参见图 3-117），设计刀具槽形，虽然严格试验得出的结果可能是由曲线围成的主折断区域（图 3-120），但通常都可能以简单的多边形绘制出该刀具的断屑图形，以供刀具用户在选择刀片槽型时参考。注意：这些图形实质上是在切削速度固定的条件下，对某种工件材料所得出的断屑区间。

由于不同的材料和不同的加工任务会形成一系列的断屑图形，将多种断屑图形合成到一张图形上，以方便用户选择合适的刀具。

图 3-121 是瓦尔特样本中各种刀片槽型的一小部分。许多材料都可能有负型双面刀片、负型单面刀片、正型刀片、负型带修光刃（Wiper）、正型带修光刃等多种形式。但即使这样，对于千变万化的工件材料，还是无法全面覆盖。例如钢件，从种类上有碳钢和各种合金钢，还包括马氏体不锈钢和高速工具钢等；碳钢中从含碳量极低的沸腾钢 08F，到硬度可能很高的 T12，可加工性相差很大，不太可能每种材料及其热处理状态都有对应的槽型。可以通过典型切屑形态分布（图 3-122），增加切削深度或进给量的方式来获得合适的切屑形态。

有研究表明，许多钢的切屑分布都类似于图 3-122 所示。当进给量较小时，切屑常呈现出杂乱无章的缠绕屑（随后将分析这种现象）；而当切削深度较小时，切屑常常横向弯曲而形成螺旋卷。知道了这样的切屑变形规律，就可以采取一些措施来实现控制切屑形状的目的。

图 3-123 是切削时进给量 f 与倒棱宽度（图上标示为 L）的关系。在大多数情况下，如果选取的进给量 f 仅倒棱宽度 L 的 50% 时，切屑基本上不能折断，很容易形成乱屑；当进给量 f 加大到倒棱宽度 L 的 80% 时，切屑的卷曲规律了很多，但还是经常难以折断；而当进给量 f 加大到与倒棱宽度 L 等宽时，就能得到比较好的 C 字形切屑。

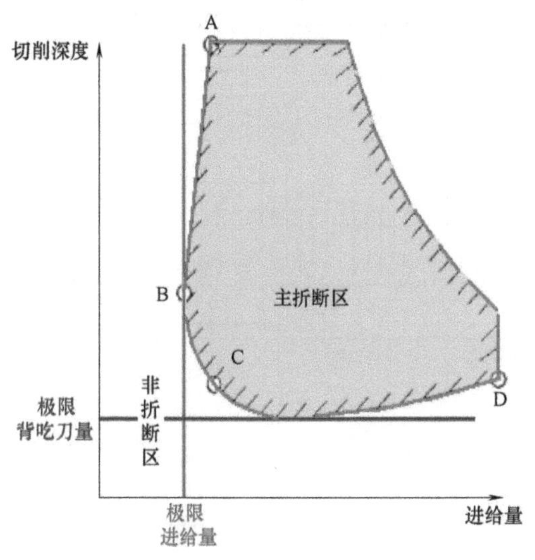

图 3-120　主折断区域

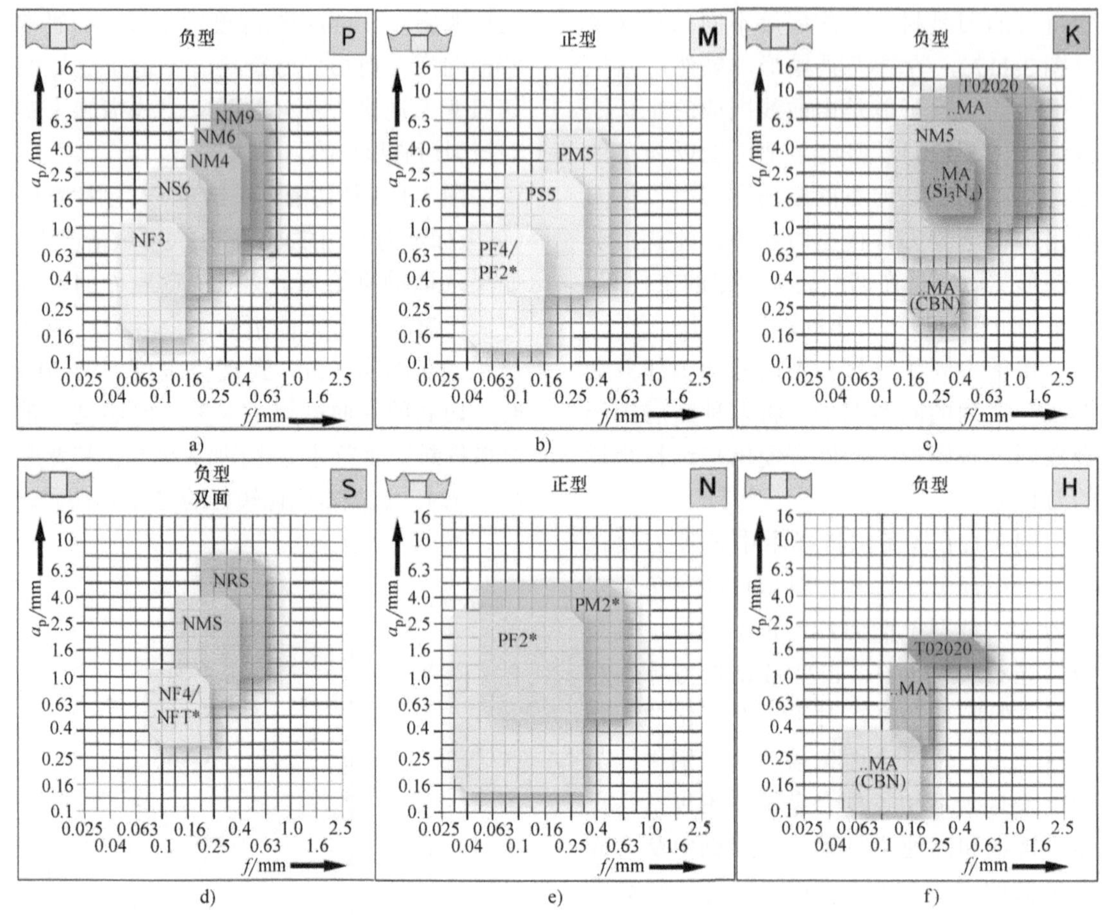

图 3-121 瓦尔特断屑槽型

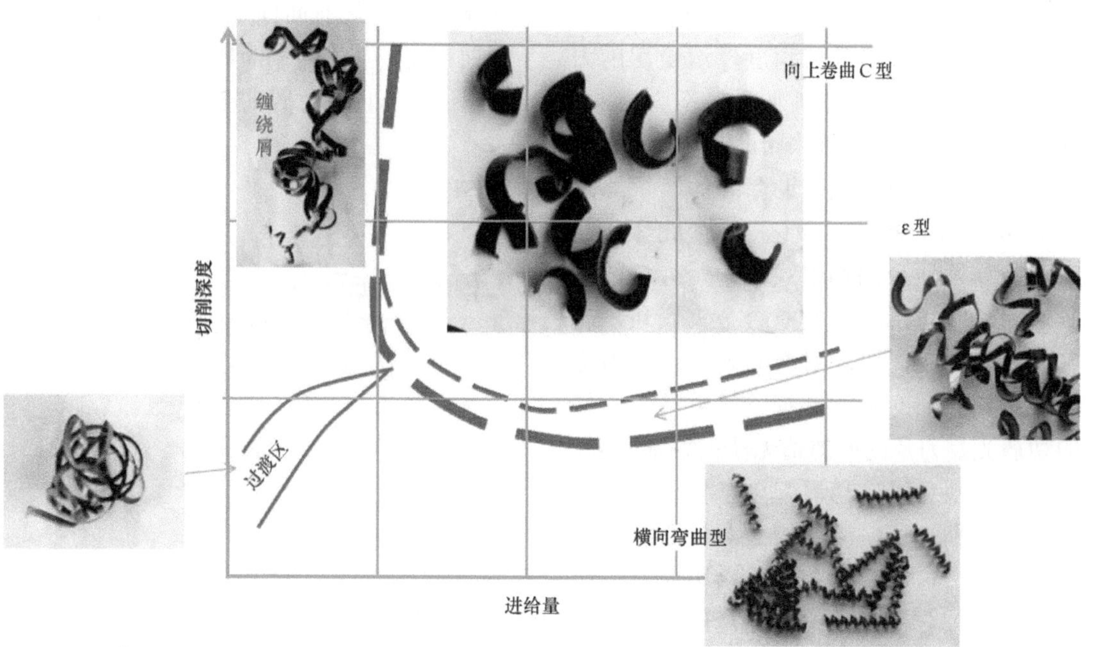

图 3-122　典型切屑形态分布

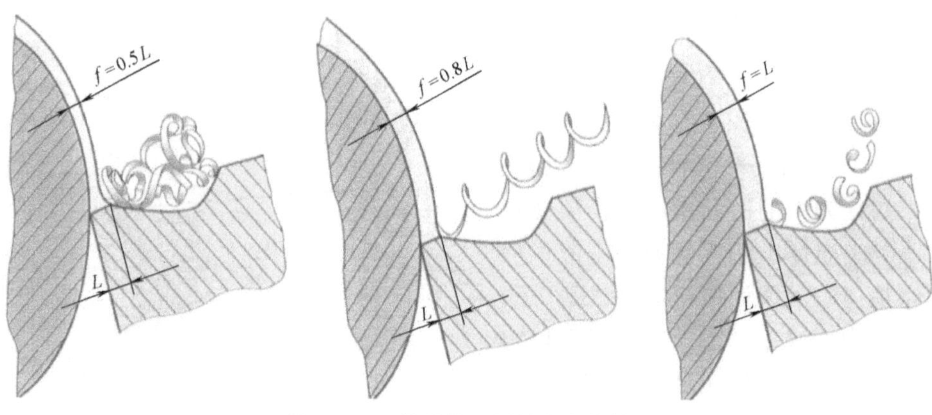

图 3-123　进给量与倒棱宽度的关系

由于槽型不但要承担断屑的任务，还要形成合理的刀具几何角度以承受切削力和切削热，有时要做到兼顾就不太容易。这时需要采取其他措施来帮助实现断屑。

用刀片压板构成帮助断屑的断屑器是刀具上常用的断屑手段之一。图 3-124 是瓦尔特带断屑台的钩销式结构，夹爪的压紧端是一个可拆卸的硬质合金夹紧块，起断屑器的作用，比较耐磨的硬质合金能更好地抵挡切屑对它的磨损。如果某些工件的切屑光靠刀片的断屑槽无法很好地断屑，这个夹紧块可以对切屑起到阻挡作用，迫使切屑弯曲加剧，应变增大，从而增加断屑的可能。这个硬质合金夹紧块前端与切屑接触的部分不管是位置还是形状都是有可能改变的。

第二种断屑应用是在车削某些极难断屑的材料（如钛合金）时，使用在切屑和刀具前面间出水的内冷却车刀。图 3-125 是辅助断屑的示意图。在传统的切削液供应方式中，切削液常常是在外部供应，可能无法直接冷却刀尖部分（隔着切屑），而且还会将切屑往刀具的前面压，使切屑变得更直，不利于断屑。而新型的切削液供应方法则是将切削液从切屑和前面的缝隙中用较大的压力冲进去，这样做不但可以将切削液尽可能地直接供应到刀尖部分，还能帮助切屑从前面向上抬起，增加切屑的弯曲程度，从而帮助断屑。图 3-126 就是两种采用高压内冷方式的车刀。

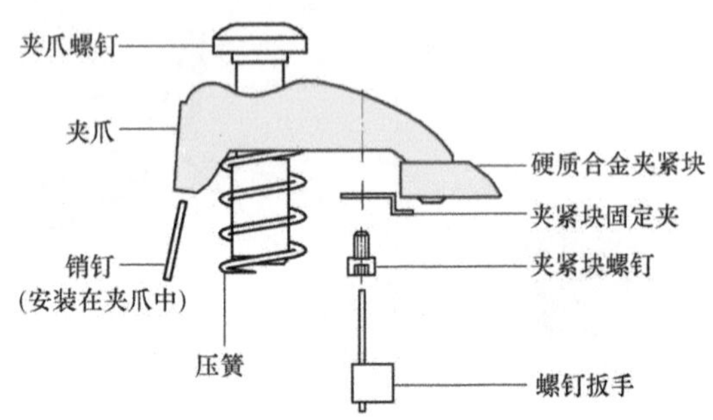

图 3-124 瓦尔特带断屑台的钩销式结构

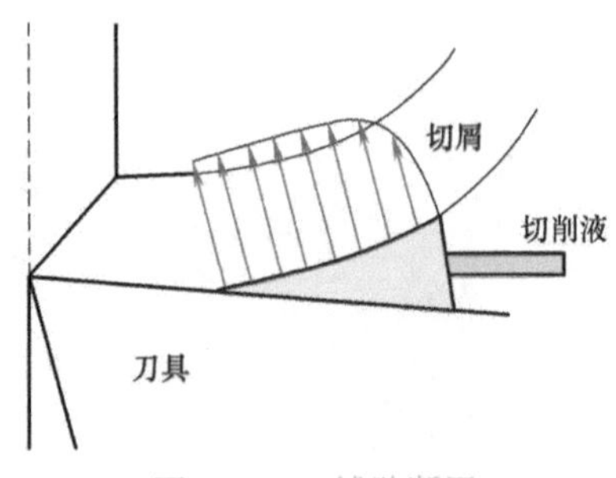

图 3-125 辅助断屑

a) 图片来源山高刀具

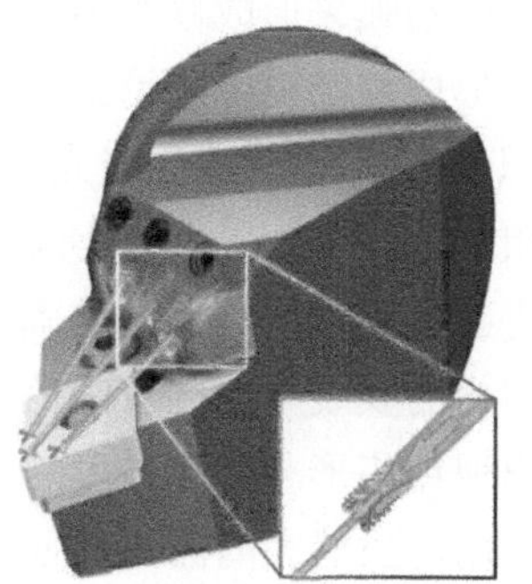

b) 图片来源山特维克可乐满

图 3-126 两种采用高压内冷方式的车刀

■ **大进给车削**

在传统的车削中，为了获得较好的表面粗糙度水平（即表面粗糙度数值较低），常常不得不降低进给速度。现在已经有一种被称为“Wiper”的宽修光刃车刀片，可以在相当程度上解决这一问题。图 3-127 就是刀尖圆弧半径为 0.8mm 的 Wiper 刀片与传统刀片加工的表面粗糙度对比。进给量同为 0.2mm，Wiper 刀片的表面粗糙度值约 *Ra*0.35μm，而采用传统的刀片，其表面粗糙度值将达到 *Ra*2.5μm（图中绿线组），表面粗糙度值增大了 6 倍。另一个思路是如果需要获得表面粗糙度值为 *Ra*0.8μm 的表面，用传统的刀片只能用不超过 0.13mm/r 的进给量，而如果采用 Wiper 刀片，则进给量可以加大到 0.38mm/r（图中橙线组），效率增加约 3 倍。

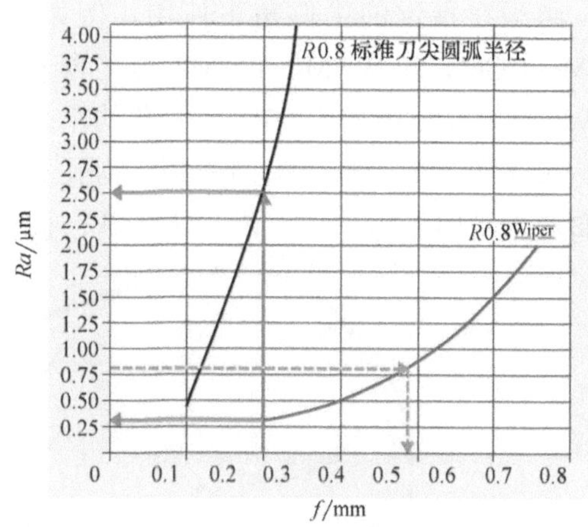

图 3-127 大进给车削效果

图 3-128 是两种不同的 Wiper 技术。左图是用一个大的圆弧来形成修光刃，而右图则是用直线来形成修光刃。理论上说，直线型的修光刃只要进给量不超过修光刃长度，理论的表面粗糙度几乎为零。但实现这样理想状况的前提必须是主偏角十分准确，如果主偏角由于刀杆的安装等原因有些偏差，加工表面就会出现锯齿形。大圆弧形的修光刃则与其完全不同，虽然大的圆弧会使表面总是不平整，但只要圆弧半径足够大，其不平整度可以说会是微乎其微。即使车刀的主偏角安装稍有偏差，对表面粗糙度也没有影响。

使用 Wiper 修光刃车刀片有一些限制和注意事项：

1）Wiper 车刀片要起到修光的作用，必须在指定的主偏角下使用。例如，CNMG/CCMT 和 WNMG/WCMT 这些型号的 Wiper 刀片只能用于 95° 主偏角的车刀杆，在这样的车刀杆上车削外圆、内孔和端面通过轴向进给或径向进给来完成；而 DNMG/DCMT 的 Wiper 刀片只能装在 93° 主偏角的车刀杆上，而且只能用于车削外圆和内孔，如果用其通过径向进给来进行端面车削，则通常起不到修光作用。同时，D 型车刀片常被用于仿形加工，但通常不推荐用带修光刃的 D 型刀片进行仿形加工，因为经 Wiper 修形的刀片会造成轮廓失真（如果必须用带修光刃的 D 型刀片进行仿形车削，则必须进行半径补偿）。

2）Wiper 刀片的各个切削力要比普通刀片高出 5%~10%，所以工件有产生“让刀”或者发生颤振的危险。因此 Wiper 刀片不太适宜用于加工细长杆工件或薄壁工件。

3）加工塑性金属，例如加工低碳钢、铜、铝等塑性金属时，加工表面经常出现类似于擦伤那样的不光泽面。主要有两个原因，一个可能是积屑瘤引起的，另一个可能是 Wiper 刀片的大圆弧引起的（刀尖与工件接触长度比普通刀片长）。但在试验中，可以通过提高切削速度解决这个问题。

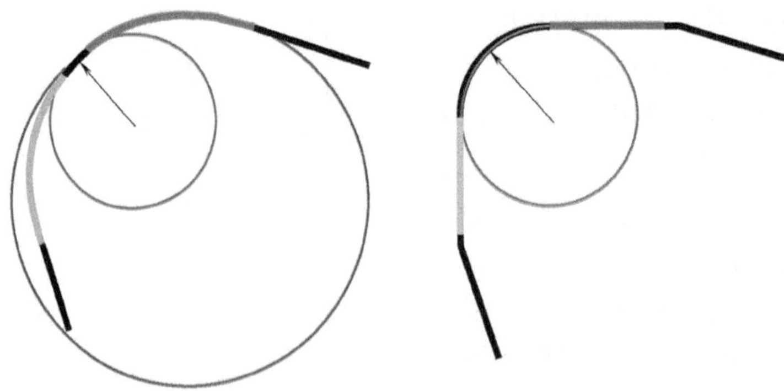

图 3-128　两种大进给车刀的结构

4）合理选择进给量，使用 Wiper 刀片时应尽量选择大进给量。由于 Wiper 刀片与工件的接触圆弧比较长，进给量过小就会擦伤已加工表面形成不光泽的表面。因此，选择大进给量不仅可以避免这个问题，而且对切屑处理也有利。

■ 径向外拉车削

在车削台阶时不少人为了方便，在车完外圆之后顺势向外拉来进行端面车削（图 3-129），但这种方式有两个主要问题：

1）倒拉车削时，径向切削力的方向与刀片的夹紧力方向相反。这一状况是有风险的。刀具设计的原则都是夹紧力尽可能与假定的切削力方向一致，这样就可以使切削时切削力让刀片更加贴紧刀片槽的定位面，刀片的工作状态会更加稳定可靠。但如果使用倒拉的方式进行端面切削，就有可能在径向切削力达到和超过刀片的夹紧力时，刀片渐渐脱离定位面的约束，导致刀片晃动而崩刃甚至破碎。这种逆向的切削力也容易使曲臂杠杆结构中的杠杆断裂。

2）车刀片的断屑性能是与主偏角相关的（参见图 3-33）。如图 3-129 所示，如果按正常的方式由外向内进给，其主偏角为 95°，经计算切削层厚度为进给量的 99.6%，而如果采用倒拉车销，主偏角仅为 5°，经计算切削层厚度仅为进给量的 8.7%, 两者的差距极大。正是这种差距，使常规的断屑槽对于倒拉车削来说几乎完全无效，形成宽而薄又不折断的切屑。

倒拉车削带来的第一个问题还没找到好的解决方法，但第二个问题可以用特别的槽型来解决。图 3-130 是两种适合用来倒拉车削的刀片（分别属于山特维克可乐满和肯纳金属），通过在刀片切削刃上形成或正或负的大刃倾角，这种大刃倾角也加大了切屑的变形，使切屑更容易折断。但由于第一个问题尚未解决，粗加工倒拉加工依然不可取。因此，即使使用倒拉可断屑的刀片，仅在精加工时可以采用倒拉加工。

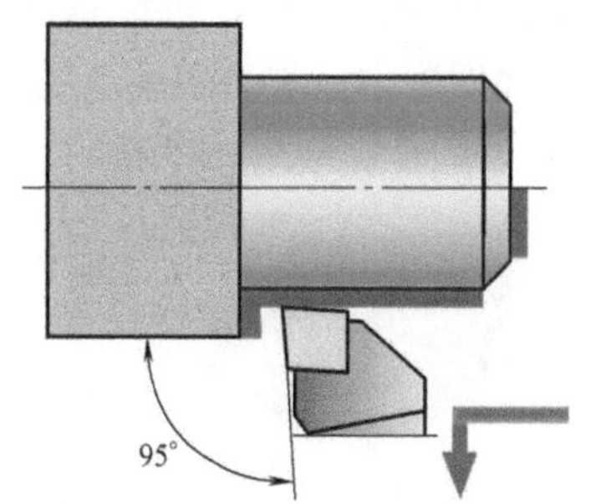

图 3-129　刀具进给路线

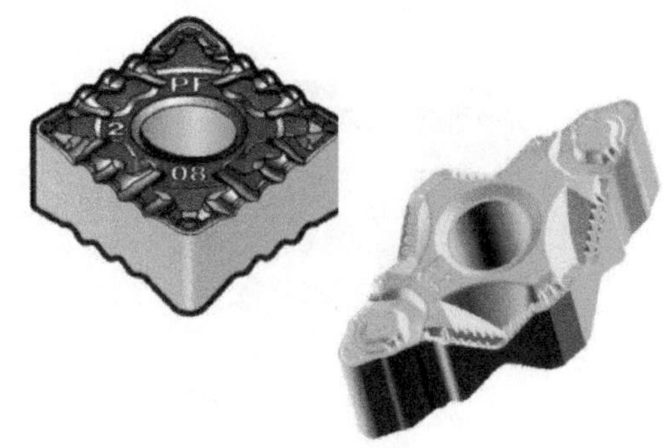

图 3-130　两种适用倒拉车削的刀片（图片源自山特维克可乐满和肯纳金属）

■ 仿形车削稳定性问题

在仿形加工过程中，即使切削刃略有移动，也会严重影响半精车和精车的结果，对于经常用于仿形车削的外形较长的车刀片而言，尤其如此。中心定位孔和刀尖之间的距离越长力矩就越大，刀片底座定位点发生弹塑性变形的可能性就越大，使切削刃发生移动，切削刃偏移直接影响零件的形状精度。

即使刀片只是在底座中发生轻微的移动，也可能造成切屑形成中的恶化和刀具磨损。发现刀片移动问题时，通常会降低切削参数（如切削速度、进给量和切削深度）以消除切削力，生产效率就随之降低。当切削深度或进给量从一个相对较小的水平进一步减小时，就可能落到刀片的断屑区间之外，造成无法断屑。需要稳定刀片，保证加工效率。

图 3-131a 是经常用于仿形车削的有 V 型和 D 型刀片。刀片中心螺钉和切削刃之间距离长，形成的力矩大，可能使刀片槽的定位点发生弹塑性变形，从而使切削刃发生微小移动。切削刃的微小移动必定会产生表面加工精度的变化，可能会引起质量波动和并缩短刀片寿命。图 3-131b 是改进后的刀片，刀片底部的 T 形杆能够改善刀片在刀片槽中的位置。当切削力作用于切削刃时，垂直和横向筋条能防止切削刃在底座中发生轻微移动，见图 3-131c。

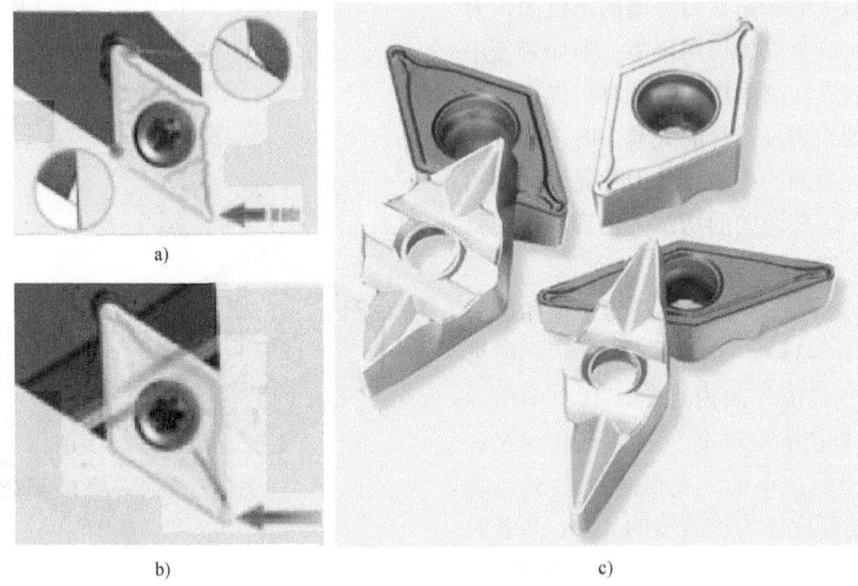

a)　b)　c)

图 3-131　带定位的仿形车削刀片（图片源自山特维克可乐满）

■ 钛合金和高温合金车削

钛合金和高温合金都属于难加工材料。钛合金的牌号有很多，有些牌号加工难度极大，钛合金导热性能通常很差，为45钢的1/7~1/6；弹性模量小，为45钢的1/2；加工变形大。切削钛合金产生短的切屑，刀具与切屑接触长度很短，切削力集中在刃口附近，单位切削力大，易崩刃。因此，通常加工钛合金的车刀需要选择硬度高、韧性好的刀具材料，如选用极细和超细颗粒的硬质合金；钛合金化学性能活泼，易与空气中的氧和氮产生硬脆化合物，加快刀具磨损；钛与刀具中的元素易亲和，加工钛合金使用的刀具材料中应少钛或无钛元素，因此不建议使用含有TiC等成分的涂层等。断屑槽结构上刃口要锋利，钝圆半径要小，必须避免使用钝刀切削。图3-132是精车钛合金的车刀片，刀尖和主切削刃的前角都是12°。用于半精加工或精加工的车刀片，可以有很小的倒棱。

钛合金车削的第二个问题是要防止切削热过于集中，因此一般采用相对较小的主偏角，在同样的进给量下，切削宽度大而厚度小（参见图3-33），使热量能分布在较大的宽度上，有利于散热。切削层厚度变小的同时又产生另一个问题。钛合金本身就韧性很大，难以断屑，小的主偏角增加了断屑上的困难。高压冷却车刀能够解决断屑问题。图3-133是一种高压冷却的车刀结构，它通过引导器内一个定向的喷嘴产生高压切削液，喷嘴位置距离切削刃仅几毫米。这样可以产生楔进切削刃前面和切屑底面之间摩擦区的剧烈、高速的射流，从而提供润滑和冷却特性。另外，它也可以将切屑往工件方向抬起，加强切屑的变形，使切屑剪断成小且易于控制的碎片，便于切屑轻松地从切削区域排出。

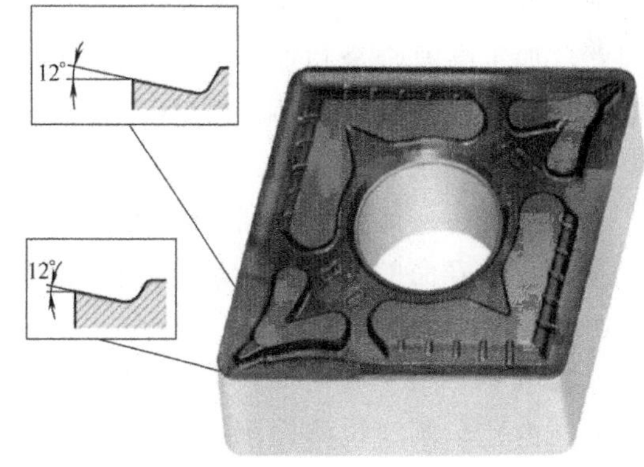

图3-132 精车钛合金的车刀片

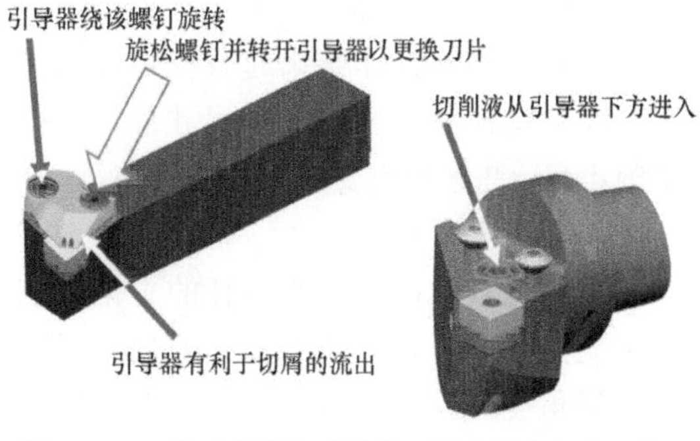

图3-133 高压冷却车刀结构（图片源自山高刀具）

高温合金与钛合金的切削性能有许多差别。高温合金的特点是强度高、加工硬化明显、导热性差，因此切削加工时弹塑性变形大、切削负荷大、切削温度高，切削热集中于切削区，这加剧了刀具的相变磨损和粘结磨损的速度。高温合金中强化元素含量高，有弥散强化的倾向，即切削热达到一定的温度时，在合金中形成大量研磨性很强的金属碳化物，金属间化合物等硬质点，对刀具有强烈的磨粒磨损作用。因此，加工高温合金与加工钛合金的刀片槽型就不同。图 3-314 是瓦尔特刀具用于高温合金粗加工的刀片槽型。

经验表明，钛合金和高温合金的切削速度对刀具寿命的影响极为敏感，因此调整切削参数时应小心谨慎。

■ 内孔车削中的振动

在内孔车削（也称镗削）中，受细长车刀杆刚性的影响，振刀的现象较常见。很多零件有深孔，对内孔车刀杆悬伸的要求很严格，悬伸范围为4~14 倍的刀杆直径。正确选择刀具对操作结果起着决定性的作用。除了直径和长度这两个尺寸外，内孔车削还有一些其他重要因素。

◆ 刀杆的影响

长径比较大的内孔车刀杆的主偏角应尽可能接近 90°，一般不宜小于 75°。小的主偏角会产生较大的背向力，比 90° 主偏角的车刀杆更容易激发振动。

刀杆的材质直接影响的是材料的弹性模量，所以用硬质合金的刀杆替代钢刀杆时，理论上变形量会减少到原来的 1/3（因为硬质合金的弹性模量为 600,000MPa，比钢的弹性模量 210,000MPa 高近 3 倍。可参照图 3-135 选用刀杆材质。例如，用钢的内孔车刀长径比不要超过 4 倍，而用硬质合金的内孔车刀长径比不要超过 6 倍。

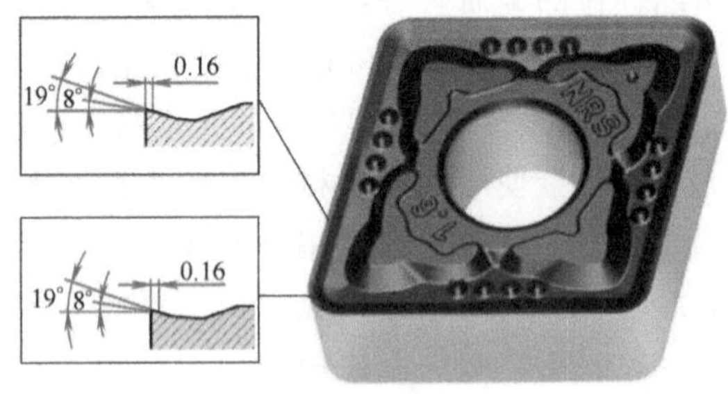

图 3-134　用于高温合金粗加工的刀片槽型

构造	长径比
钢	4/1
重金属	4/1～6/1
钢/减振器	6/1
硬质合金	6/1
硬质合金/减振器	8/1
标准可调镗杆	6/1～10/1
特殊可调镗杆	超过10/1

图 3-135　刀杆材质及长径比

钢刀杆和硬质合金刀杆都可以选用带有减振器的结构，以增大刀杆可用的长径比。图 3-136 和图 3-137 分别是山特维克可乐满 SilentTools 和肯纳金属的减振内孔车刀杆，分别通过减振块的径向或轴向的振动吸收能量。SilentTools 的设计包括：一块浸入特种油状液体中由起弹簧作用的橡胶轴衬悬挂的重金属块。特种油状液体从加工过程产生的振动中吸收能量，并将能量转换成被油吸收的热量。重金属块的惯量可通过内孔车刀杆上的调整螺钉设定，从而设定振动频率，改变橡胶轴衬悬架的张力，达到最佳的减振效果。内孔车刀杆还设有内冷却通道，有助于排屑。图 3-137 所示的肯纳金属车刀杆则在设计时组合了几种比较理想的特征：包括高刚性的硬质合金刀杆；质量为硬质合金一半的钢衬套位于内孔车刀杆前端，以产生更高的固有频率（与硬质合金刀柄热配合）；内孔车刀杆前端的槽可以减轻重量、提高固有频率；减振器组合体衰减振动等。

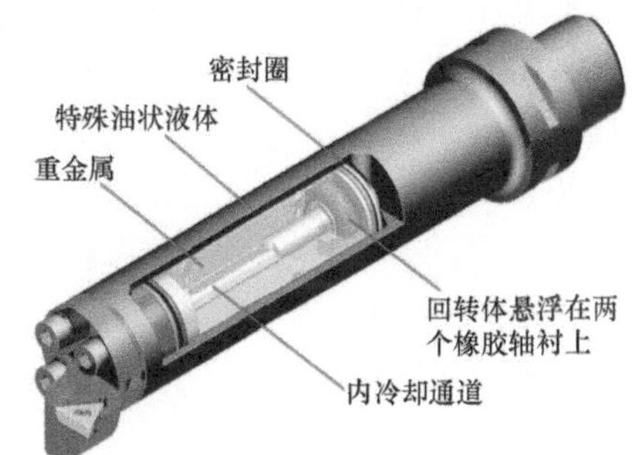

图 3-136　Silent Tools（图片源自山特维克可乐满）

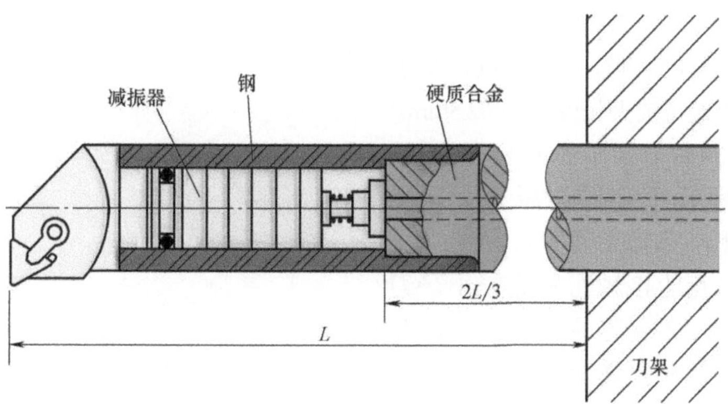

图 3-137　减振内孔车刀杆（图片源自肯纳金属）

◆ 刀片的影响

内孔车刀片应比其他刀片更锋利，以减小内孔车削时的切削力，这种切削力会激发振动。

图 3-138 是用于内孔车削和镗削的刀片。刀片的断屑槽是磨削形成的贯通槽，常规的车刀片断屑槽一般是通过压制烧结的封闭槽。烧结的槽比磨削的槽刃口锋利一些，也是降低切削力的一个方法。

图 3-138 内孔车削和镗削刀片

图 3-139 是不同刀尖圆弧半径所能够切削的切削深度和长径比的关系。越小的刀尖圆弧半径可以应付更大的长径比，但可用的切削深度会受到更多的限制。

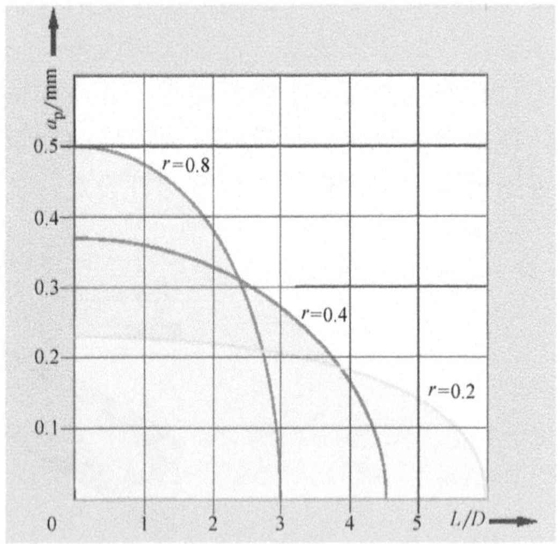

图 3-139 刀尖圆角半径、切削深度、长径比的关系图

为了减少振动也可以采用前角更大的槽型。通常，精镗的前角可以大至 20°~25° 。

◆ 刀杆的装夹

内孔车刀杆的装夹对防止或减轻振动也是十分重要的。首先是装夹长度，内圆车刀杆的可靠装夹长度推荐以下数据：

刀杆直径大于或等于 25mm 时，刀杆的最短装夹长度是 2.5~3 倍直径，刚性要求高时最短装夹长度是 4 倍直径；刀杆直径小于 25mm 时，刀杆的最短装夹长度是为 62.5mm。

图 3-140 是两种内孔车刀的装夹方式。图 3-140a 是用螺钉直接压住压力面，图 3-140b 是通过开口夹套夹紧刀杆。螺钉压紧的方式刀杆和孔的接触面积比较小，刀杆的稳定性较差，比较容易出现振动，开口夹套的方式则是整个夹套紧紧地箍住刀杆，刚性大大加强，抗振性能就好了许多。

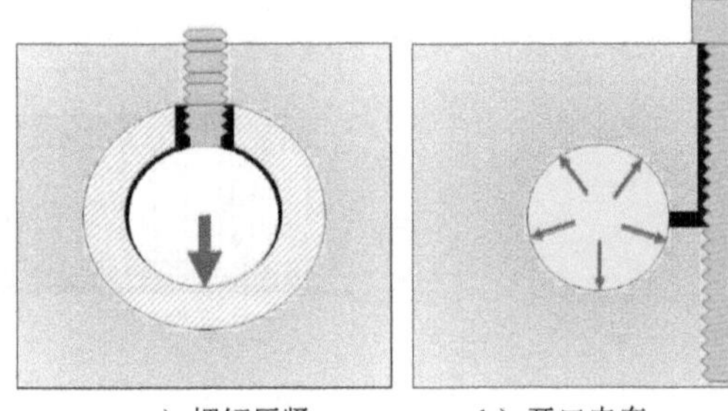

a）螺钉压紧　　b）开口夹套

图 3-140 两种内孔车刀的装夹方式

图 3-141 是分体式刀座夹持结构，这种结构的原理与图 3-140b 一致，一般用在直径更大的场合。

对于提高内孔车刀杆抗振性能，有如下经验可供参考：

1）为了确保内孔车刀杆充分地夹紧接触面积，要求刀座夹持孔表面粗糙度值约为 *Ra*1 μm。

2）推荐的夹紧长度为 4*d*。建议对直径超过 200 mm 的内孔车刀杆，由于质量很大，夹紧长度为 6*d*。

3）使用大直径内孔车刀杆时，可采用两段式刀座。

4）推荐使用开口衬套来夹持的圆柄内孔车刀杆。衬套夹持孔极限偏差为 H7，材料最小硬度为 45HRC（防止永久性变形）。

■ 减少换刀、对刀时间

传统的数控车削中，在一个加工任务开始前，准备刀具经常是一个费时的工作，其中大量的时间会花在对刀、设置刀长上。即使相同的加工任务、相同的刀具，只要刀具从刀架上被卸下来过，就要重新进行对刀、设置刀长。

现在已经有了模块化的车刀杆系统（例如瓦尔特 CAPTO），通过这种系统不仅能很快的、很方便地更换刀具（换刀所用的时间有可能从 18% 降低到 10%，见图 3-142），还能解决工厂中常见的一些其他问题：

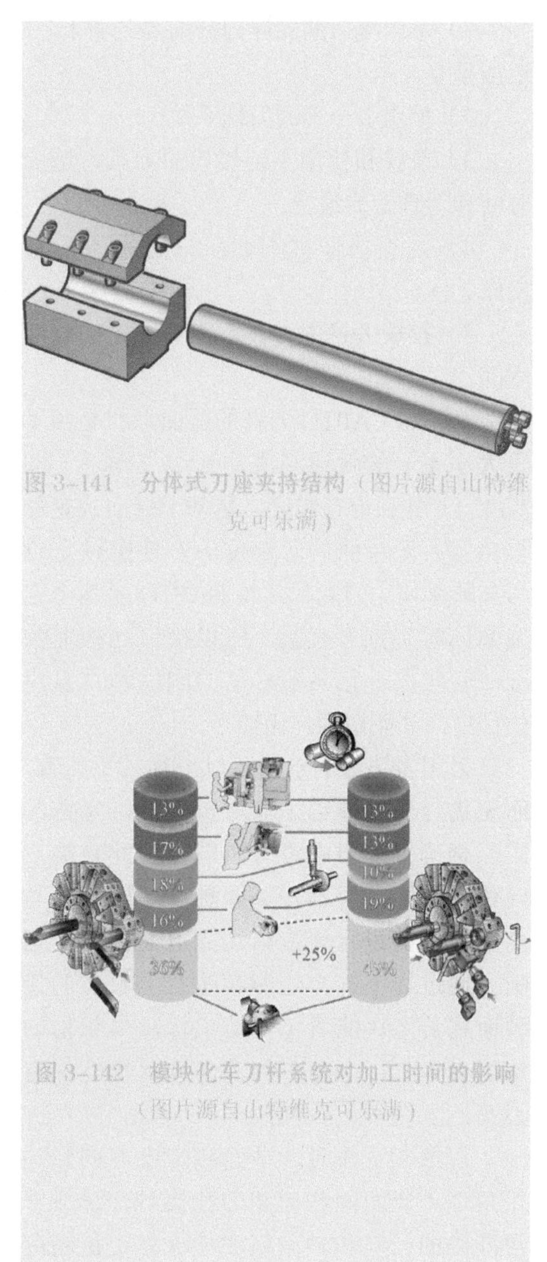

图 3-141　分体式刀座夹持结构（图片源自山特维克可乐满）

图 3-142　模块化车刀杆系统对加工时间的影响（图片源自山特维克可乐满）

1）不同接口的同样刀杆需要各备1个，造成重复。

2）使用多个不同刀柄系统。

3）查找和使用不同接口的刀具，造成时间和管理上的浪费。

4）定制的非标刀具，只适用于一台机床。

5）存放大量的刀具，需要很大的仓库空间。

瓦尔特CAPTO刀杆的截面形状是由多段大小不一的弧边组成的弧边三角形（图3-143），并且带有锥度，是基于端面式定位与自定心段锥面同时定位的多棱圆柱定位与夹紧系统。因为瓦尔特CAPTO是两个定位面同时定位与夹紧，所以接口连接非常准确且牢固，它具备必需的刚性和重复定位精度，并能精确传递转矩。

采用多边形的形状可以进行转矩传输，而无需任何栓或销子等可拆部件，紧密的压配合确保接口中没有游隙，因此它能双向传输转矩，而不丧失同轴度。压配合与高夹紧力的组合使接口达到双面接触，切削力通过周围的多边形和法兰上较大的接触面积传输，能避免负荷尖峰，尽管轴向切削力很大，切削刃的轴向位置仍能保持不变。

刀柄在工作时，端面和带锥度的弧边三角形外表面同时与装刀孔接触，形成非常准确的径向和轴向精度（重复定位精度在2μm以内），在切削力形成的大转矩和大弯矩下也能保持很好的刚性。

抗扭刚度被认为是外圆车削的最关键因素。图3-144表明HSK50接口在F_t=4kN时（等于中等工作区的顶端），就已经开始发生偏斜。F_t=17kN时（等于轻载粗加工的顶端以及C5标准外圆切削单位所允许的最大F_t），HSK50刀具的偏斜量约为0.4mm，而C5刀具的偏斜量仅为0.1mm。这表明，由于其传递转矩的能力有限，HSK接口不宜用于除精加工到中等加工以外的车削工序。因单纯弯曲引起的偏斜比较，C5表现出优越性能。瓦尔特CAPTO锥形更长，锥角更小（只有1/20，而HSK接口为1/10），以及更多的材料和更大的夹紧力，因而能产生更高的抗弯刚度。

图3-143 CAPTO刀杆的截面形状（图片源自山特维克可乐满）

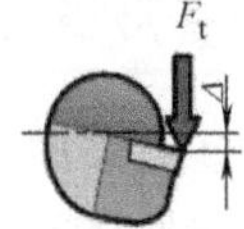

尽管切削力很大，但切削刃的定位保持不变

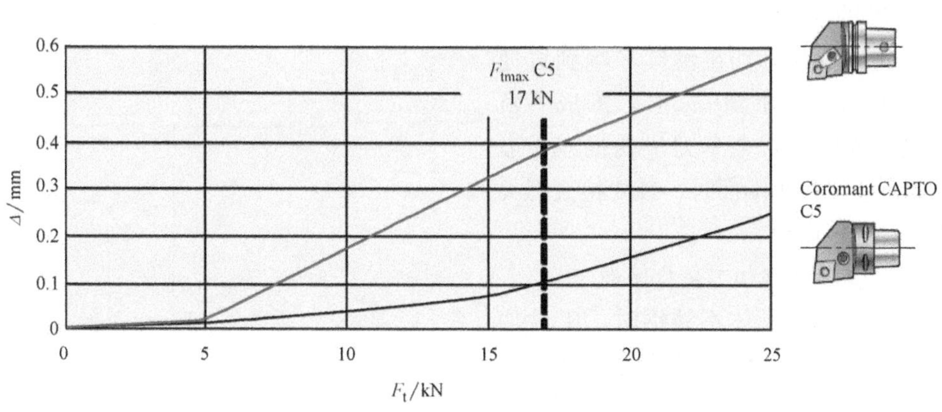

图 3-144　不同刀杆的性能（图片源自山特维克可乐满）

■ 其他问题

◆ 车至近工件中心处崩刃

在车端面或切断工件时，有时车刀在接近工件轴线处会突然崩刃。发生这种情况时，首先要检查一下车刀刀尖的中心高。如果刀尖高于工件轴线，车刀的实际工作后角在接近工件轴线时会急剧减小，甚至成为负值（图 3-145，工作后角由 α_{po} 减小变成了 α_{pe}），这样工件就会对刀具的后面产生强烈的挤压而形成一个力矩。硬质合金等脆性的刀具材料一般抗压强度较好而抗弯强度较差，硬质合金刀片就会在这种挤压的力矩下发生破碎。

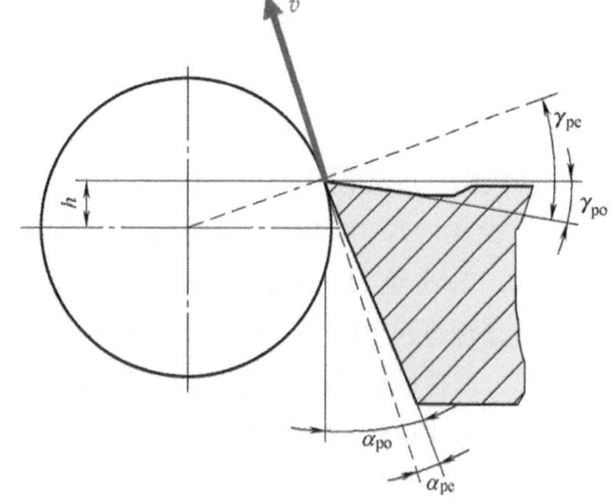

图 3-145　刀具安装高度对工作角度的影响

在车削端面（图 3-145）时，假设车刀的刀尖高出工件轴线的值 h 为 0.2mm，一般车刀的原始工作后角 α_{po} 在 6° 左右，当工件直径为 10mm 时，其后角的减少量约为 2.3°，这时的实际工作后角 α_{pe} 为 3.7°，车刀还能正常工作；如果继续车削到直径 3mm 处，其后角减小到 -7.7°，形成了负后角，这时的硬质合金车刀片就很容易崩碎。因此，建议在车端面时，预先检查刀尖的中心高，防止崩刃。

◆ 奥氏体不锈钢加工硬化问题

通常在加工奥氏体不锈钢时，工件加工硬化倾向严重，硬化层可达基体硬度的 1.4~2.2 倍，表面硬度可达到 400HV 以上，硬化深度约 0.5~1mm。硬化层的实际深度与上道工序所采用的刀具及切削参数有关。一般而言，前道工序前角越大，刀尖圆角越小，切削速度越快，硬化层的深度就会越小。另外加工硬化的深度也与时间有关。随着时间的延长，硬化过程会比较充分，硬化层就比较深，反之硬化层就比较浅。

一般在切深方向，两次进给之间的时间较长，为避免刀尖在较硬的硬化层中切削，切削深度应控制在 1mm 以上；而在进给方向，往往硬化还未充分完成，就在工件的下一转中切除了，常规切削时，进给量在 0.15mm 以上即可让刀尖避开硬化层（图 3-146）。用接近 90° 主偏角的车刀也是增加切削层厚度以避开硬化层的可选方法之一。

3.2.2 车刀的失效形式及其对策

车刀片在加工中失效的主要形式是磨损、缺损和变形。经常发生磨损的部位如图 3-147 所示。

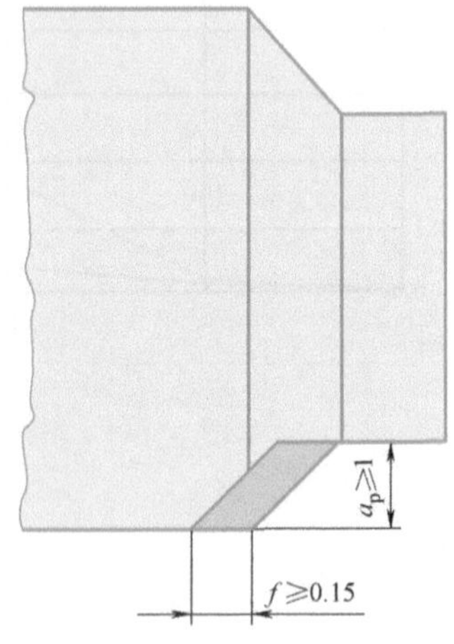

图 3-146 避开硬化层

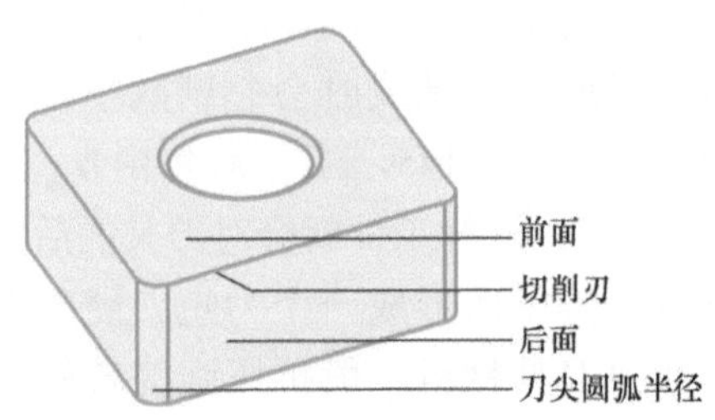

图 3-147 经常发生磨损的部位

刀片的磨损主要包括以下几个方面（磨损图片部分源自山特维克可乐满、瓦尔特和肯纳金属）：

■ ***后面磨损***

后面磨损是车刀片最常见的磨损形式，图 3-148 为车刀片后面磨损的照片，图 3-149 是后面磨损的示意图。

后面磨损引起的后果有：

1）切削力增大。

2）振动加剧。

3）温度升高。

4）表面质量降低。

5）切削刃偏差导致工件尺寸精度下降。

后面磨损的补救措施有：

1）降低切削速度，优化冷却措施。

2）选择更耐磨的硬质合金。

3）检查刀尖高度。

4）选择进给量与切削深度的正确比例（建议值为 1/15~1/6）。

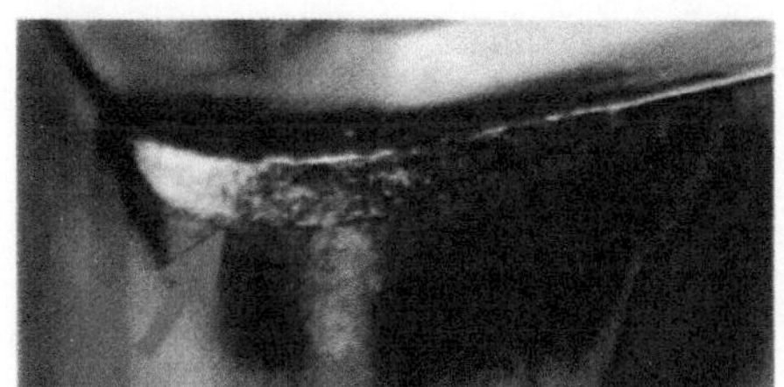

图 3-148 车刀片后面磨损照片

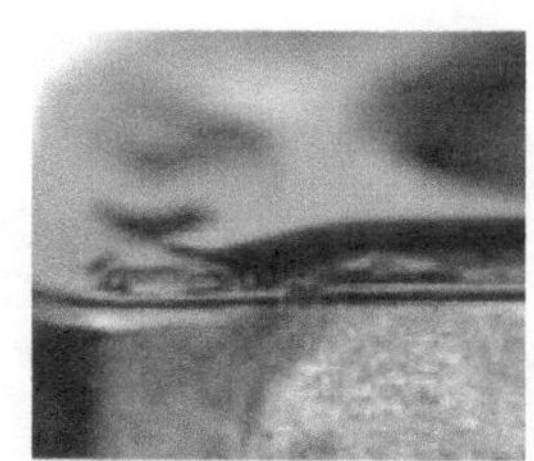

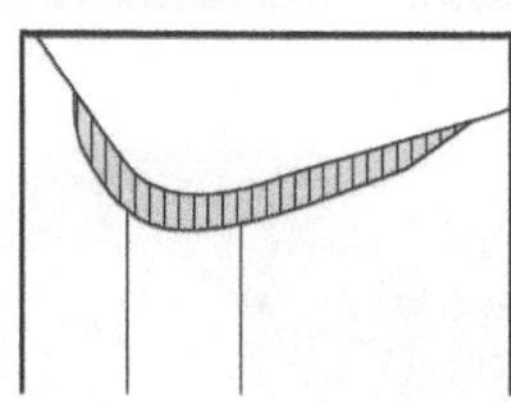

图 3-149 车刀片后面磨损示意图

■ 月牙洼磨损

月牙洼磨损是发生在前面的主要磨损形式，如图 3-150、图 3-151 所示。切削时高温切屑在硬质合金刀片的前面带流过，剧烈的摩擦导致了月牙洼磨损。产生月牙洼磨损的原因为切削速度过高，进给速度过高或切削前角太小。

月牙洼磨损引起的后果有：

1）过量的月牙洼磨损会削弱切削刃。

2）导致切屑变形以及切削力增大。

3）增加切削刃破损的危险。

月牙洼磨损的补救措施有：

1）降低切削速度。

2）使用带有较大前角的槽型。

3）使用更耐磨的 Al_2O_3 涂层刀片。

4）优化冷却效果。

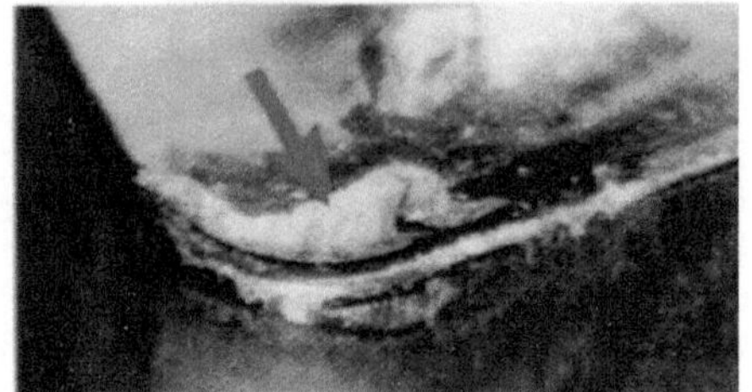

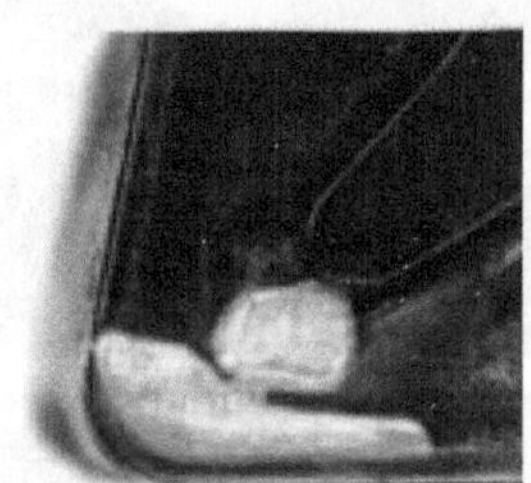

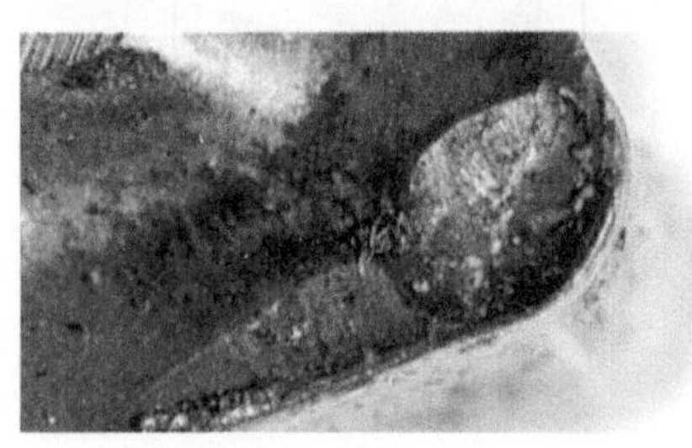

图 3-150　月牙洼磨损照片

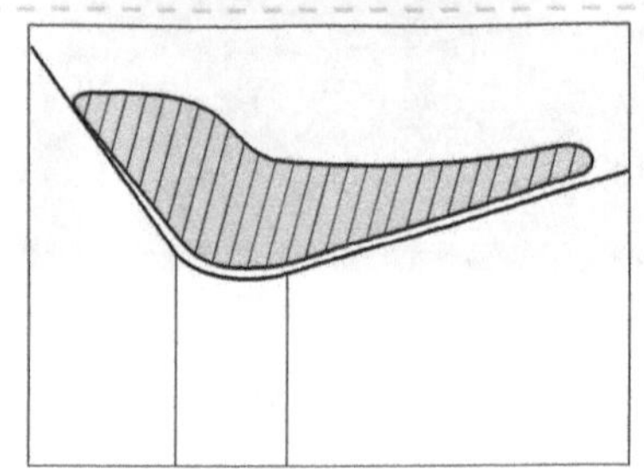

图 3-151　月牙洼磨损示意图

■ 积屑瘤

积屑瘤是指在加工钢件（尤其是中碳钢）时，在近刀尖处的前面上出现的小块且硬度较高的金属粘附物。在切屑由较大的切削力和剧烈摩擦产生的高温下，与刀具前面接触的那一部分切屑流动速度相对减慢形成滞留，这些的滞留材料就会部分被粘附在刀具的前面上，从而形成了积屑瘤。发生积屑瘤的刀片如图 3-152、图 3-153 所示。

积屑瘤引起的后果有：

1）积屑瘤的硬度比原材料的硬度要高，可代替切削刃进行切削，但其刃口形状和位置不确定，会影响加工精度和表面粗糙度。

2）当积屑瘤脱落时，会粘走刀片表层材料，造成切削刃局部破损。

积屑瘤的补救措施有：

1）提高切削速度。

2）使用带有较大前角的锋利槽型，优化冷却效果。

3）使用经过表面处理（如瓦尔特 Tigertec 老虎刀片）的可转位刀片。

■ 条纹状磨损（缺口磨损、切削深度处磨损）

条纹状磨损的照片如图 3-154 所示，条纹状磨损主要是由于切削速度太高或工件太硬（尤其是表面硬皮）而引起的严重摩擦。图 3-155 是条纹状磨损的示意图。

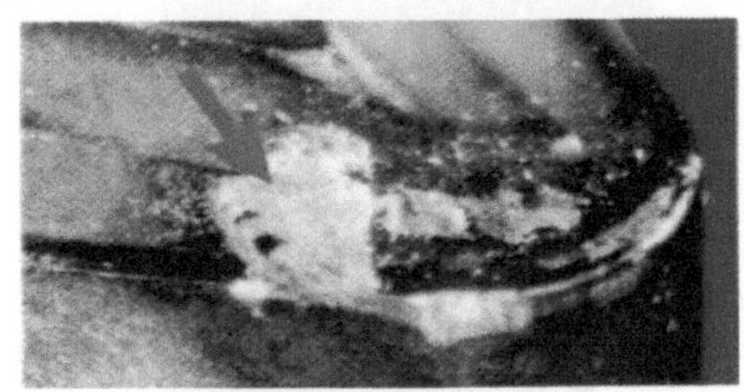

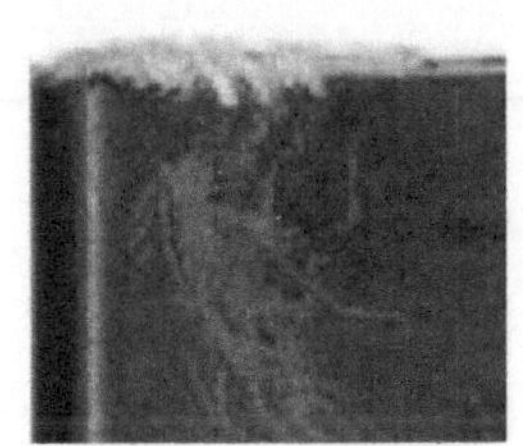

图 3-152　发生积屑瘤的刀片照片

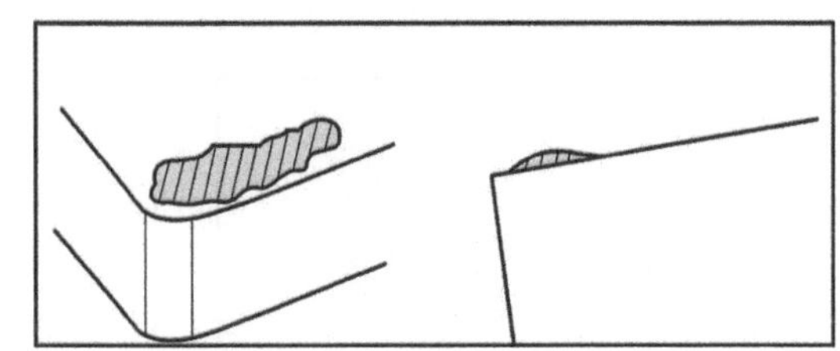

图 3-153　发生积屑瘤的刀片示意图

条纹状磨损的补救措施有：

1）改变主偏角（取较小值）。

2）使用经刃口强化的刀片。

3）降低切削速度。

4）使用更耐磨的刀片材料。

5）优化冷却。

6）减小刀尖圆弧半径。

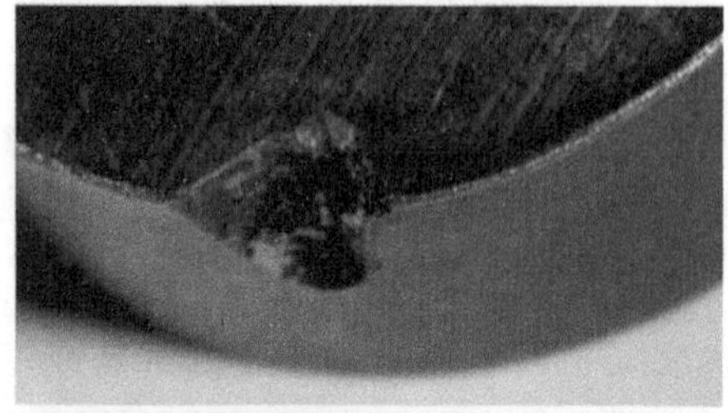

图 3-154　条纹状磨损照片

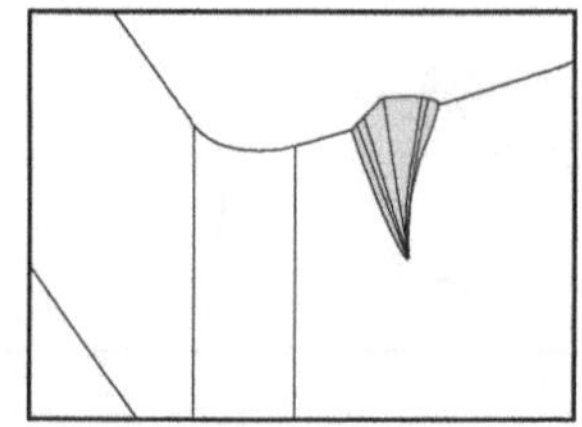

图 3-155　条纹状磨损示意图

■ **崩刃**

崩刃产生的原因包括刀具材料太脆、刀片上负载过大、刀片槽形过于薄弱等，还有积屑瘤、振动、切屑冲击或切削中断等也会引起崩刃。发生崩刃的刀片如图 3-156、图 3-157 所示。

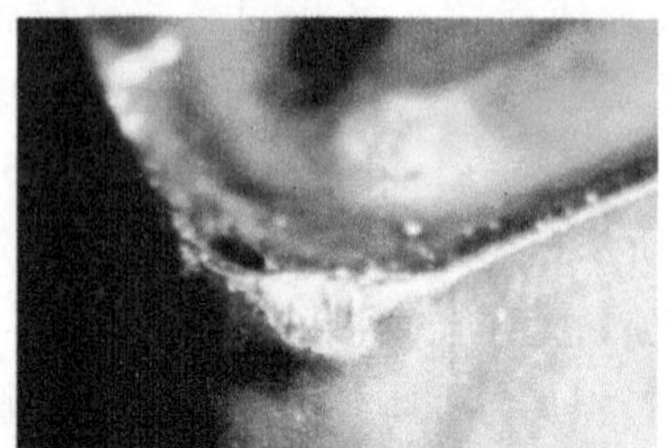

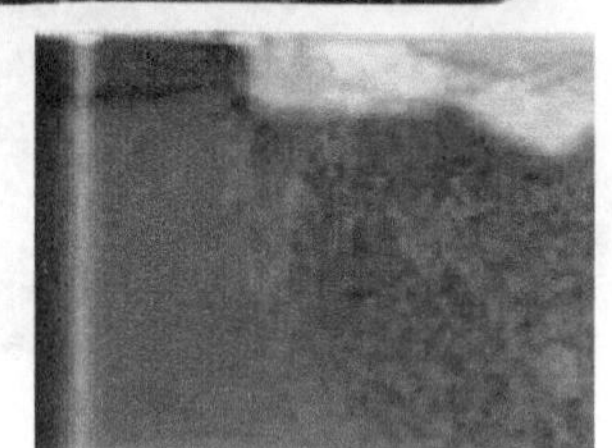

图 3-156　崩刃刀片照片

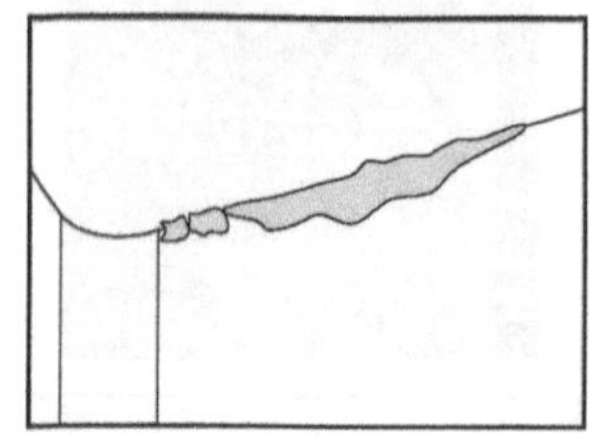

图 3-157　崩刃刀片示意图

崩刃的补救措施是：

1）选用比较稳定的切削刃几何形状来防止切屑冲击。

2）通过改变切削值或改变排屑槽来改变排屑方向。

3）选择较硬的硬质合金材料。

4）使用减振刀具。

5）对于由积屑瘤剥落引起的，请参照积屑瘤部分的阐述。

■ 切削刃破损

切削刃破损的主要原因是刀具材料太脆、刀片上负载过大、刀片槽形过于薄弱、刀片尺寸太小或者夹持不稳定。切削刃破损的刀片如图 3-158、图 3-159 所示。

切削刃破损的补救措施是：

1）选择韧性较好的材料。

2）选择强度更高的槽形。

3）使用负型单面可转位刀片。

4）选择更厚、更大的刀片。

5）减小切削深度。

6）减小进给量。

7）检查刀片夹紧方式。

8）检查硬质合金刀片，若发现损坏立即更换。

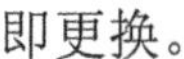

■ 塑性变形

塑性变形是由切削温度过高、压力过大引起的，表现为切削刃塌下或前刀面凹陷、后面突出。塑性变形的刀片如图 3-160、图 3-161 所示。

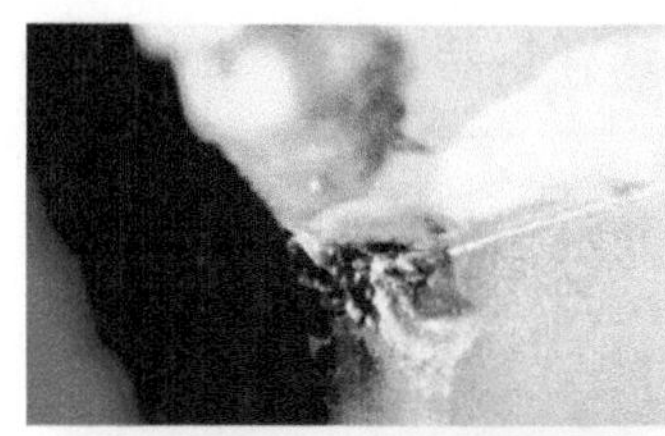

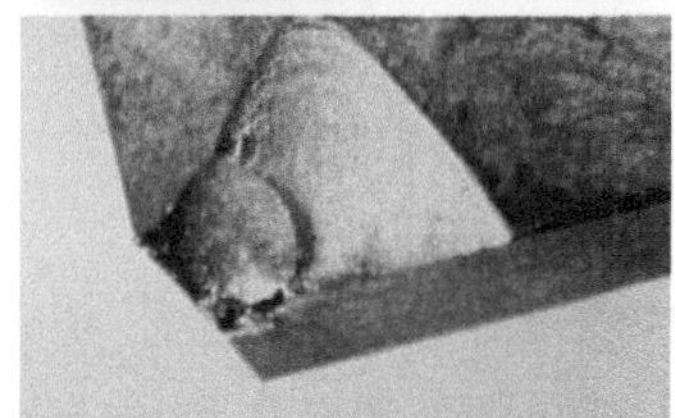

图 3-158 切削刃破损照片

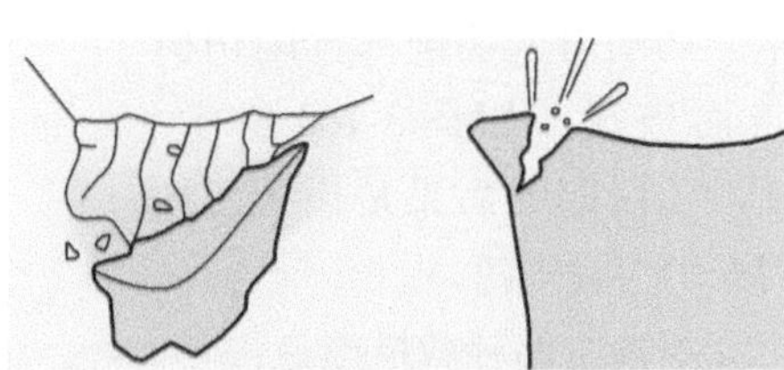

图 3-159 切削刃破损示意图

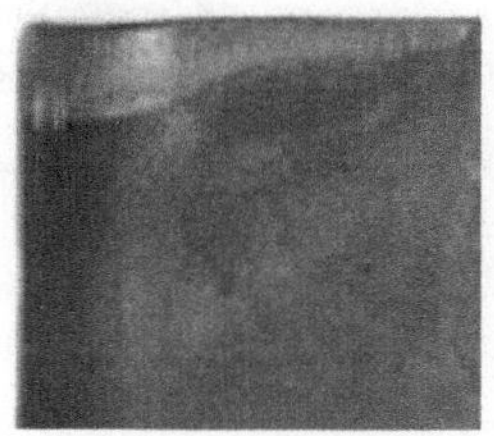

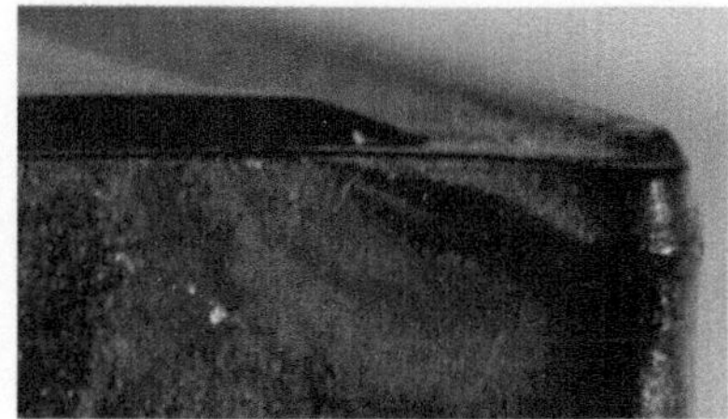

图 3-160 塑性变形的刀片照片

塑性变形引起的后果有：

1）导致切屑控制差、表面质量差。

2）后面过度磨损会导致刀片破裂。

切削刃破损的补救措施是：

1）选择抗塑性变形更好的牌号。

2）如发现后面凹陷则降低切削速度。

3）如发现切削刃塌下则降低进给量。

4）减小切削深度。

5）使用热硬性更好的材质。

■ 切屑冲击

切屑冲击是指切屑在卷曲过程中折回到切削刃，如图 3-162 所示。切削刃未切削部分因切屑冲击而破损，如图 3-163 所示。切屑冲击引起的后果是损坏刀片上刀面和刀片支撑。

切屑冲击的补救措施是：

1）改变进给或切削深度以改变卷屑形状。

2）选择替代的刀片槽形。

3）选择韧性更好的牌号。

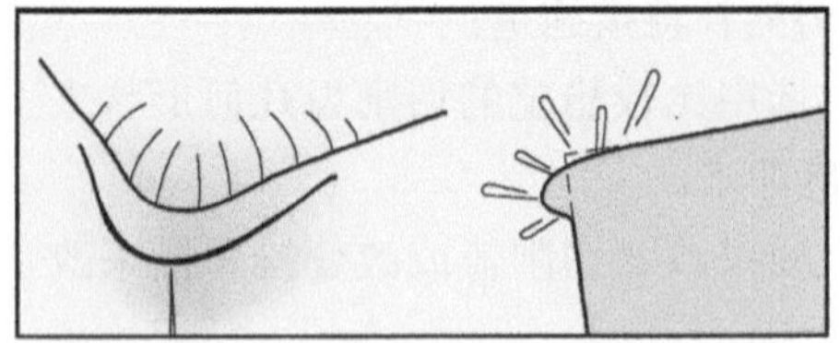

图 3-161　塑性变形的刀片示意图

图 3-162　切屑冲击照片

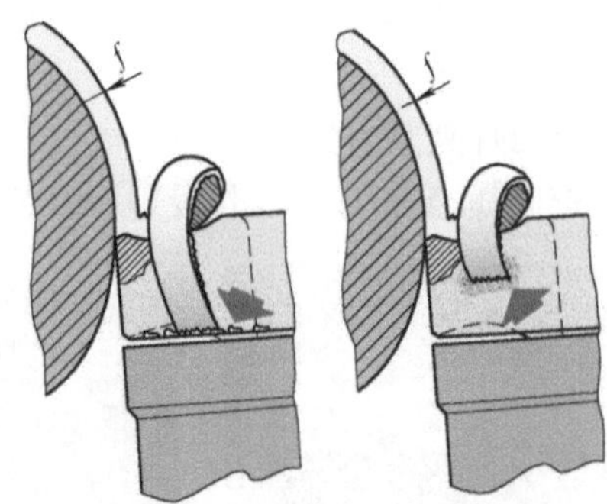

图 3-163　切屑冲击示意图

■ 梳状裂纹

如果刀片在车削（尤其是在断续切削）时，由于温度骤冷骤热的急剧交替变化，就会在切削刃上出现如同木梳般花纹的裂纹，即梳状裂纹，图 3-164、图 3-165 所示。出现梳状裂纹的主要条件就是断续切削或切削液供给量变化。

梳状裂纹引起的后果主要是垂直于切削刃的细小裂纹会引起刀片崩碎和表面质量降低。

梳状裂纹的补救措施是：

1）选择耐热性能更好的材料。

2）使用切削液时要么不间断并且足量，要么干脆不使用。

■ 加工毛刺

当切削刃离开工件时，有时会形成一些毛刺（图 3-166）。产生毛刺的主要原因是切削刃不够锋利、切削刃钝化过度，也可能是刀片在使用一段时间后出现了如条状磨损、轻度崩刃等影响切削刃局部锋利性的问题。

加工毛刺的补救措施是：

1）使用更锋利的切削刃（如前角大些，倒棱或钝圆小些，精磨的刀片，PVD 涂层的刀片）。

2）选用更接近 90° 的主偏角以加大切削层厚度。

3）刀具离开工件时为工件加工一个倒角或者倒圆。

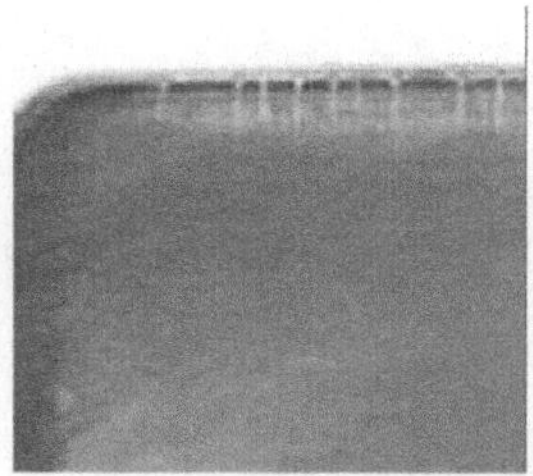

图 3-164 梳状裂纹照片

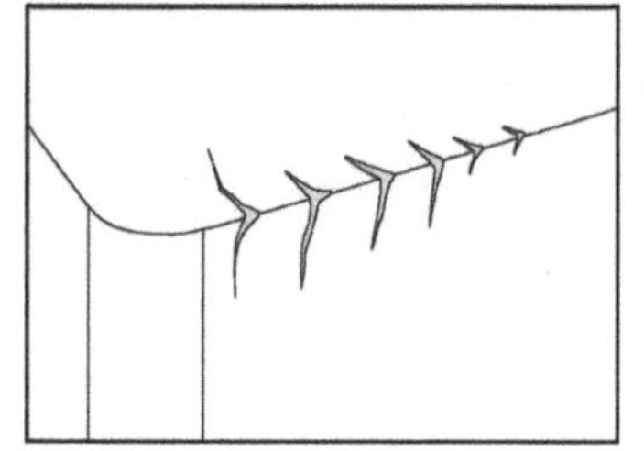

图 3-165 梳状裂纹示意图

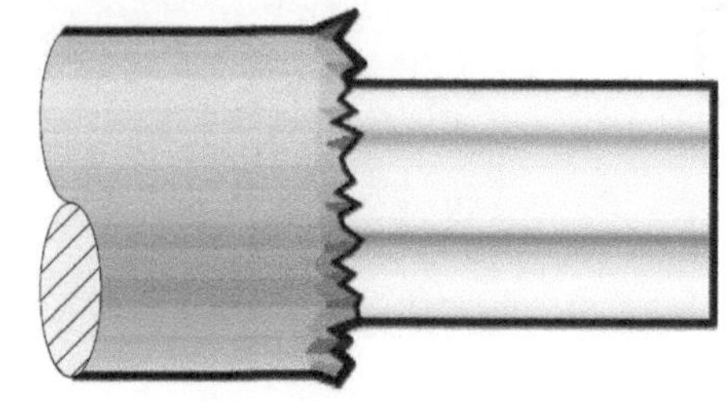

图 3-166 加工毛刺（图片源自山特维克可乐满）

4 车槽刀及切断刀

4.1 车槽的概念

与轴向车削和端面车削类似，车槽加工是用具有一定切削刃形状的单齿刀具连续加工旋转工件的一种加工方法。通常，工件旋转而刀具静止，刀具的进给方向可以是指向、离开或平行于工件轴线。车槽刀可以在车径向槽的同时，进行轴向或仿形车削。

槽加工包括：径向车槽、成形车槽、仿形车槽、轴向车槽等，如图 4-1 所示。

切断是车槽的一个极限，一般是将一部分半成品的工件或已完成全部车削加工的工件，从原始的材料上完全分离下来。

图 4–1 槽加工

4.2 车槽刀和切断刀的结构

车槽和切断需要使用专门的刀具，这种车削刀具切削时具有几乎对称的 2 个刀尖，2 个主后面，1 个主切削刃，可看做是普通车削的扩展。车槽和切断的一个非常重要的问题也是切屑控制。

4.2.1 车槽刀片和切断刀片的结构

车槽和切断加工时有两个已加工表面和一个过渡表面，而没有待加工表面，那么，将切屑导离已加工表面而流向待加工表面就不容易实现。因此，需要使切屑的宽度小于槽的宽度，从而使切屑排出时，不擦伤左右两侧的已加工表面。

实现这种结果的方法是让切屑两端微微向中间折叠，这样切屑的宽度就会稍小于槽的宽度（图 4-2）。因此，大部分车槽和切断刀片都会呈现出两边副切削刃较高而切削刃中段较低（中凹）的形态，如图 4-2 所示。

车槽刀和切断刀的另一个难点在于刀片的夹持。由于刀片的两侧是两个副切削刃，它的受力和夹紧就会成为问题。因此，车槽刀片的上下两个夹紧、定位的表面会有中凹或中凸，以便于刀片在这一方向上的定位与夹紧。但上下两个定位夹紧面是双凹，还是双凸，或者是一凹一凸，则无统一规定，通常各厂家的车槽刀片和切断刀片无法通用。即使同样是双凹或者双凸的设计，由于各厂凹或凸的方式不同（如V形、圆弧形、导轨形、锯齿形）、线性或角度尺寸不同，都会造成互不通用。即使是同一厂家，由于系列不同或者规格不同，不能通用的案例也比比皆是。因此，使用者务必需要搞清楚，以免购买的刀片和刀杆不相配，造成浪费。图4-3是瓦尔特的一种双头车槽刀片，采用上下双凹面的定位夹紧方式，典型的夹紧方式见图4-4。

车槽和切断刀片可以分为单头刀片、双头刀片和多头刀片几种。单头刀片一般多用于车削较深的槽以及切断较大直径的工件（这里将双头刀片中只有一个刀头的也归于单头刀片），而双头刀片、多头刀片则多用于车浅槽（车深槽或者切断时，其他的切削刃可能会损害已加工表面，或者使其他切削刃破碎）。

图4-5所示为车槽及切断刀片，包括单头刀片、只有一个可用切削头的双头刀片、双头刀片、3头刀片、4头刀片及5头刀片。

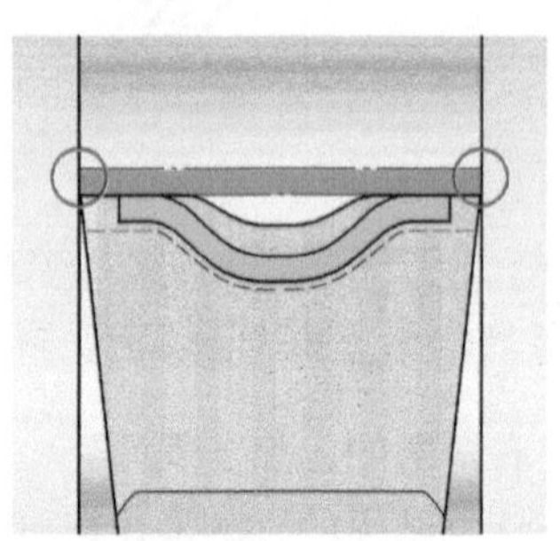

图4-2　切削刃形状（图片源自山特维克可乐满）

图4-3　双头车槽刀片

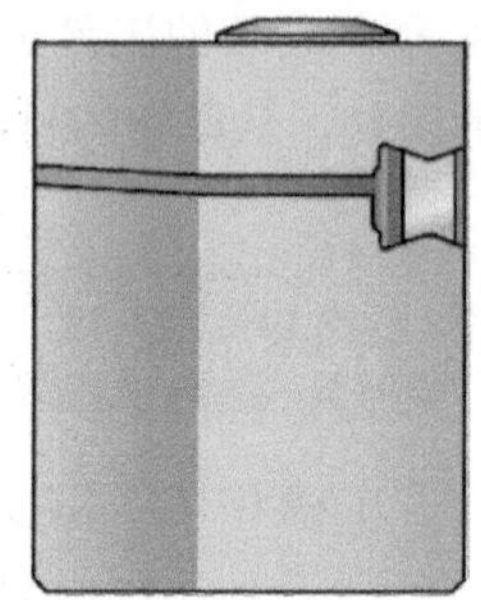

图4-4　典型的夹紧方式

a) 单头刀片

b) 只有一个可用刀头的双头刀片

c) 双头刀片

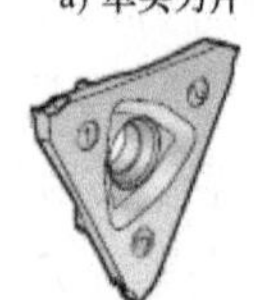

d) 3头刀片(图片源自山特维克可乐满)

e) 4头刀片(图片源自山高刀具)

f) 5头刀片(图片源自伊斯卡刀具)

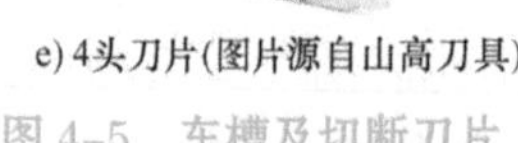

图4-5　车槽及切断刀片

与内外圆车刀片一样，车槽和切断刀片也有自己的几何槽型，既要考虑车槽刀加工时的几何角度，也要考虑车槽及切断时切屑的卷屑和断屑。根据不同的加工对象（被加工材料）、加工任务（粗车、精车、车槽或是切断）、槽的宽度，都会对车槽和切断车刀的几何槽型提出各不相同的要求。

图 4-6 是瓦尔特 GX 型号刀片针对 P 类钢件、M 类不锈钢件和 K 类不锈钢件的几何槽型推荐图。图 4-7 是瓦尔特 GX 型号刀片用于车槽时的几何槽型推荐图。GX 的通用槽型 UF4 如图 4-8 所示。

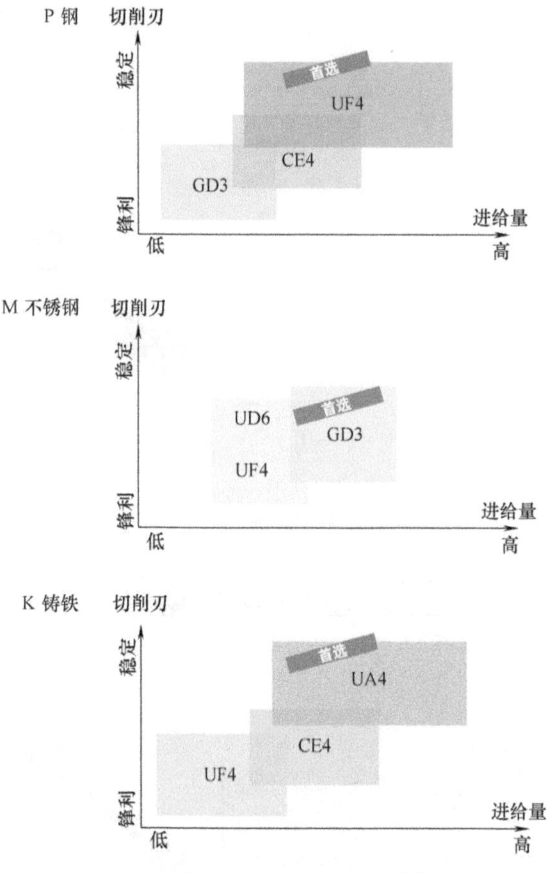

P 钢 切削刃
稳定 锋利
首选 UF4 CE4 GD3
进给量 低 高

M 不锈钢 切削刃
稳定 锋利
UD6 首选 GD3 UF4
进给量 低 高

K 铸铁 切削刃
稳定 锋利
首选 UA4 CE4 UF4
进给量 低 高

图 4-6 瓦尔特 GX 型号刀片车槽的几何槽型推荐图

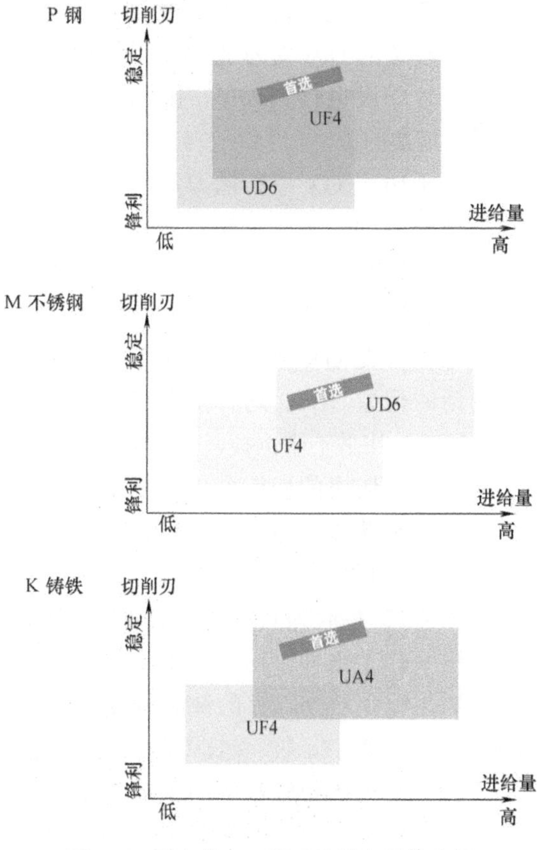

P 钢 切削刃
稳定 锋利
首选 UF4 UD6
进给量 低 高

M 不锈钢 切削刃
稳定 锋利
首选 UD6 UF4
进给量 低 高

K 铸铁 切削刃
稳定 锋利
首选 UA4 UF4
进给量 低 高

图 4-7 瓦尔特 GX 型刀片槽车削的几何槽型推荐图

车槽刀及切断刀由于受刀片宽度的影响，承受切削力的能力是不同的。由于车槽操作的切削宽度就是槽宽，这点不容易改变，那么另一个能影响切削力的重要因素进给量就应该随刀片的宽度有所改变。图 4-9 是这种 UF4 槽型的车槽刀片在不同宽度时所推荐的进给量。

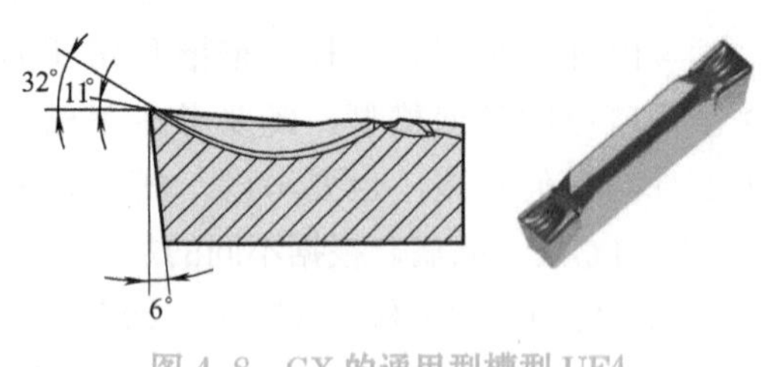

图 4-8　GX 的通用型槽型 UF4

由图 4-9 可以看到，随着切削刃宽度的增加，较宽的刀片受力能力较强，切削刃宽的刀片一般也较大较厚，因此推荐的进给量是增加的。

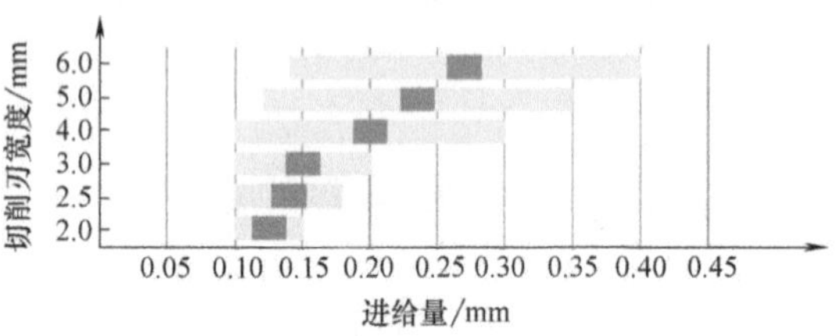

图 4-9　推荐进给量

图 4-10 是 GX 型车槽刀片用于加工铸铁的槽型 UA4。由于铸铁是脆性材料，几乎无法卷屑，因此这个刀片的几何槽型就是一个平面。

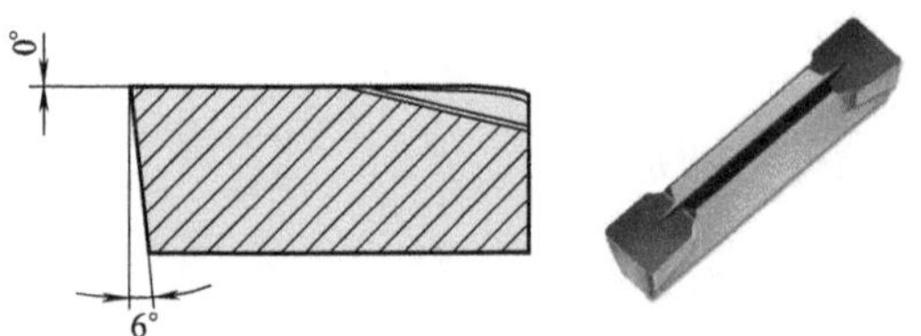

图 4-10　UA4 槽型

图 4-11 是 GX 型车槽刀片用于奥氏体不锈钢的槽型 UD6。这种槽型有较大的前角（20°），几乎不带倒棱，两边有 -15° 的翘起增加了切屑的横向卷曲和变形，既有利于车槽时卷屑和断屑，也有利于横向车削时的卷屑和断屑。

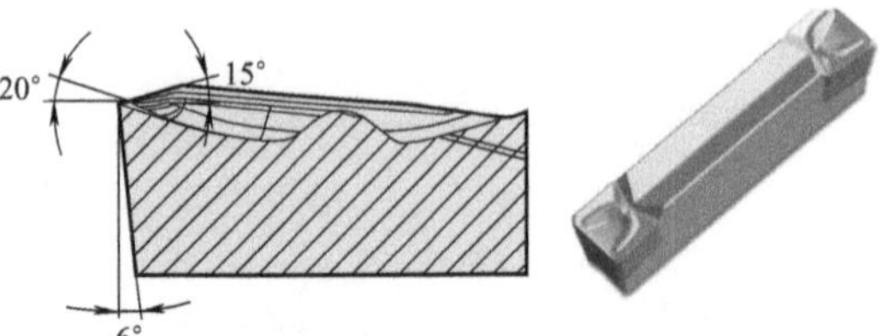

图 4-11　UD6 槽型

图 4-12 所示为 GX 型车槽刀片中既可以用于加工钢件，也可以用于加工铸铁件的通用槽型 CE4。它的锋利程度要高于 UF4 槽型，使用在进给量比 UF4 小的场合。

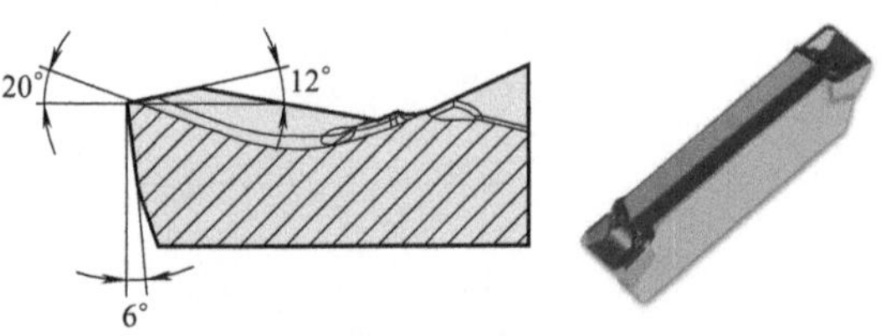

图 4-12　CE4 槽型

另一类车槽是较浅的用于放置密封圈的密封槽或者用于放置弹性挡圈的挡圈槽。与退刀槽等工艺槽相比，这类有功能要求的槽具有精度和表面粗糙度的要求，因此，

加工这些槽的车槽刀一般较为锋利，以加工出更高的精度、表面粗糙度，并且不产生毛刺。图 4-13 是密封圈车槽刀片及其几何槽型。图 4-14 是切断钢件时推荐的几何槽型，对比图 4-6 和图 4-7，可以看出车槽、槽车削和切断，虽然所使用的刀片型号可以相同，但还是有区别。一般而言，切断时要求刀片更锋利些，因为切断要加工到接近工件轴线处，而越接近工件轴线切削速度就越低，刀具锋利才能更有利于切削。

图 4-15 是不锈钢车槽（左图）和切断（右图）的断屑槽型推荐图，图 4-16 是其对应的两种槽型，可以看到，对于车槽和切断不锈钢时，也是切断刀的刀片更为锋利。

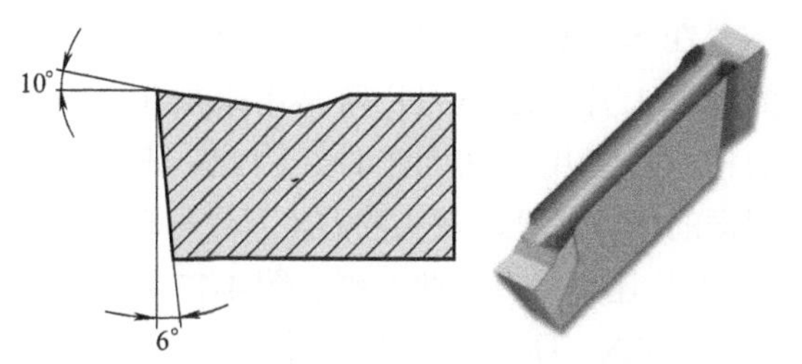

图 4-13　密封圈车槽刀片及其几何槽型

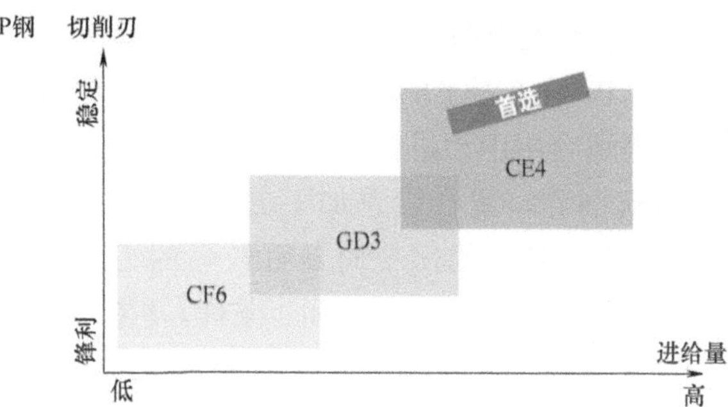

图 4-14　切断钢件时推荐的几何槽型

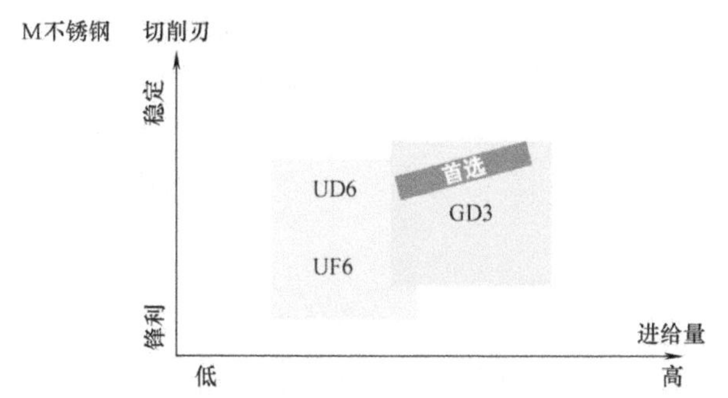

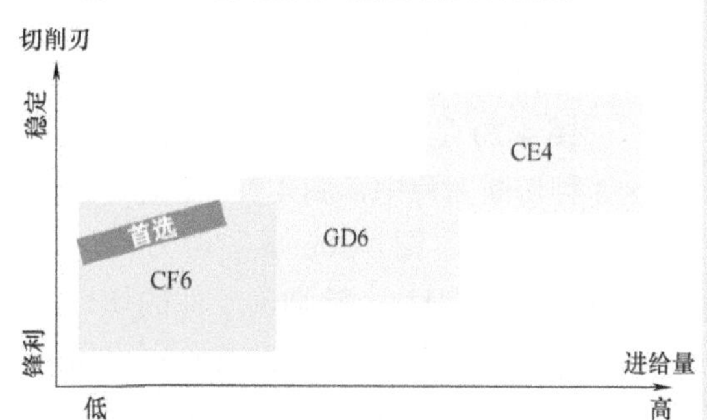

图 4-15　不锈钢车槽和切断的断屑槽型推荐图

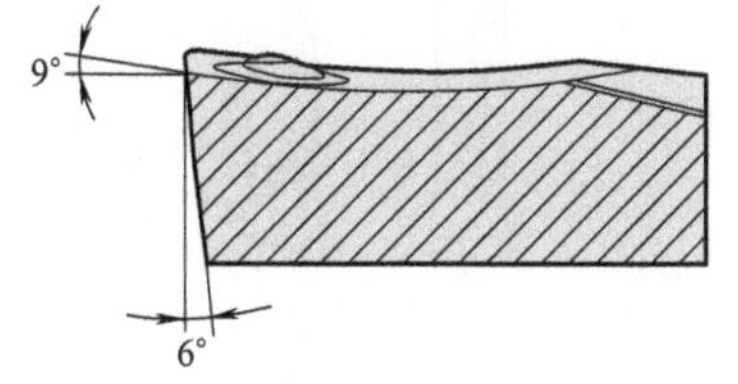

a) 推荐用于不锈钢车槽的 GX刀片首选槽型GD3

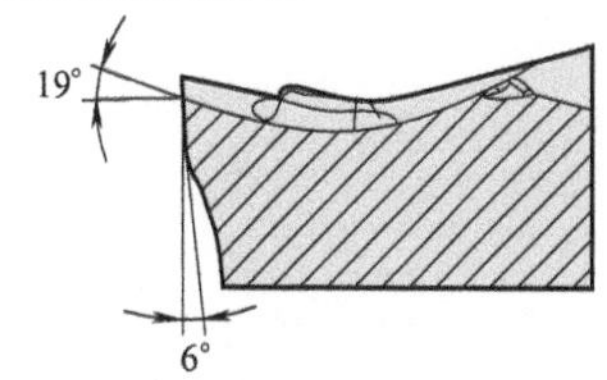

b) 推荐用于不锈钢切断的 GX刀片首选槽型CF6

图 4-16　GD3 和 CF6 槽型

在车槽和切断刀片中，还有一类常用的单头刀片，这类刀片常常用来加工较深的槽，或者用于切断工件。因此，即使是同样的槽型代号，双头的GX刀片与单头的FX刀片还是会有一些差别。图4-17是CE4槽型的GX刀片和FX刀片对比图，虽然两者的几何角度几乎完全相同，但在结构的细节上还是有些差别的。

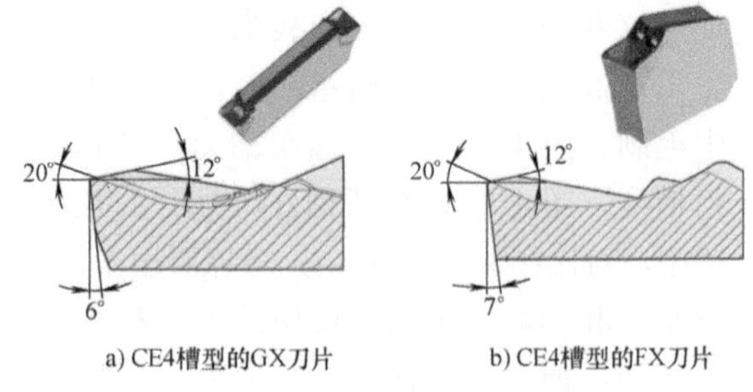

a) CE4槽型的GX刀片　　b) CE4槽型的FX刀片

图4-17　CE4槽型对比图

图4-18是FX刀片的槽型CE6，这种槽型适合用中小进给量加工长切屑的材料，如软钢等。适合较重加工的槽型为CD3，CD3因-12°的倒棱而具有较强的刃口强度，可以适应较恶劣的加工条件。FX刀片CD3槽型如图4-19所示。

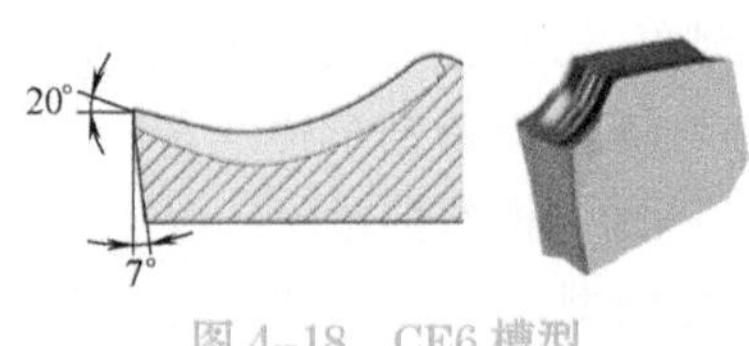

图4-18　CE6槽型

图4-19　CD3槽型

与车槽刀片都是两边对称的切削刃不同，切断刀片还有非对称的刀片，称为左切刀片和右切刀片。

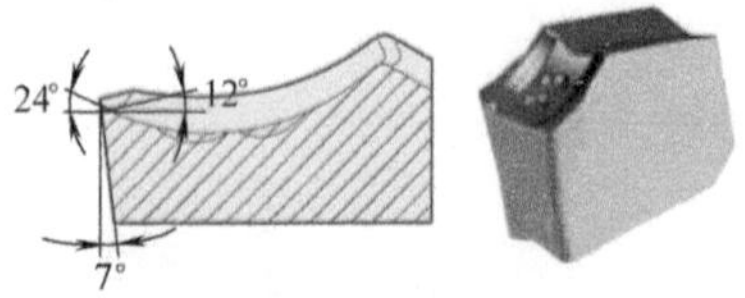

图4-20是3种切断刀片的俯视图。在这3种切断刀片中，图4-20a是对称切削刃的双向刀片，图4-20b是左切刀片，而图4-20c是右切刀片。除切断工件的切口处要利用切断刀片进行精加工或者防止切口处产生毛刺飞边之外，应尽可能选择双向刀片进行切断。

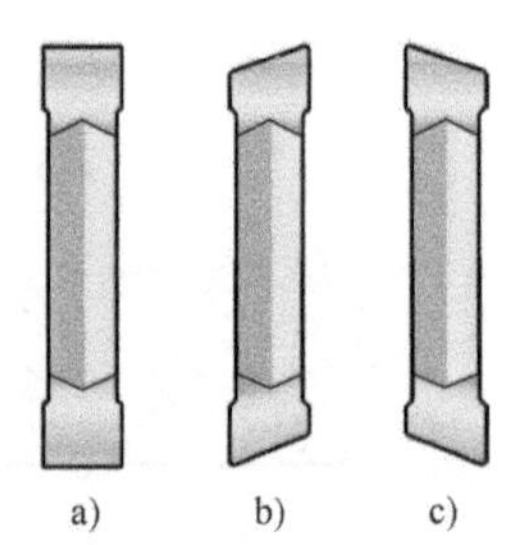

图4-20　切断刀片俯视图

4.2.2 车槽刀和切断刀的刀杆结构

■ **车槽刀和切断刀的刀片夹紧方式**

由于车槽刀和切断刀的刀片都比较窄，而且两边都是切削刃，所以刀片的夹紧就颇有难度。目前常规的夹紧方式分为弹性夹紧和螺钉施压夹紧两类。

◆ 弹性夹紧

弹性夹紧方式主要分成两种，一种是适用于单头刀片的自夹紧方式，另一种是用专用扳手张开刀片槽，使刀片可以取出或者放入，然后松开扳手，使刀杆的刀片槽弹性得以恢复，以其弹性变形的力来夹紧刀片。

图 4-21 是自夹紧方式的单头 FX 刀片。这种自紧式的 FX 刀片有一个锥度，夹紧时将刀头放入刀片槽中，用图 4-22 所示的专用扳手向后推紧即可（图 4-23）。刀头开始切削时，会在切削力的作用下微微向后移动至靠住刀槽后面的轴向定位面。由于刀头的锥度在自锁角的范围内，刀头在没有特别大的外力作用下是不会从刀片槽中松开的。因此，松开或取下刀头同样需要使用专用扳手：取下刀片时将扳手的前端插入刀片与刀片槽后面的小孔，拧动扳手，就可取下刀片，见图 4-24。

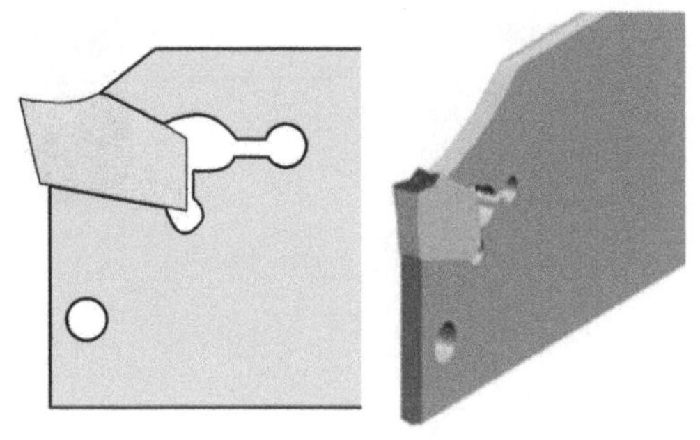

图 4-21　自夹紧方式的单头 FX 刀片

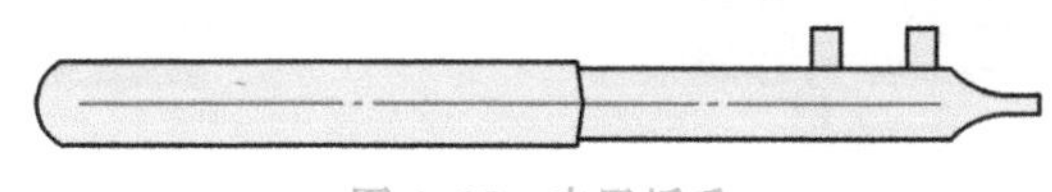

图 4-22　专用扳手

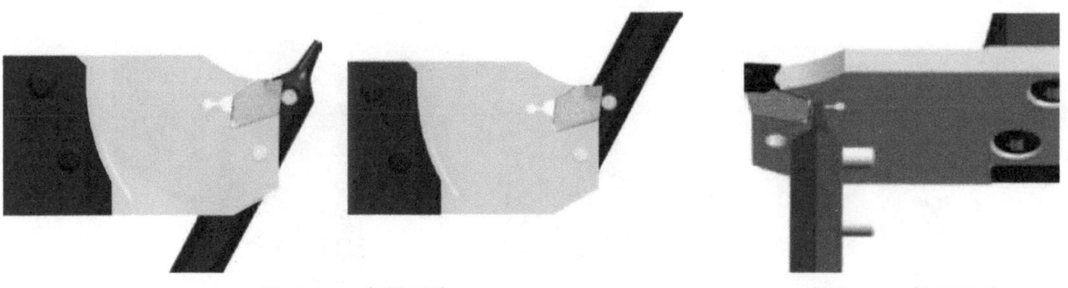

图 4-23　夹紧刀片　　图 4-24　松开刀片

弹性夹紧方式是用专用扳手张开刀片槽以装入或卸下刀片，如图 4-25 所示。

◆ 螺钉施压夹紧

车槽与切断刀片的螺钉施压方式有很多种形式，除直接压紧刀片之外，大部分车槽与切断刀具的刀体上都有一个弹性槽，但夹紧方式有的是压紧弹性槽，有的是张开弹性槽。

图 4-26 是螺钉压紧弹性槽的几种形式。图 4-27 是斜向压紧的 XLDE 车槽刀具。斜

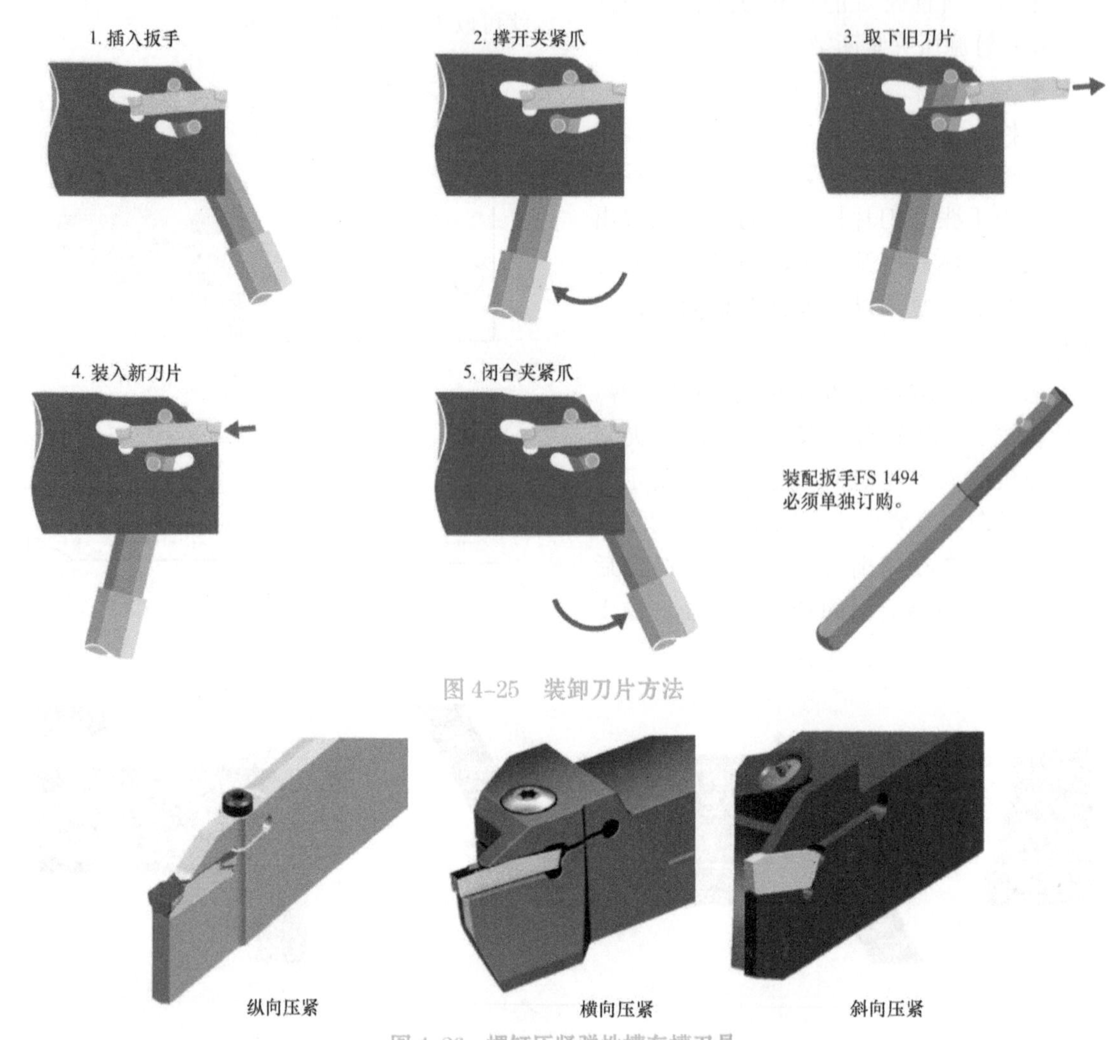

图 4-25　装卸刀片方法

图 4-26　螺钉压紧弹性槽车槽刀具

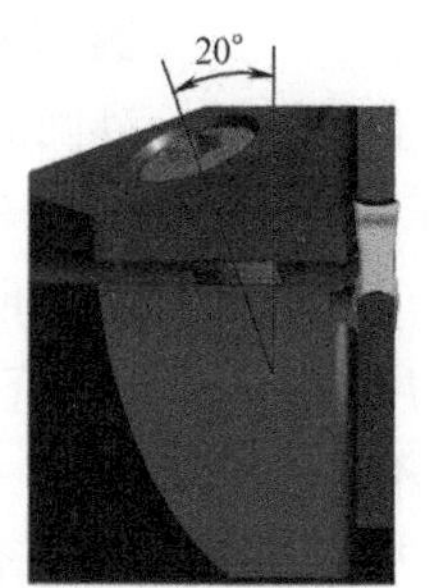

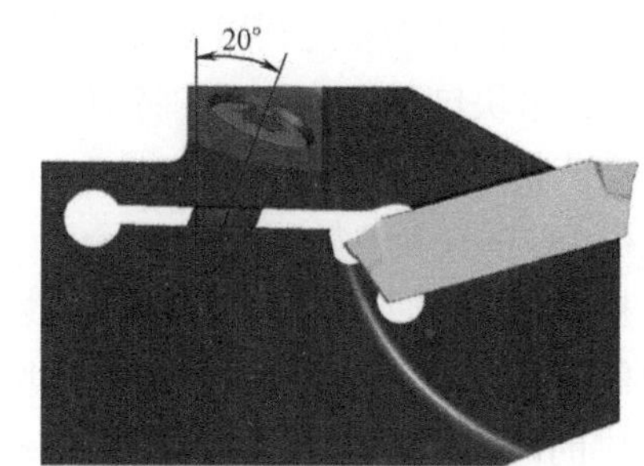

图 4-27 斜向压紧车槽刀具

向的压紧力会产生水平方向和垂直方向的两个分力，使刀片在两个方向上都得到良好的定位。另外，这种斜向压紧的方式在结构紧凑的车床（图 4-28）时，可以节省更换刀片的时间。

■ 车槽刀和切断刀的整体结构

车槽刀和切断刀的整体结构可以分为整体式、刀板式、模块式三种类型。

整体式的结构因为通常可用的切削深度较小，主要用于车槽。整体式的车槽刀如图 4-29 所示。

图 4-28 斜向压紧用于车床

刀板式的结构多是利用刀板安装时可在相应的夹紧块自主调节长度的特点，多用于车深槽或切断。刀板式结构如图 4-30 所示。刀板和相应的夹紧块如图 4-31 所示。

模块式车槽刀具是将刀体分成装刀片的中间模块和与机床连接的主柄模块，不同模块的组合可以装用不同刀片的车槽刀具，用于车槽、槽车削以及端面车槽等不同的车削任务。图 4-32 就是模块式车槽刀，上面是完整的车槽刀，下面是几种车槽模块，其中右下角是一个端面车槽模块。

■ 外圆车槽和槽车削的刀杆

外圆的车槽、切断和槽车削刀杆，安装方式可以分为 0°、90° 和 45° 三种方向，如图 4-33 所示。主要根据工件形状要求和机床的具体条件来选择不同安装方向的刀杆。

模块式的外圆、切断和槽车削刀杆，也同样有不同安装方向的刀杆。图 4-34 中 0° 安装方式和 90° 安装方式使用了相同的车槽模块和不同的刀杆，组成了不同的刀具系统。图 4-35 是相同的刀杆与不同的刀板形成允许的最大半径不同的两种车槽刀。

图 4-29　整体式车槽刀

图 4-30　刀板式结构

图 4-31　刀板及夹紧块

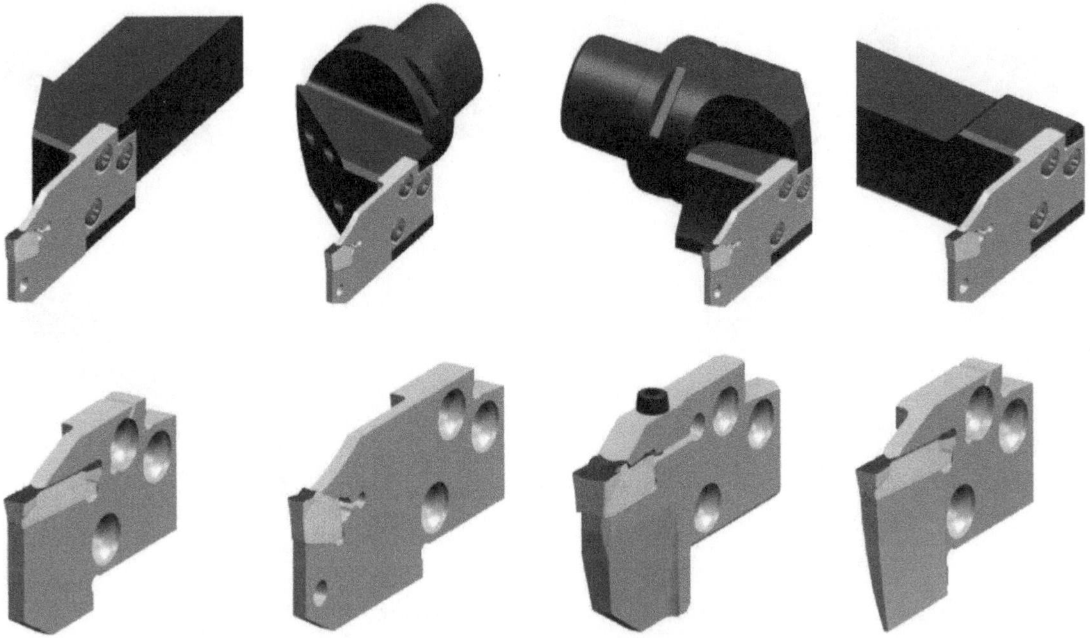

图 4-32 模块式车槽刀

图 4-33 刀杆安装方式

一般而言，车较浅的槽，刀体主体部分与刀板部分有顺应工件直径圆弧而制出的加强部分，有利于提高刀板的刚性和增加抗振能力，但会限制车槽刀具的切槽深度。图 4-36 是车槽刀具中使用 GX09 刀片、具有加强的模块式刀板 MSS-E12 中直径与最大直径的关系。当车削直径小于等于 36mm 时，该刀板的最大切槽深度为 7mm；当直径大于 36mm 后，刀板的最大切槽深度会逐渐减小到 4mm。各种刀板的最大切槽深度，需要查询样本或向制造商查询。

图 4-34　相同刀板不同刀杆的车槽刀　　　图 4-35　相同刀杆不同刀板的车槽刀

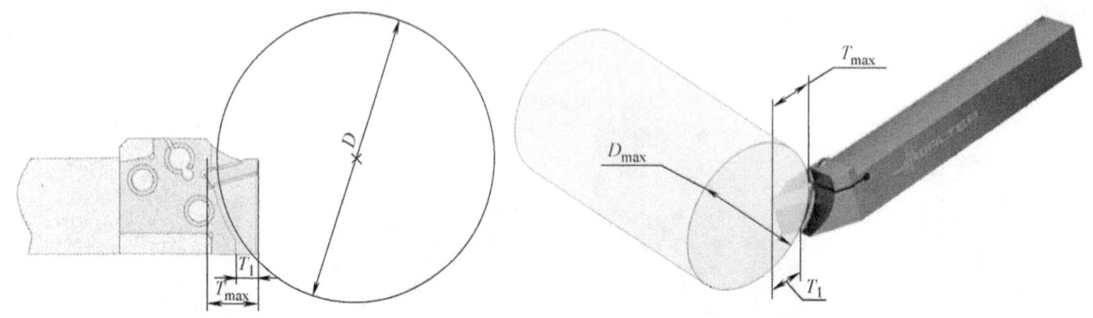

T_{max} 取决于车削直径 D 的最大切槽深度　　T_1 与车削直径 D 无关的切槽深度

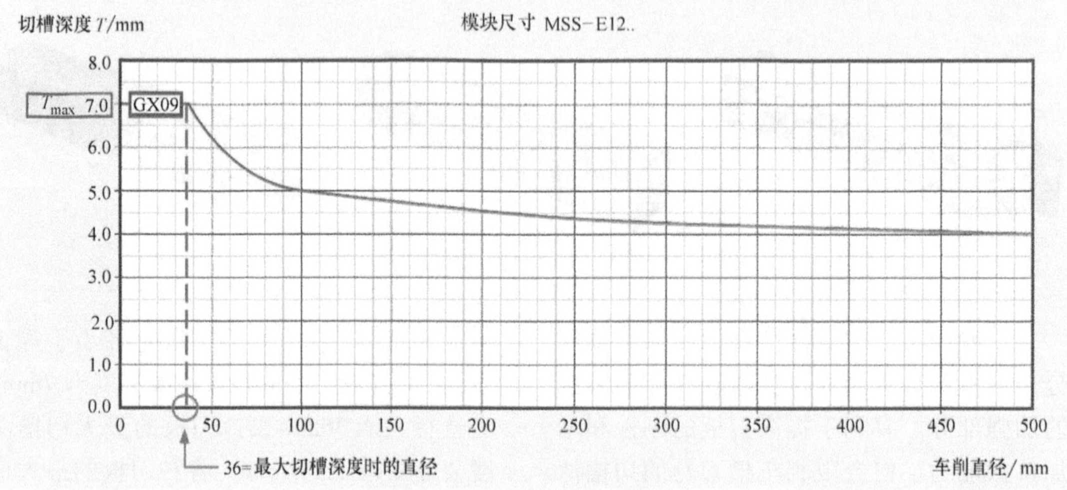

图 4-36　车槽刀具可用的最大直径

■ 内孔车槽刀和槽车削车刀

与外圆车槽和槽车削类似的，是内孔车槽刀和槽车削车刀。当然，内孔车刀的品种较少，基本上没有切断刀，没有0°的安装方式。图4-37是整体式和模块式可转位内孔车槽刀和槽车削车刀。

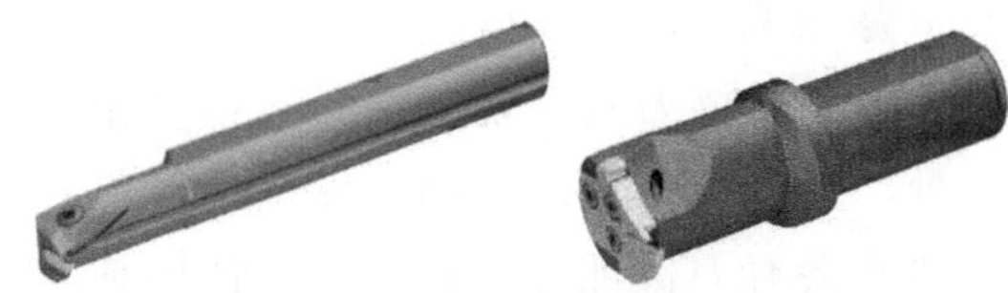

图4-37　整体式和模块式可转位内孔车槽刀和槽车削车刀

直径特别小的内孔的车槽较困难，可采用刀头式的车槽刀和整体硬质合金的内孔车槽刀，如图4-38所示。

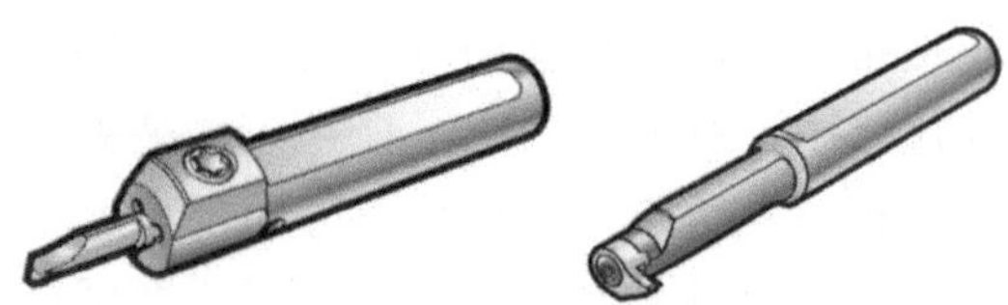

图4-38　采用刀头式的车槽刀和整体硬质合金的内孔车槽刀（图片源自山特维克可乐满）

■ 端面车槽和槽车削车刀

与外圆车刀或内孔车刀不同，外圆车槽刀和内孔车槽刀大部分都不能用于端面槽的车削。端面车槽一般都需要用专门的端面车槽刀具来完成。

图4-39所示为端面车槽刀工作示意图。端面车槽时安装刀片的刀板都有两个圆弧，一个外圆弧和一个内圆弧。这两个圆弧的尺寸就限定了它可用的直径范围。一般而言，刀板的外圆弧半径不能大于所车端面槽外圆半径，否则刀板外圆弧的底端就会与工件上所车槽的外圆干涉，产生摩擦甚至损坏；同样，刀板的内圆弧半径也不能小于所车端面槽的内圆半径，否则刀板的内圆弧底端也会与工件上所车槽的内圆干涉。因此，选择车槽刀时务必注意刀板所允许加工的直径范围。

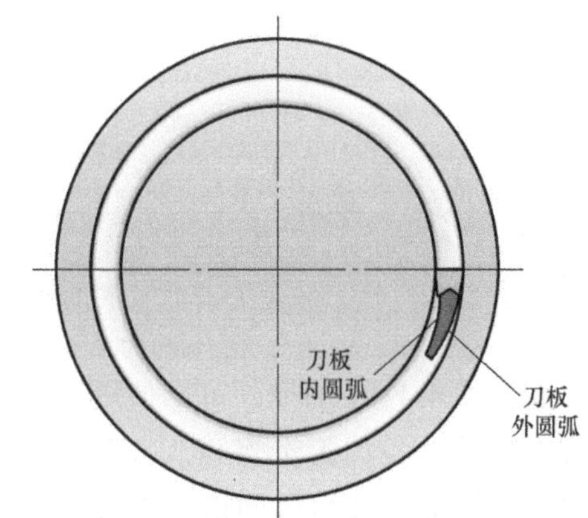

图4-39　端面车槽刀工作示意图

端面车槽刀也有整体式和模块式两种形式，有0°和90°两种安装方式，如图4-40所示。模块式的车槽刀可以通过更换模块进行更多直径的端面车槽加工。

a）0°安装方式的整体式车槽刀具　b）90°安装方式的模块式车槽刀具

图4-40　整体式和模块式端面车槽刀

■ **切断刀具**

外圆车槽刀具与切断刀具有很多相近之处，为了得到大的切槽深度，切断车刀一般不会有刀板加强结构，大多使用独立的可抽拉的刀板（图 4-31），而切断小直径的工件，也可以用车槽刀具来完成。

可抽拉的刀板使用时被夹在夹紧块的燕尾槽中，燕尾槽如图 4-41 所示。被夹紧的刀板一种是不分刀板偏置方向都可使用的对称式（图 4-42），另一种则是需要区分偏置方向的非对称式（图 4-42）。

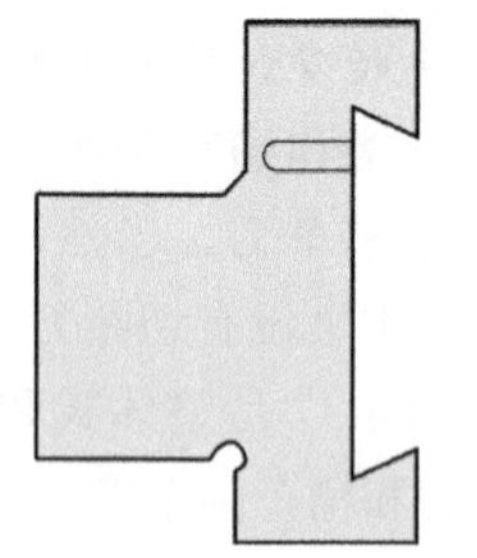

图 4-41　夹紧块的燕尾槽

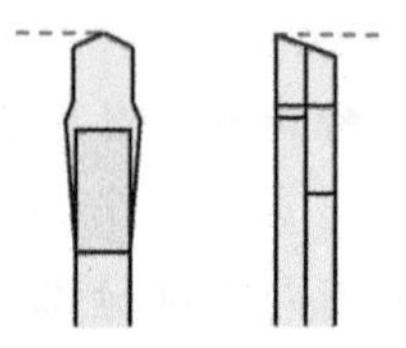

图 4-42　两种可抽拉刀板

4.3 车槽刀和切断刀的选用实例

加工图 4-43 中的槽，可以使用槽车削的方法，综合各加工步骤并节省刀具。这些刀具特别适于在台阶间进行加工或者刀位数量有限的情况下使用。

车槽刀的刀片与刀片座连接非常稳固，能够承受车槽时的径向力和槽车削时的进给力。刀片槽的设计也在充分考虑车槽卷屑的同时兼顾了槽车削的需要。

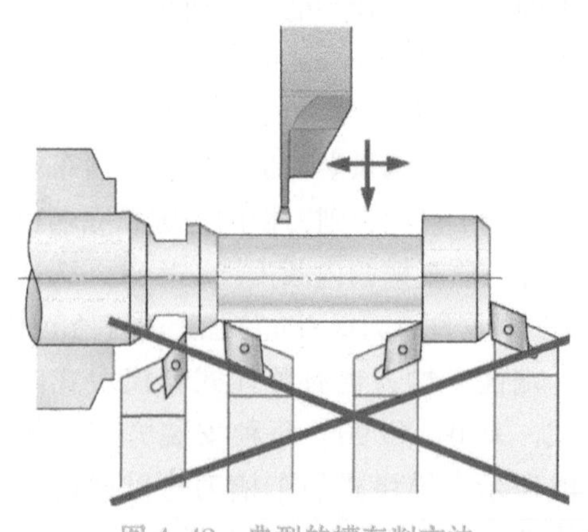

图 4-43　典型的槽车削方法

4.3.1 外圆及内孔槽的加工

车外圆及内孔槽时只在径向方向进给。如果槽的边缘需要倒角时，不建议在车槽之前先进行倒角，应该放在车槽之后进行（图 4-44）。如果倒角和槽需要光滑连接，可以在车槽时宽度方向留很小的余量（如 0.1mm），在进行倒角时连续地加工与槽相连的一侧（图 4-45）。如果是大批量的生产，则可以考虑用成形刀在车槽临近结束时，直接切出倒角（图 4-46）。这是由于车槽刀具一般都比较薄，悬伸较长，侧向受力时刀板可能发生一些偏转。如果在刀板偏转状态下直接进行径向切削，切削力的作用可能维持刀板的这种偏转，从而使刀板侧面在径向进给时与槽的侧面发生摩擦或者干涉，从而造成工件和刀板损坏，不能完成加工任务。

如果通过车槽的方法加工一个较宽的槽，应该先用“满刀切”的方法切出一些槽，在槽与槽之间留下一些“岛屿”，而“岛屿”的宽度应小于车槽刀的平底部分，然后再车去这些“岛屿”，最后用小的余量（不超过车槽刀的刀尖圆弧半径）进行一次精车，从而完成整个宽槽的加工，如图 4-47 所示。

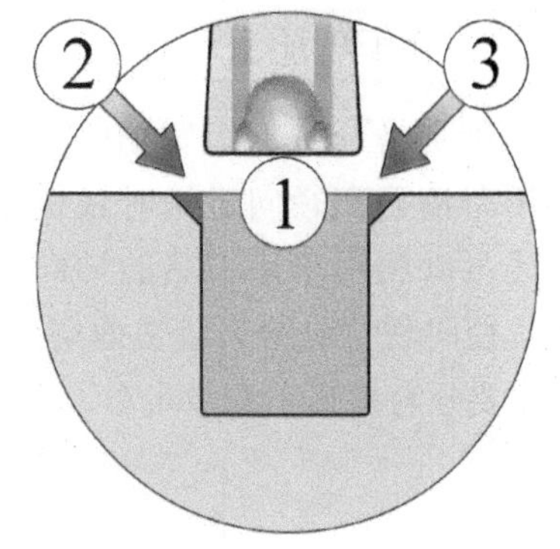

图 4-44 车槽和倒角的顺序（图片源自山特维克可乐满）

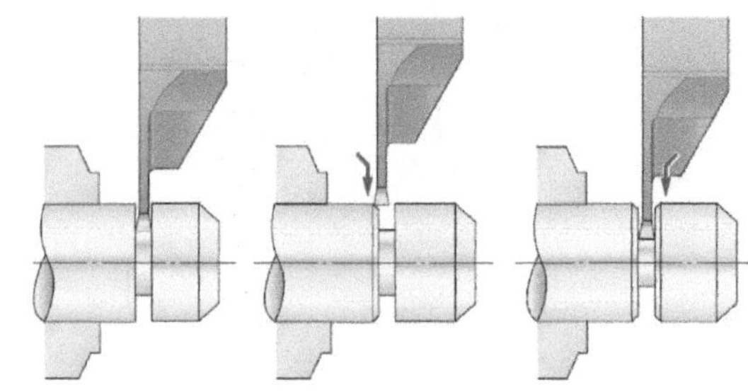

图 4-45 车槽并倒角

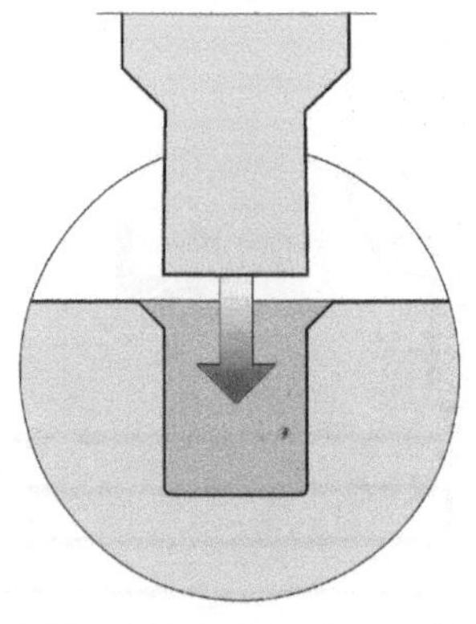

图 4-46 车槽和倒角复合刀具（图片源自山特维克可乐满）

4.3.2 槽车削加工

槽车削是另一种加工宽槽的方法，它可以利用车槽刀在径向进给时较快地切除金属，还可以利用车槽刀具的轴向进给或者轴向、径向联合进给来较快地切除金属。槽车削主要分为：插车和坡走车。

插车的基本方法如图 4-48 所示，坡走车的基本方法如图 4-49 所示。

通常，槽宽比槽深大 1.5 倍的槽适合选用槽车削，槽车削的加工效率会更高；当槽深比槽宽大时（如槽深比槽宽大 1.5 倍），用车槽的方法加工宽槽效率会更高。

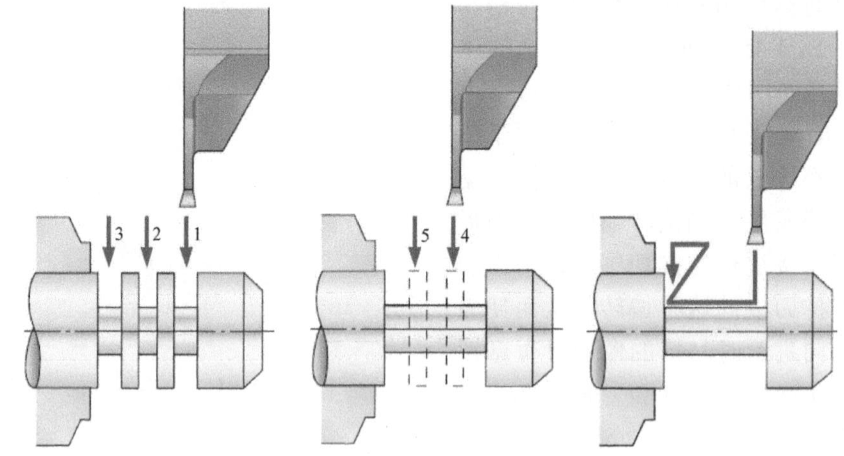

图 4-47 宽槽的加工

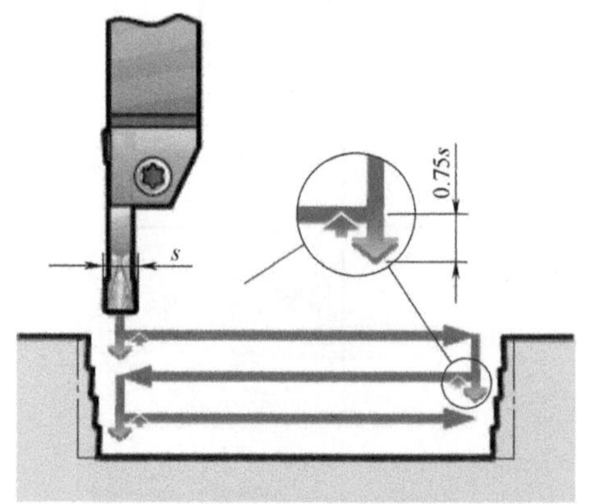

图 4-48 插车的基本方法（图片源自山特维克可乐满）

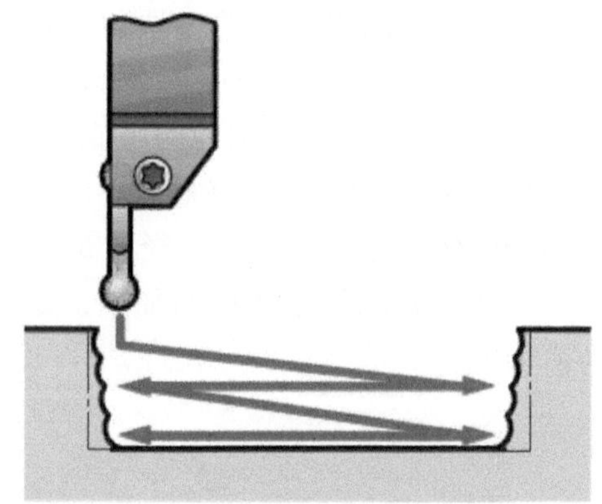

图 4-49 坡走车的基本方法（图片源自山特维克可乐满）

使用槽车削进行加工时，刀具必须要垂直于车床主轴（图 4-50），这样才能保证在轴向车削时，车槽刀会产生一个副偏角。如果刀具与车床主轴不垂直，可能导致加工时车槽刀具发生震颤，刀片碎裂。

车槽刀在轴向车削时，刀板在轴向切削力 F_p 的作用下发生弹性变形，从而会发生一个角度 α 的偏转（图 4-51），这个偏转是加工中必须的。

刀板挠曲受多个因素影响，包括：切削深度 α_p，进给量 f，切削速度 v_c，圆角半径 r，工件材料的弹性模量 $E_{工}$和刀板的弹性模量 $E_{刀}$，刀板的厚度 s 和刀板的悬伸 T。

经验表明，大部分刀板在切槽深度为刀片厚度的 0.5~1 倍，进给速度在 0.25~0.35mm/r 间的刀板弹性变形量所形成的副偏角是合适的。但刀具挠曲使得刀具在直径方向尺寸发生少量变化。通常，刀具挠曲后的实际切削刃轴向位置比挠曲前的位置（从工件算起）退后了约 0.1mm。

为了在精加工中保证直径方向上的加工精度，在从车槽加工向轴向车削加工过渡时必须有一个直径补偿。建议在转换前先按原进给方向的逆方向或逆方向的斜向退刀 0.1mm，使刀具与工件脱离接触，使刀板回到非挠曲状态。

为保证加工过程安全，刀具应避免在两个方向上同时承受负荷，这与车槽时车倒角的原理类似；车槽和切断之后，过渡到轴向车削前，要让切削刃卸载。

具体步骤示例如下（图 4-52）：

①轴向车削加工结束时，逆进给方向从加工的直径退刀至少 0.1 mm 。

②切削刃回到其初始位置。

③进行下一个切断和车槽加工。

④在过渡到轴向车削加工之前，必须再次退刀约 0.1mm。

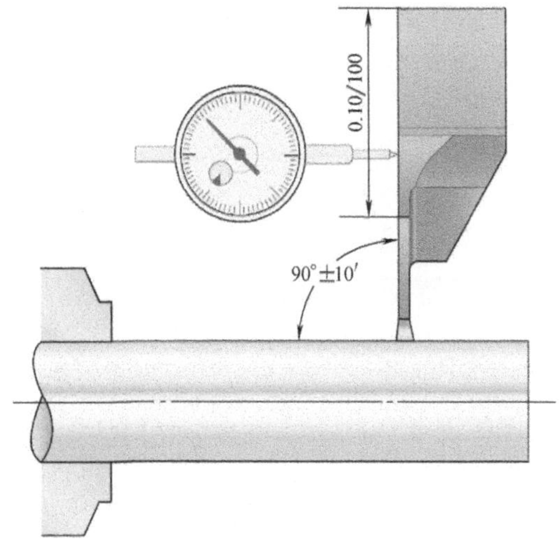

图 4-50　车槽刀的安装

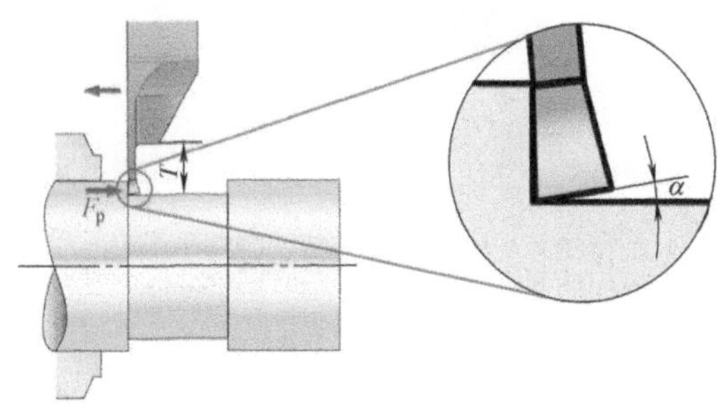

图 4-51　槽车削时刀板挠曲

当车削需要与两侧台阶光滑连接的轴颈结构时，使用槽车削的方法粗加工如图4-53所示，使用槽车削的方法精加工如图4-54所示。

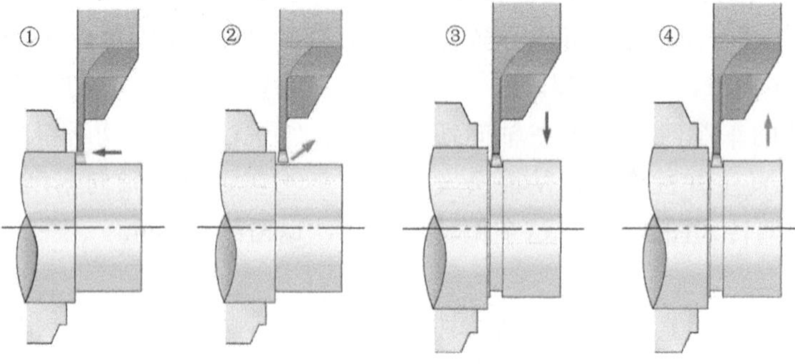

图 4-52　槽车削的步骤

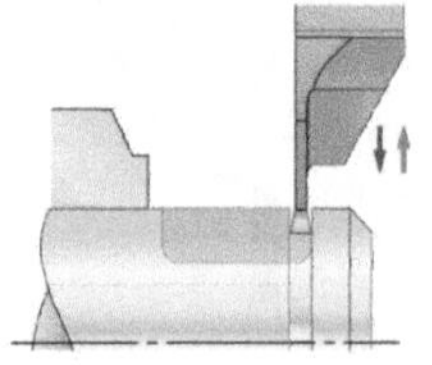

1. 车槽
(轴向车削运行)
2. 退刀0.1mm

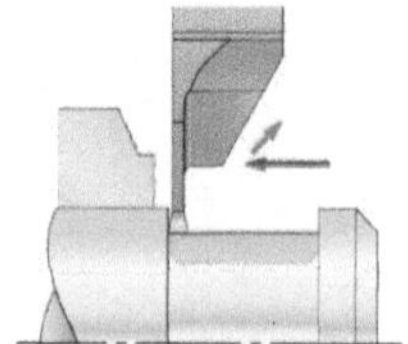

3. 轴向车削
4. 在两个方向上抬高0.1mm

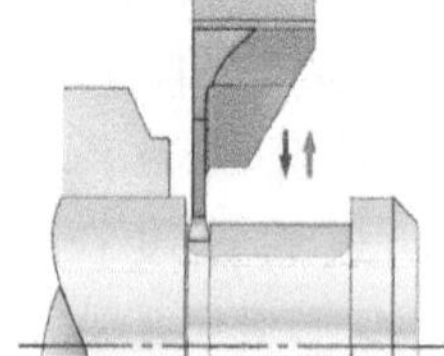

5. 车槽
6. 退刀0.1mm

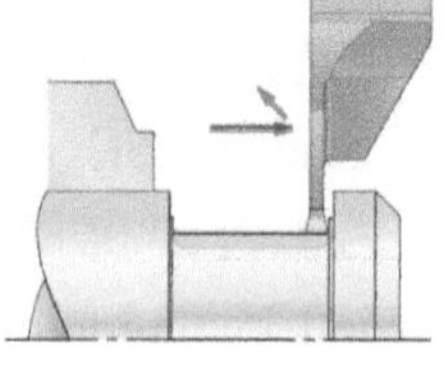

7. 轴向车削至台阶前约0.5mm
8. 在两个方向上抬高0.1mm

图 4-53　使用槽车削的方法粗加工

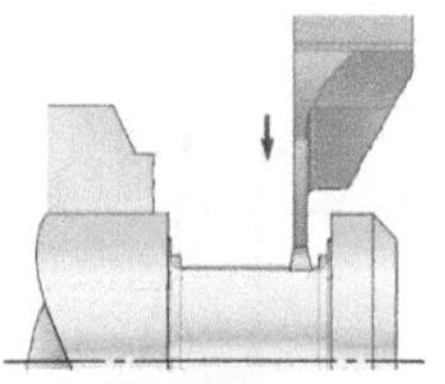

1. 在半径延伸点上向加工直径预切

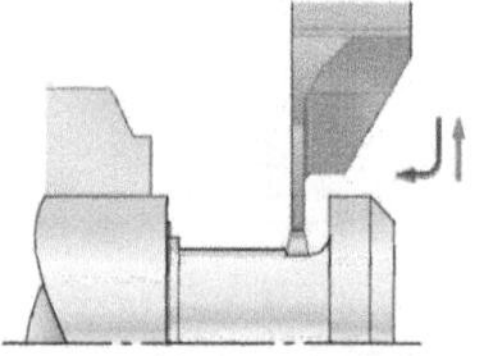

2. 精加工第一个台阶并仿形车削圆弧
3. 抬高,抬高量为直径补偿尺寸

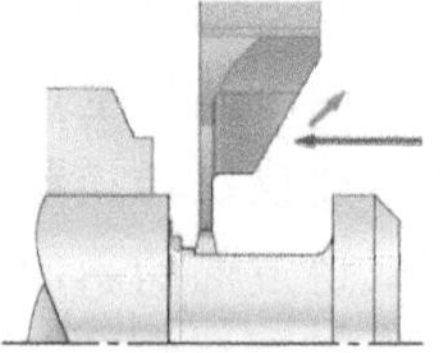

4. 轴向车削至半径延伸点
5. 在两个方向上抬高0.1mm

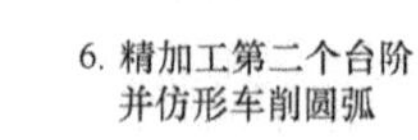

6. 精加工第二个台阶并仿形车削圆弧

图 4-54　使用槽车削的方法精加工

槽车削时，避免形成环边的方法如图4-55所示。

1）轴向车削至退刀点前0.5~1.5mm处。

2）斜向从圆角处退出。

3）将刀具定位至环边上方。

4）去除槽车削时可能产生的环边。

4.3.3 端面槽的加工

■ **粗加工**

当粗加工时（图4-56），第一刀①总是从最大直径处开始并向内加工。第一刀需要控制切屑形态，一般断屑较少。

第二刀②和第三刀③宽度应为0.5~0.8倍刀片宽度，这是为了获得较好的断屑效果，可以稍微增加进给。

■ **精加工**

当精加工时（图4-57），在给定直径范围内加工第一刀①。

第二刀②精加工外圆直径。端面车槽半径一般总是由外圆向内圆的车削顺序（总是向内车削）。

最后，由第三刀③将内圆直径精加工至图样要求尺寸。

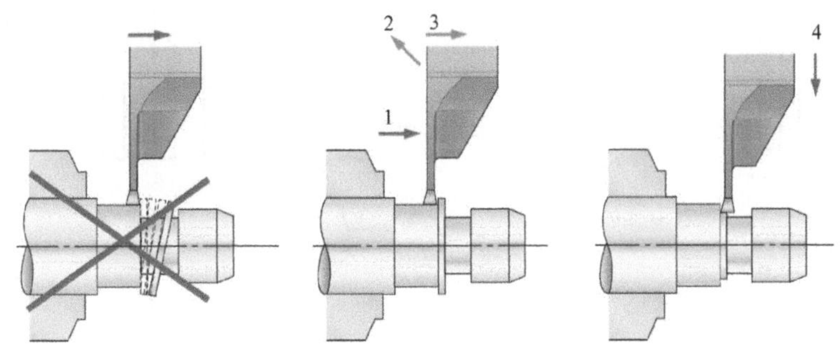

图4-55　避免形成环边的方法

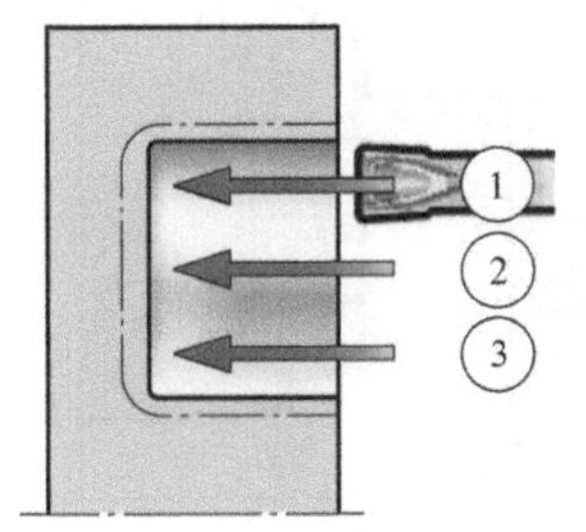

图4-56　端面槽粗加工（图片源自山特维克可乐满）

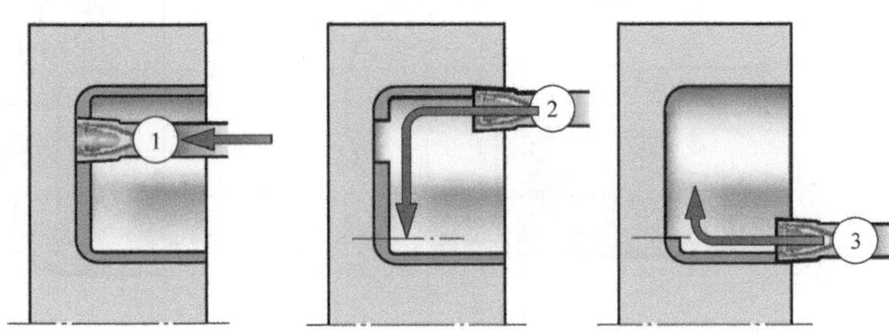

图4-57　端面槽精加工（图片源自山特维克可乐满）

4.3.4 切断加工

原则上，在切断加工时应使用尽可能窄的刀片，这样能减小切削力，节省材料，减少环境污染（图 4-58）。

无论车床转速有多高，在车床的主轴轴线处，切削速度必然为零。在切削速度极低的情况下，工件材料通常不是被切削下来的，而是被推挤下来的，这种工况对硬质合金的刀具是极为不利的。因此，应避免切削至轴线。如果是实心材料，建议切断至工件轴线前 2mm 将进给量降低 75%，可以获得最优化的刀具寿命。在接近工件轴线前 1mm 停止切断加工，很多情况下被切零件会由于其自重和长度形成的力矩使最后留下的小尺寸截面掉落（图 4-59）。

如果被切除的是零件，而且操作者使用的是双主轴的车床或车削中心，那么操作者可以在刀片到达工件轴线之前，使用副主轴拉离需要分离的零件（图 4-60）。

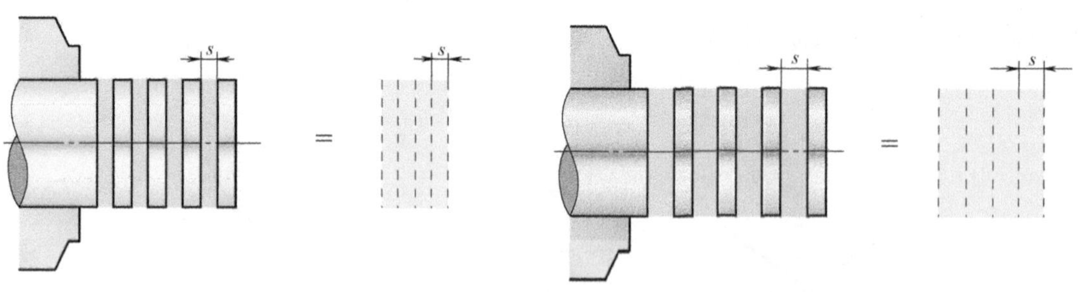

图 4-58 不同厚度的切断刀

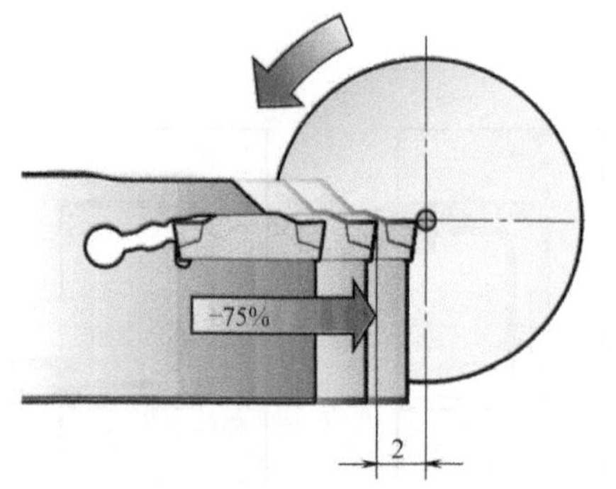

图 4-59 切断刀接近轴线的进给调整（图片源自山特维克可乐满）

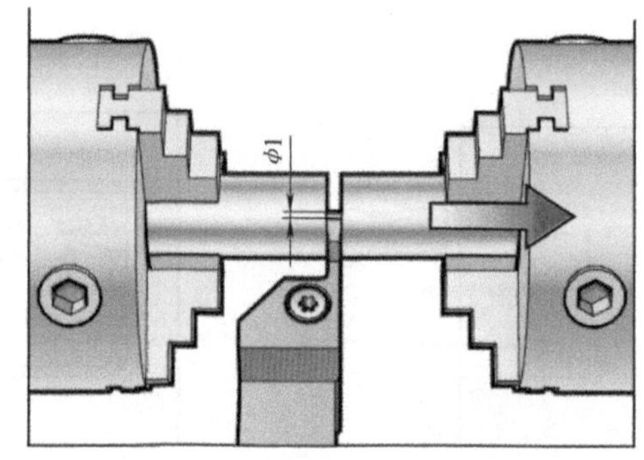

图 4-60 切断（图片源自山特维克可乐满）

在切除的零件或毛坯掉落后可使用常规刀具切掉工件轴线剩余的芯瘤。也可用带主偏角的切断刀片切断工件，这样在被切断的工件两个面上，至少有一个面没有芯瘤或者芯瘤很小，如图 4-61 所示。

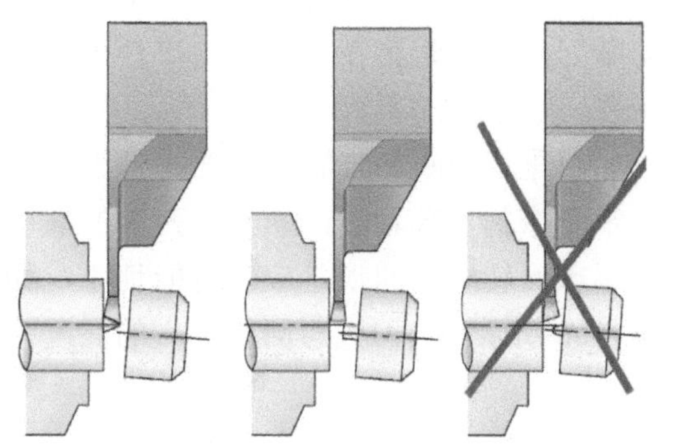

图 4-61 切断的残留

用带有主偏角的切断刀具进行切削时，会带来一些问题。

首先是卷屑问题。倾斜的切削刃会使切屑卷向一边，这样就有可能影响排屑。通常对称切削刃的车槽和切断刀具所排出的切屑类似于钟表发条，而带主偏角的倾斜切削刃切断刀会形成螺旋形切屑（图 4-62）。

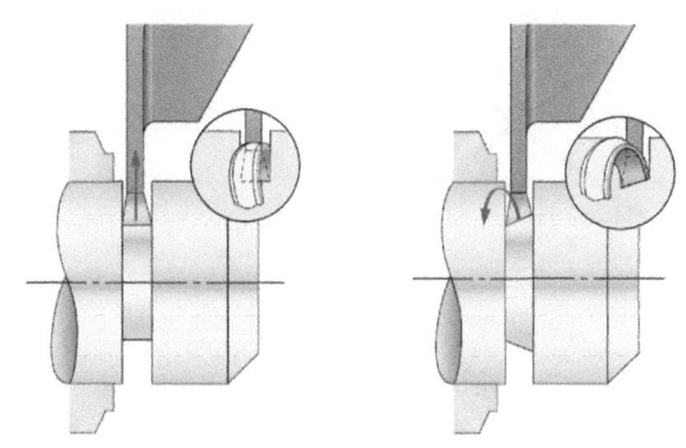

图 4-62 切断的卷屑

导出切屑的一个方法是在切槽深度达到切削刃宽度的 1~2 倍时暂停进给，让切断刀具稍作停留，然后重新切削，这样切屑就会被折断，不会与两侧发生剧烈摩擦。

另一个问题是切削刃容易跑偏。倾斜的切削刃受到的作用力能分解成轴向和径向两个方向，而轴向的作用力容易使刀板发生挠曲，在切断中刀板挠曲会使刀具的进给受到干扰，从而形成球形的切断面，如图 4-63 所示。

为了减轻这种情况，在用带主偏角的倾斜刃切断刀加工时，至少将进给量减少 30%。

当切断带孔的棒材时，中间的孔一定要钻削足够深，以不影响切断刀具的侧向受力（图 4-64）。如果刀片单侧受力可能导致刀板偏转，刀片崩裂，缩短刀具寿命。

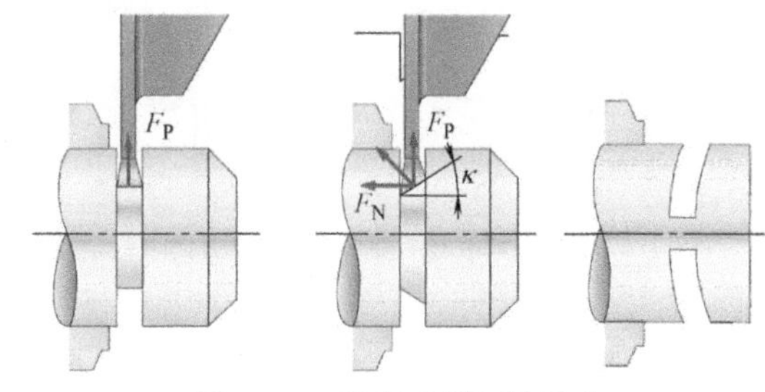

图 4-63 球形切断面的形成

切断带孔的工件时，使用带主偏角的切断刀片可以防止在被切下的工件上产生飞边，如图 4-65 所示。

在进行切断加工时也需要确保刀具垂直于车床的主轴轴线，同时，刀尖的高度与车床回转中心的误差应尽可能地小，如图 4-66 所示。当刀尖与回转中心的高度差发生改变时，刀具的实际工作角度也会发生改变。

在进行切断加工时，刀板悬伸长度要尽可能短（通常悬伸不超过车槽宽度的 8 倍），刀板高度尽可能大。这是为了更好的刚性，更不容易产生振动，从而得到更高的加工质量和加工效率。

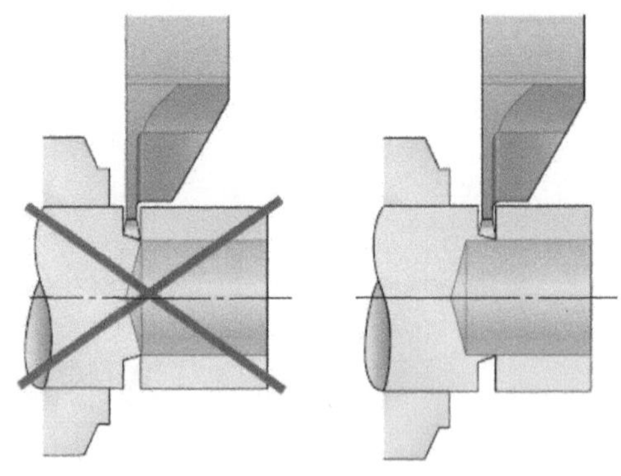

图 4-64　切断带孔棒材的钻孔深度

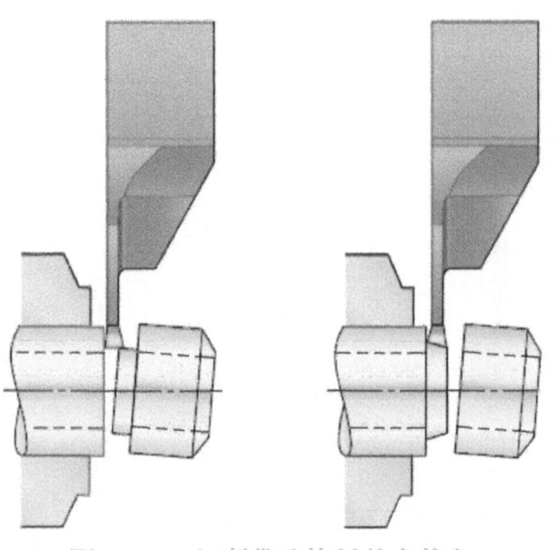

图 4-65　切断带孔棒材的主偏角

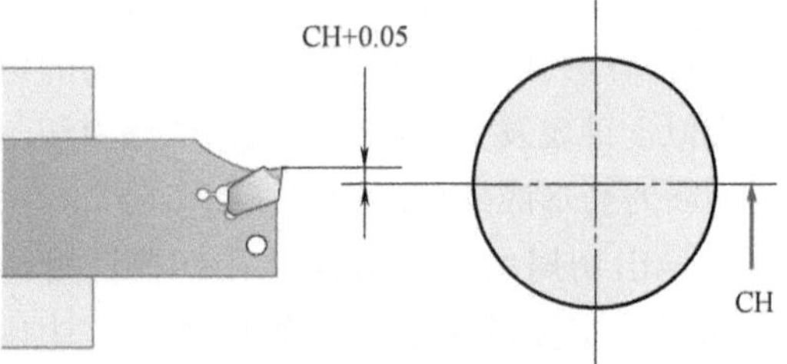

图 4-66　切断刀具安装中心高

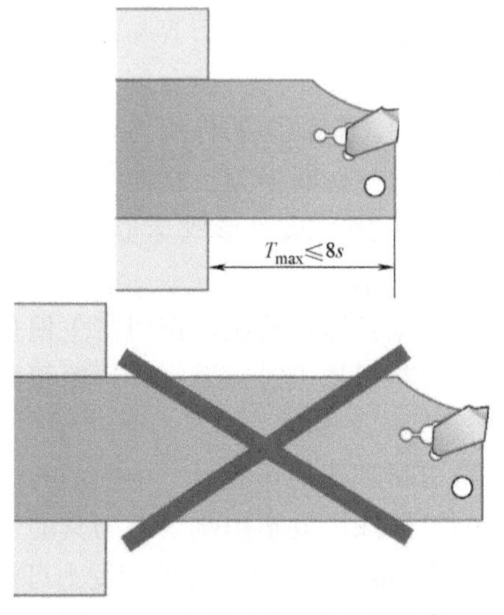

图 4-67　切断刀具安装悬伸长度

5 螺纹车刀

5.1 螺纹基础知识

5.1.1 基本要素

螺纹的牙型首先有一个原始形状，如常见的三角形螺纹（图 5-1），要确定牙型角及两个牙型半角$\frac{\alpha}{2}$。虽然大部分螺纹的两个牙型半角是相同的，但也有设计上两个牙型半角就不一样（如锯齿形螺纹）。若实际加工的两个牙型半角不对称，有可能使螺纹无法旋合。因此，选择螺纹加工的刀具时必须先注意牙型角的问题。

在牙型角一致的情况下，另外两个重要参数是牙顶削平高度和牙底削平高度。这两个高度在有些螺纹标准中是一致的，而有些是不一致的。在最常见的三角形普通螺纹中，牙顶削平高度与牙底削平高度是不一致的（牙顶削平高度是三角形高度的 1/8，牙底削平高度是三角形高度的 1/4），如图 5-2 所示。

牙型角和牙顶、牙底削平高度确定之后，还确定牙顶和牙底的形状。通常牙顶、牙底形状有几种组合，如图 5-2 所示的牙顶、牙底都是平的，称为“平顶平底”；惠氏螺纹的牙顶、牙底都是圆弧连接的，称为“圆顶圆底”（图 5-3），而在 60° 牙型角的英制螺纹中，既有平顶平底的 UN 螺纹，也有外螺纹牙底必须用圆弧连接的“平顶圆底”的 UNR 螺纹（图 5-4）。牙顶牙底不同的螺纹，有些可以旋合，还有一些是无法旋合的。因此，牙顶和牙底的形状也是加工螺纹时需要注意的。

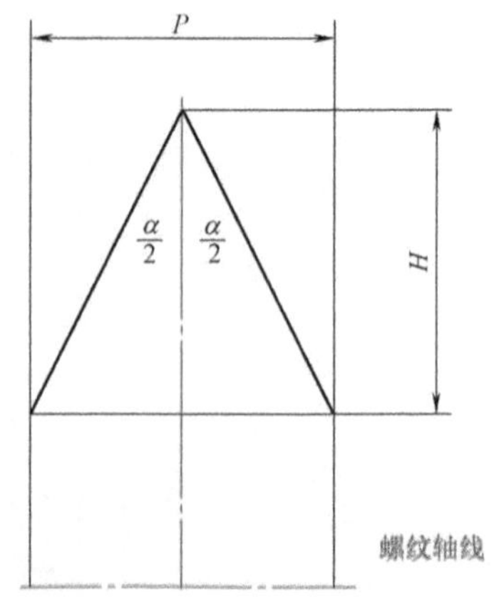

图 5-1 三角形螺纹

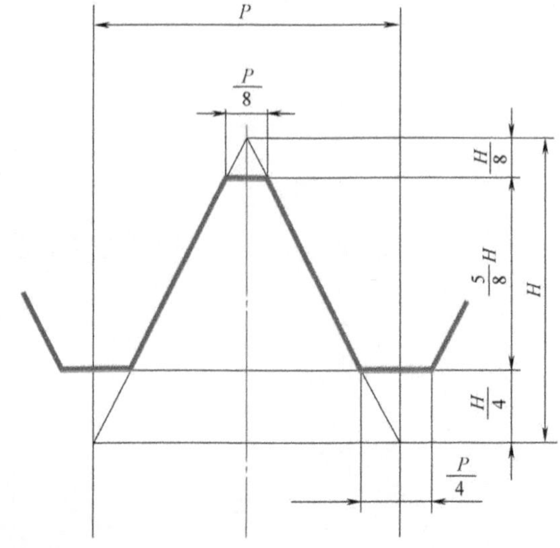

图 5-2 三角形螺纹基本牙型

在确定了螺纹的牙型角、牙顶及牙底削平高度、牙顶及牙底形状之后，与螺纹形状密切相关的要素就是螺距。螺距 P 是螺纹牙型中两个相邻牙型对应点之间的距离，一个完整的牙型就是一个螺距的长度，见图 5-2~ 图 5-4。螺距在英制螺纹中都是以每 25.4mm（1 英寸）的牙数来表示的，有时需要换算。

5.1.2 螺纹的三个中径

牙型确定之后，形成螺纹的另一个主要参数就是中径。螺纹有三个定义的中径。

螺纹的第一个中径就叫“中径”。中径是指螺纹的牙宽和沟槽宽相等的那个直径。对于外螺纹，在小于中径的地方，牙宽大于沟槽宽；在大于中径的地方，沟槽宽大于牙宽。按照这个定义，要检验一个螺纹的中径，就需要测出具体被检螺纹的牙宽和沟槽宽，才能找出中径的位置。在实践中，这样的检验比较复杂，检验效率较低，因此给出了另外两个中径的概念。

螺纹的第二个中径叫“作用中径”。作用中径是影响螺纹装配和互换性的根本因素，它是指可以与被检螺纹旋合的、具有理想牙型的螺纹最大实体的中径。例如，对于外螺纹的作用中径，假想有一个螺母，这个螺母的长度是被检外螺纹规定的旋合长度，它的牙型完全没有一点误差（包括牙型半角、螺距、削平高度），它的实体如果再增大一点儿（螺母实体增大是中径减小）就无法旋合，那么这个假想螺母的中径就是被检外螺纹的作用中径。对于内螺纹，则同样是具有理想牙型和给定旋合长度的最大实体的螺杆（螺杆实体增加是中径增加）的中径是作用中径。螺纹通规一般检测的是螺纹的作用中径。

螺纹的第三个中径叫“单一中径”。单一中径只是指被检螺纹的沟槽宽正好等于理论沟槽宽（即螺距的一半）的那个直径。单一中径的测量与旋合长度无关，不管牙型半角如何，它也并不管牙宽究竟是多大，它只管牙槽的宽度，所检验的是“单一值”。三针测量、螺纹止规通常都是用来检验螺纹单一中径的。

在这里讨论三个中径的差别，其主要原因就是要告诉读者，为什么在螺纹加工后的检验中，会出现所谓“通规不过止规过”的现象。判断螺纹中径合格的原则是：

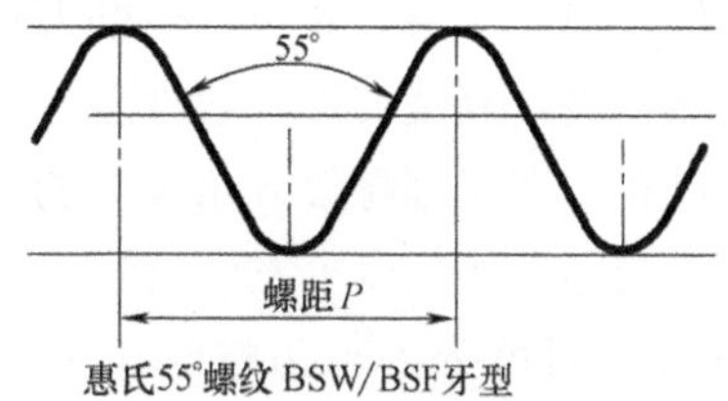

图 5-3　圆顶圆底螺纹

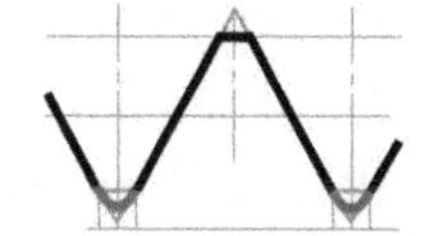

图 5-4　平顶圆底螺纹

实际螺纹的作用中径不允许超出最大实体牙型的中径，即通规检验的是作用中径。

任何部位的单一中径不允许超出最小实体牙型的中径，即止规检验的是单一中径。

正是由于通规、止规检验的是不同定义的中径，才不时会遇见“通规不过止规过”的现象。

5.2 螺纹车刀的选择

5.2.1 螺纹车刀刀片

常见的螺纹车刀片从形状上，可以分为三头刀片和双头刀片两种，如图 5-5 所示。

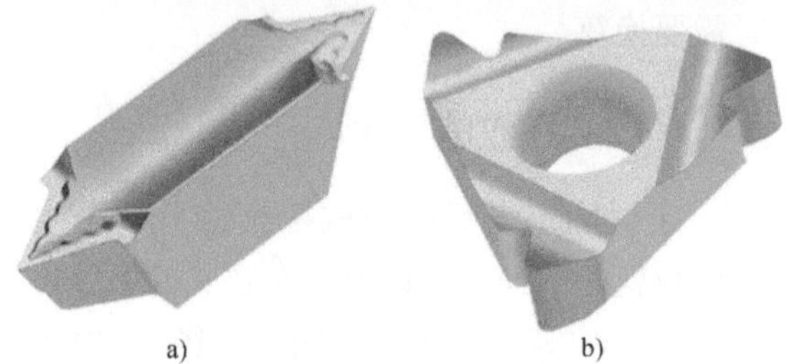

图 5-5　螺纹车刀片

双头刀片通常是安装在用于车槽的车刀杆上来加工螺纹的。除了能借用车槽刀杆之外，双头螺纹车刀并没有其他特别的优势。相反，由于它较三头刀片少一个切削刃，显得不那么经济。

三头螺纹刀片有平装刀片（图 5-5b）和立装刀片（图 5-6）两种。图 5-6 所示立装刀片的受力能力比平装刀片强，适用于较大的切削用量。平装刀片可以借助刀垫调整刀片安装角度，立装刀片一般没有可供调整角度的结构，在车削螺纹升角较大的螺纹时就容易在实际工作角度上发生问题。

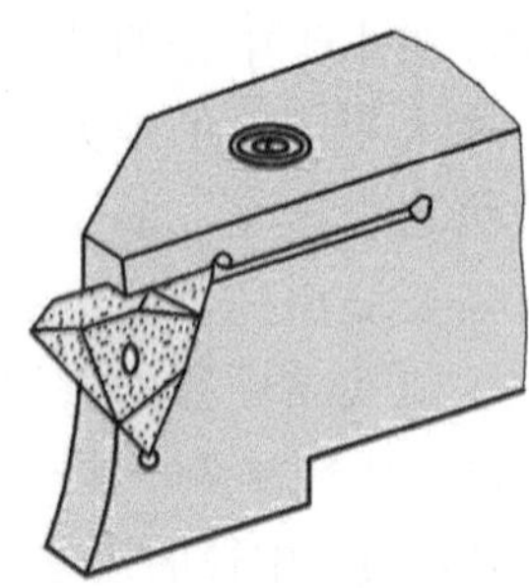
图 5-6　三角形立装螺纹车刀片（图片源自网络）

螺纹车刀可分为单齿螺纹车刀片和多齿螺纹车刀两种，多齿螺纹车刀片能一次进给完成多次进给的工作，加工效率较高。但多齿螺纹刀片的切削力会非常大，需要机床、工件有极好的刚性，否则很容易形成振刀。图 5-7 和图 5-8 是两种多齿螺纹车

图 5-7　多齿三角形螺纹车刀片（图片源自山高刀具）

刀。其中图 5-7 与图 5-5b 的刀片可以安装在同一种刀杆上（不同厂商的刀杆与刀片很可能无法互换）。图 5-8 的刀片因具有多个齿类似于梳子的结构，被称为螺纹梳刀。

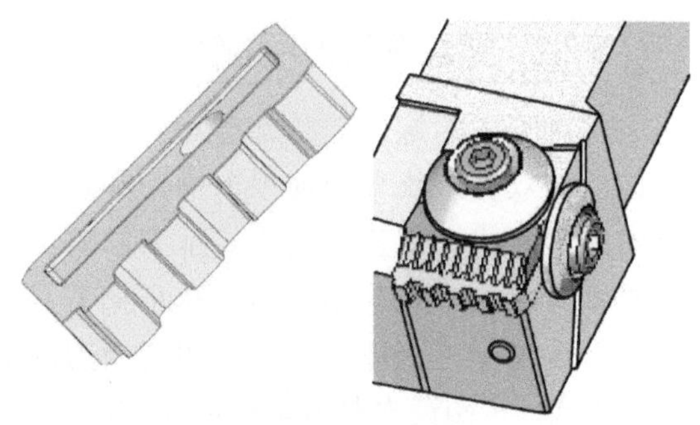

图 5-8　多齿梳形螺纹车刀片（图片源自山高刀具）

根据车削螺纹牙型的完整程度，一般可分为完整牙型加工和部分牙型加工两种：

图 5-9 为完整牙型加工刀片。完整牙型加工刀片是将螺纹的牙顶、牙侧、牙底由一个刀片在最后一次进给中完全加工出来的螺纹车削刀片，它必须完全按照规定螺距来制造这个刀片的整个齿形，由于不同标准、不同螺距的牙顶削平高度、牙底削平高度都不一致，完整牙型加工时一种螺纹标准的一个螺距就需要一种刀片（这里暂时没有讨论刀片刀杆尺寸的适应问题）。

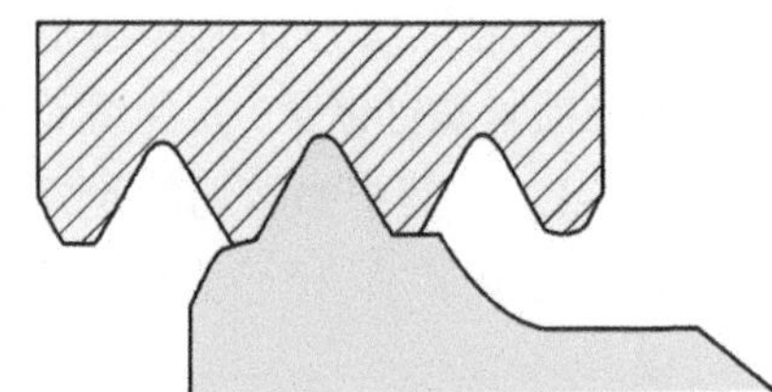

图 5-9　完整牙型加工

图 5-10 是部分牙型加工刀片。部分牙型加工刀片不加工螺纹的牙顶（通常牙顶由内外圆车削加工），通常螺纹的牙底极限偏差比较大，因此，单牙的部分牙型加工刀片通常可以一种刀片来加工多种螺距的螺纹。但使用这种方法的工件牙顶需要经过精加工，工件螺纹牙型经常不完全准确，牙底高度会较高（较小螺距的螺纹更是如此），工件强度较弱。

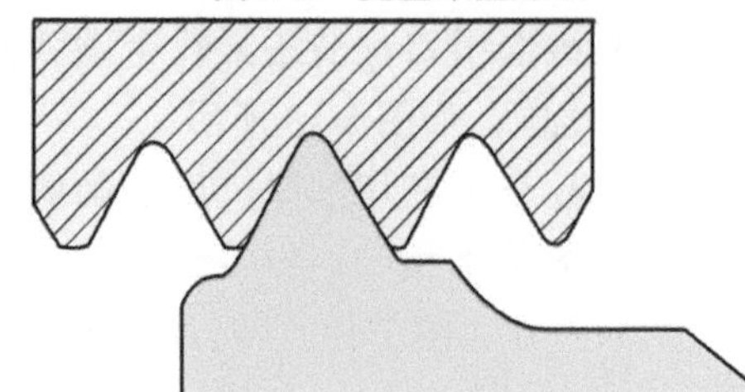

图 5-10　部分牙型加工

由于尺寸限制，如果内孔螺纹车刀直径过小会采用换头或整体硬质合金的方式，如图 5-11 所示。采用丝锥加工小直径的内螺纹，也是一个常用的方法。

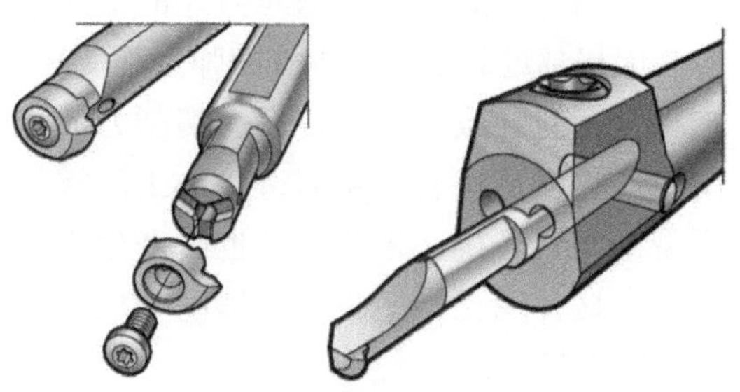

图 5-11　小直径内孔螺纹车刀（图片源自山特维克可乐满）

5.2.2 螺纹车刀刀片的锁紧结构

各种形式的螺纹刀片都有对应的锁紧结构，如双头螺纹车刀使用车槽刀和切断刀的夹紧方式，小直径换头式车刀和整体硬质合金螺纹车刀与相应的内孔车槽刀具一致，这里不再赘述。车槽刀和切断刀的夹紧方式，请阅读本书第 4 章的相应部分。

本节主要讨论平装三刃螺纹刀片的锁紧结构。平装三刃螺纹刀片大多通过一个刀垫（由刀垫锁紧螺钉锁紧），用螺钉或压板锁紧（图 5-12），其中最普遍的是螺钉锁紧。这种锁紧方式除有一个可以调整刀具角度的刀垫外，与内外圆车刀的螺钉锁紧结构并没有多大差别。但因需要用刀垫调整角度，应该选用刀片的压紧孔带圆弧的孔口以锁紧牢固，如图 5-13 所示。

由于螺纹车刀在切削时，虽然两侧的总体加工任务基本相等，但各个时刻却可能有较大的差异（图 5-14），刀片在定位时要做到夹紧力与切削力方向基本一致就不那么容易，因此，刀片槽与刀片的接触点容易因局部过载而产生少量的弹塑性变形。这种变形会导致刀片定位后在切削力的作用下产生微量偏转，从而造成加工的螺纹牙型半角不正确，牙侧表面也会产生小的台阶。这种现象在加工较高精度要求的螺纹时要引起注意。

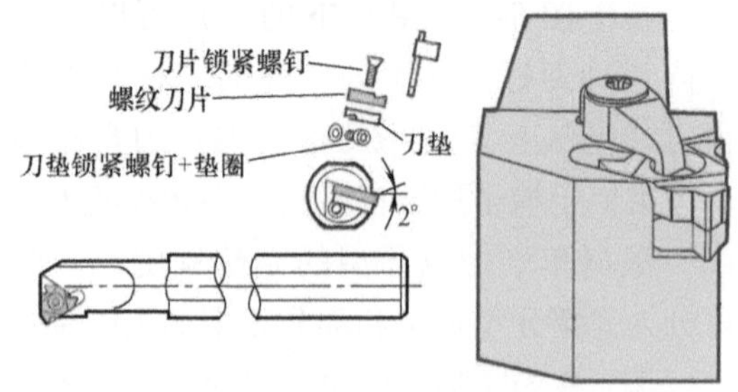

图 5-12 平装三刃螺纹刀片的锁紧结构（图右源自山高刀具）

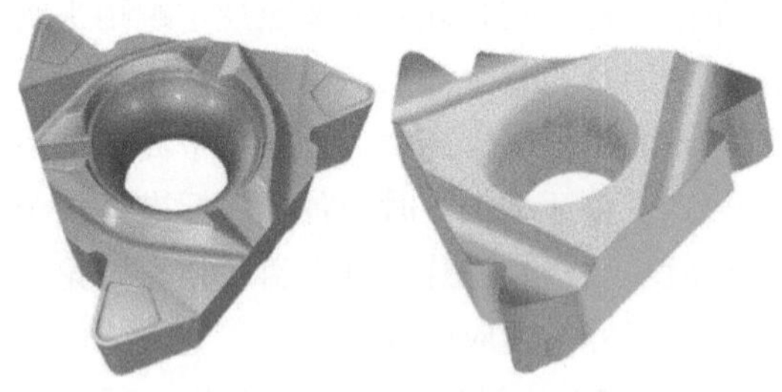

图 5-13 带圆弧压紧孔口的螺纹车刀片（左图源自山特维克可乐满）

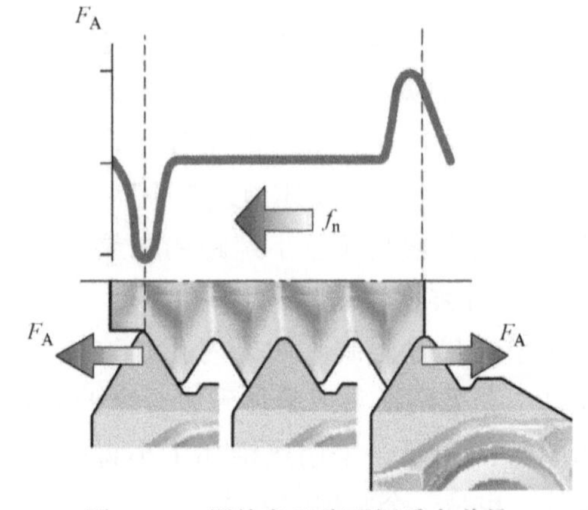

图 5-14 螺纹车刀片两侧受力差异（图片源自山特维克可乐满）

山特维克可乐满有一种使用 iLock 技术的螺纹车刀（图 5-15），能很好地解决刀片微量偏转的问题。使用这种技术的螺纹车刀刀垫上有 1 条突起的筋，这条筋起定位键的作用；刀片上有 3 条凹槽，分别在 3 个切削刃工作时起键槽的作用（图 5-16）。刀片在切削时可靠定位在起定位键作用的筋上，并由螺钉锁紧在刀柄中的刀垫上。这样在重复的螺纹切削过程中，切削刃始终保持在准确的位置上。

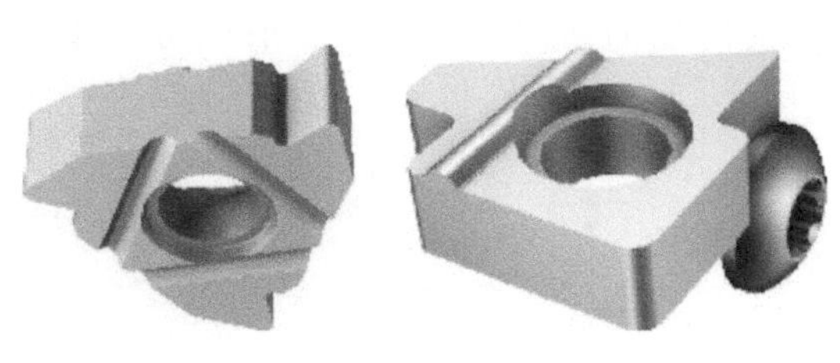

图 5-15　iLock 螺纹车刀片
（图片源自山特维克可乐满）

图 5-16　iLock 螺纹车刀片锁紧结构
（图片源自山特维克可乐满）

5.3 螺纹车刀的使用

5.3.1　螺纹车削的特点

车螺纹通常是加工的最后一道车削工序，车螺纹在车削工序中仅占 5%。正因为它属于复杂而又不常做的工序，因为不够了解或不够重视，车螺纹很少被列入需要优化的范围。

车螺纹常常被加工者或管理者忽视，由于车螺纹是车削工件的最后一道工序，如果用错刀具而发生问题就会浪费大量时间和金钱。不但原材料被浪费，前面的加工也都白干了，还耽误了工期。另一个方面，即使用了“正确的”刀具，如果加工方法不正确，也可能产生问题。因此，要正确车削螺纹应该：选择正确的车螺纹刀具，采用适当的切削参数，识别和解决车螺纹的问题。

车螺纹的切削力比车削内外圆要大100至1000倍。车螺纹时进给力、径向力和切向力作用在一块很小的硬质合金刀片上。进给力与进给量有关，但在螺纹车削中，车螺纹的进给量是固定的，它必须与螺纹导程一致。导程是螺纹副旋转一周，两者相对移动的距离，是螺距与螺纹线数的乘积（图5-17）。大部分螺纹是单线螺纹，但在一些牙型高度不高而又需要快速移动的场合，常常使用多线螺纹（例如饮料瓶，很多都是多线螺纹）。

应注意，在车内外圆、车槽、切断时，允许操作工人改变切削参数以减小切削力，但在车螺纹中并非总能这样做。螺纹车削的进给量等于螺纹导程，这是固定的，导致进给速度可以是普通内外圆车削的10倍甚至更高，以满足导程要求，这样切削时的进给力非常大。螺纹车削的进给速度有时受到机床横向最大进给速度的限制，因此只能降低主轴转速，即降低切削速度。

刀片的几何形状随着螺纹形状而确定，很难改变，这就限制了控制切削力的可能性。车螺纹时不易散热，因为较大的力集中在一块较小的面积上，而且经常是两边的切削刃都有热量传向刀片，因此车螺纹比车削内外圆产生的热量要多。如果是多齿切削，这种现象就会更加严重。

5.3.2 车螺纹的四种刀片切入方式

螺纹车削通常有四种刀片切入方式，各有其优缺点。

■ **径向切入**

径向切入是螺纹车削中最常用的方法，也是传统的非数控机床的唯一方法，如图5-18所示。这种方法常常在切削刃的牙侧形成较硬的切屑，切屑呈V形。如果排屑

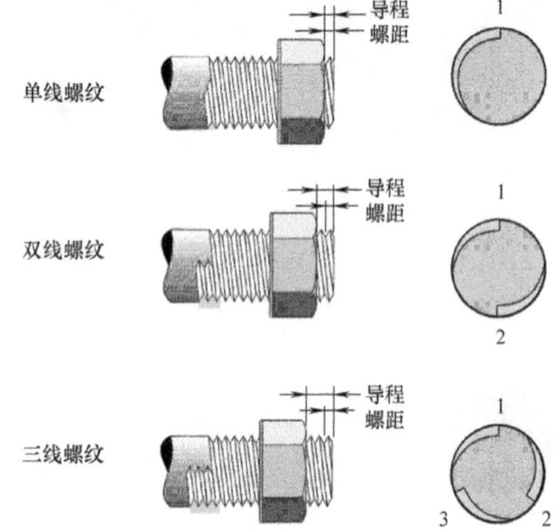

图5-17 螺距及导程（图片源自山高刀具）

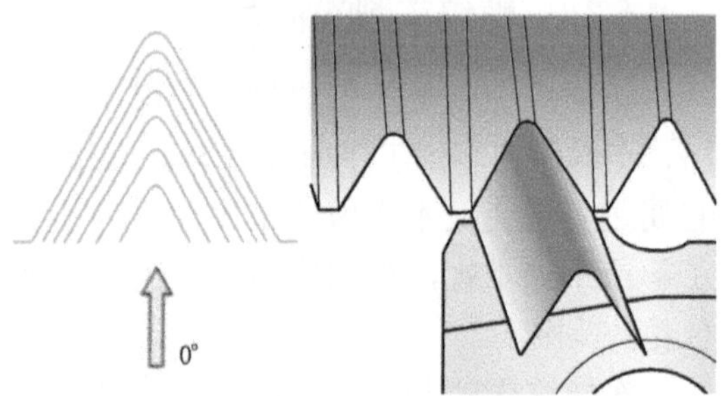

图5-18 径向切入（右图源自山高刀具）

顺畅，就是一种可接受的方法。这种方法更适合较小螺距的螺纹（螺距 <1.5 mm），刀片两侧的磨损比较均衡；适合有加工硬化倾向的材料（如奥氏体不锈钢）。

在使用径向切入加工时，刀片两侧面均匀磨损，但散热较差，这可能导致切削刃变形，而且某些材料的切屑也不易控制。当加工粗牙螺纹时，径向切入有振动的危险且切屑不易控制。

■ 侧面切入

侧面切入如图 5-19 所示。侧面切入排屑顺畅，散热较好。侧面切入的缺点是因刀片右侧不切削而发生摩擦，产生积屑瘤、表面粗糙度差和加工硬化等问题。

为了解决侧面切入所带来的问题，获得良好的加工效果，出现了第 3 种进刀方式——改良的侧面切入。

■ 改良的侧面切入

改良的侧面切入如图 5-20 所示。刀片切入方向与螺纹牙侧形成约 2.5°~5° 的夹角。

改良的侧面切入类似于普通车削，属于两面切削。一般说来，改良的侧面切入切削刃上产生的热量较少，加工安全性高，能使振动最小化（尤其在加工粗牙螺纹时），是加工不锈钢、合金钢和碳钢的最好方法，车螺纹时约 90% 的材料都用这种方法。改良的侧面切入散热较好，而且能够控制切屑。

内螺纹可使用反向的改良侧面切入方法进行加工。

■ 交替侧面切入

交替侧面切入如图 5-21 所示。交替侧面切入刀片以左右交替进给的方式切入工件，可获得更均匀的磨损。

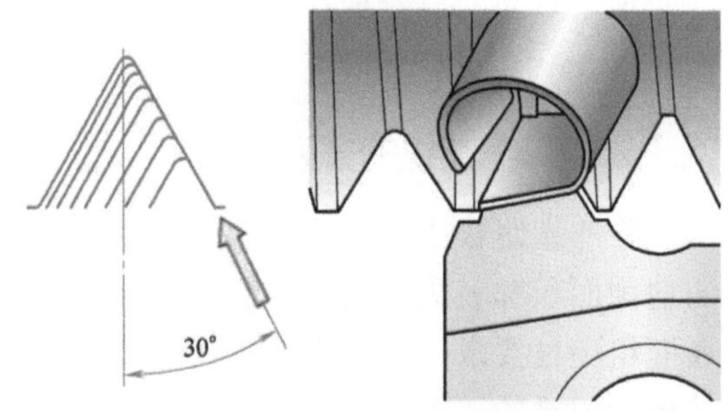

图 5-19 侧面切入（右图源自山高刀具）

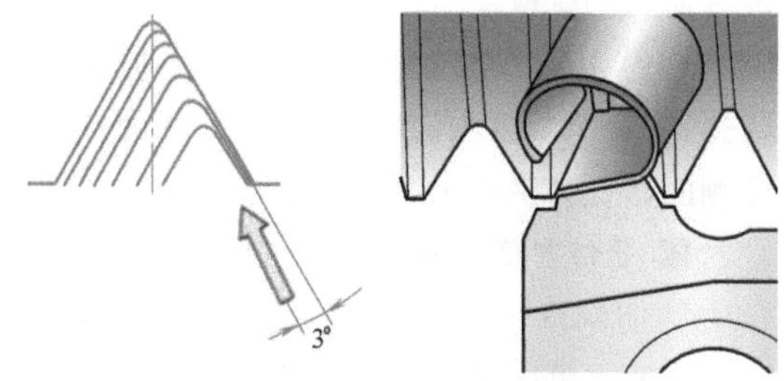

图 5-20 改良的侧面切入（右图源自山高刀具）

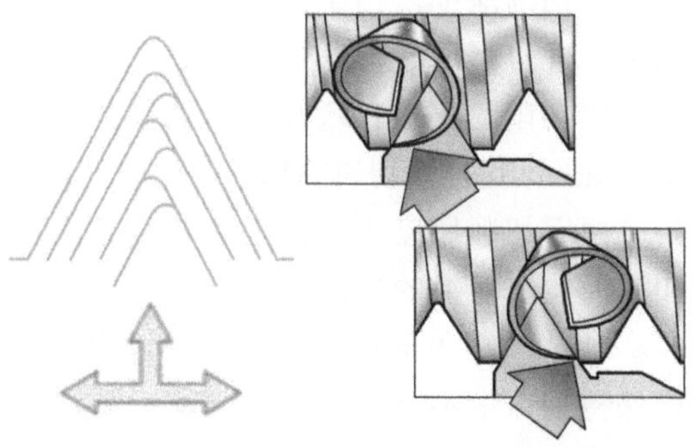

图 5-21 交替侧面切入（右图源自山特维克可乐满）

交替侧面切入用于大螺距螺纹的车削，可延长刀具寿命并有效地使用两个切削刃。对于螺距极大的螺纹牙型可以使用车削刀具进行预加工，再使用螺纹加工刀片进行精加工。交替侧面切入能够提供均匀的刀片磨损和长的刀具寿命，但交替侧面切入需要专门编程和准确装夹。

5.3.3 车螺纹的多刀切削

除非螺距极小，绝大部分螺纹所需要的切削面积都较大，要满足螺纹的精度和表面粗糙度要求，一次进给加工整个螺纹是极为困难的，因此需要分多刀切出最后符合需要的螺纹。

通常，每次进给可以用两种不同方式选择，与刀片切入方法（径向、侧面或改良侧面、交替侧面）并无关联。

■ 等切削深度法

等切削深度法是指每次都给予同样的切削深度，见图 5-22。

等切削深度法由于每次的切削深度都相同，进给则总是按照螺纹的导程，虽然每次的切削的宽度在增加，但切削的厚度是一致的，这样，切屑的形态就比较一致。

由于切削厚度不变而切削宽度逐次增加，因此每一刀的切削力都比前一刀大很多。以 60° 三角形螺纹为例，如每次进给均保持切入量不变，第二次进给去除的金属量将为第一次的 3 倍。第四次进给时去除的金属量为第一次进给的 7 倍。因此，最后一刀的切削负荷会变得非常大。

■ 等面积切削深度

等面积切削深度指每次都按照同样的切削面积来计算切削深度，见图 5-23。

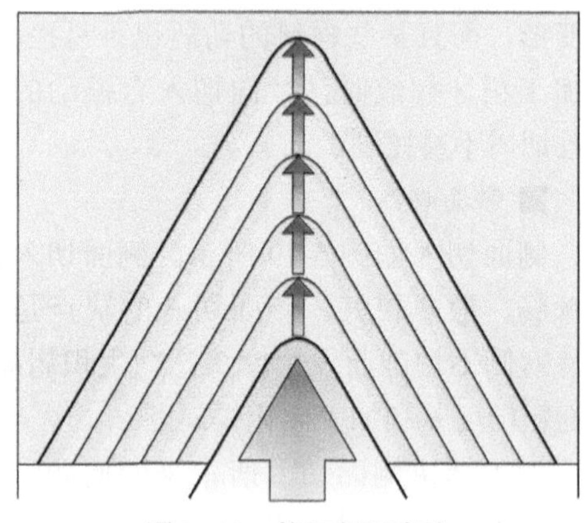

图 5-22 等切削深度法

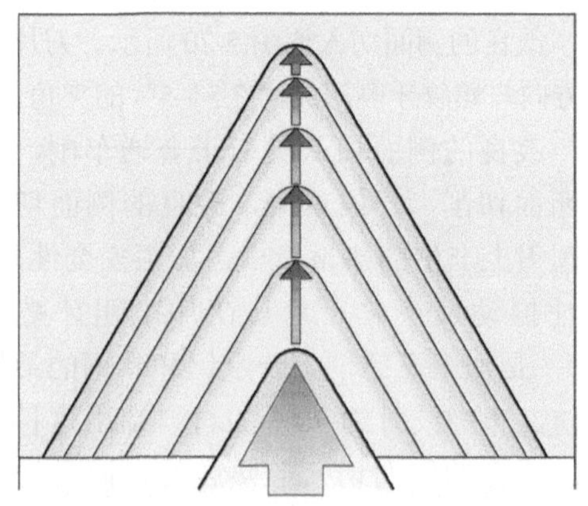

图 5-23 等面积切削深度法

等面积切削深度方法是现代数控机床上最常用的方法并且加工效率最高。根据螺纹牙型深度，切削深度起始值相对较大，然后逐渐减小，最后一刀的切削深度通常在 0.10~0.02 mm，前者适用于外螺纹、较小螺纹牙侧长度和较软材料，后者适用于内螺纹、较大螺纹牙侧长度和较硬材料。

等面积切削深度每次进给刀片切削刃都均匀负荷，有益于延长刀具寿命。

等面积切削深度一般可按刀具制造商提供的螺纹车削推荐值按螺距来选取，表 5-1 和表 5-2 分别是 60° 牙型角的米制三角形内外螺纹的切削数据，可按给定的螺纹种类和螺距，查阅相应的图表，然后确定需要加工的次数和每次进给的切削深度（图中各列上面的黑体数字为总切削深度）。

无论是等切削深度还是等面积，都可以在最后一次进给使用空走刀，即切削深度为零。加工过程中工件发生弹塑性变形的部分可以被切除。但使用弹性进给的缺点是不易控制切屑，表面粗糙度差并增加刀片磨损。

示例：加工 M16 的粗牙螺纹（外螺纹），按图确定需要分次进给和每次进给的切削深度。

根据是外螺纹，查阅表 5-2。

M16 的粗牙螺纹的螺距为 2，需要分 8 次进给，总切削深度为 1.28mm。

第 1 次进给切削深度 0.25mm。在选择初始切削深度时，须保证车螺纹刀片尖端圆弧与螺纹齿顶面相切；第 2 次进给切削深度 0.25mm；第 3 次进给切削深度 0.18mm；第 4 次进给切削深度 0.16mm；第 5 次进给切削深度 0.14mm；第 6 次进给切削深度 0.12mm；第 7 次进给切削深度 0.11mm；第 8 次进给切削深度 0.08mm。如果需要，可增加一次空刀。

如果需要自定义，可按下式计算

$$\text{至本次累计切削深度}=\frac{\text{需要的总切削深度}}{\sqrt{\text{总进给数}-1}}\times\sqrt{k}$$

式中 k 值，第 1 次进给取 0.3，第 2 次进给为 1，第 3 次进给为 2，第 n 次进给为 $n-1$。

如工件材料硬度较高，需要增加 2~10 次进给。下面计算每次切削深度。

总切削深度依然为 1.28mm，则

$$\frac{\text{需要的总切削深度}}{\sqrt{\text{总进给数}-1}}=\frac{1.28}{\sqrt{9}}=0.4267$$

至第 1 次进给的累计切削深度 = $0.4267\times\sqrt{0.3}$ =0.233，取 0.23，即第 1 次进给切削深度 0.23；

至第 2 次进给的累计切削深度 = 0.4267×1=0.426，取 0.43，扣除前 1 次进给的 0.23，第 2 次进给切削深度 0.20；

至第 3 次进给的累计切削深度 = $0.4267\times\sqrt{2}$ =0.603，取 0.60，扣除前 2 次进给的 0.43，第 3 次进给切削深度 0.17；

表 5-1　车削三角形内螺纹的等面积切削深度分配

（单位：mm）

切削深度 \ 螺距 进给次数	0.5	0.6	0.7	0.75	0.8	1.0	1.25	1.5	1.75	2.0	2.5	3.0	3.5	4.0	4.5	5.0	5.5	6.0
																	3.20	3.46
16																	0.10	0.10
15														2.32	2.62	2.89	0.12	0.12
14														0.08	0.10	0.10	0.12	0.13
13												1.77	2.04	0.10	0.11	0.12	0.13	0.14
12												0.08	0.08	0.10	0.12	0.14	0.14	0.15
11											1.49	0.09	0.10	0.11	0.12	0.14	0.14	0.15
10											0.08	0.10	0.11	0.12	0.13	0.15	0.15	0.16
9									1.07	1.20	0.10	0.10	0.12	0.12	0.14	0.15	0.16	0.18
8									0.08	0.08	0.10	0.11	0.13	0.13	0.15	0.16	0.17	0.19
7							0.77	0.90	0.09	0.10	0.11	0.12	0.14	0.14	0.16	0.17	0.18	0.20
6						0.63	0.08	0.08	0.09	0.11	0.12	0.13	0.15	0.15	0.19	0.20	0.20	0.22
5	0.34	0.38	0.44	0.48	0.51	0.08	0.09	0.11	0.10	0.12	0.13	0.14	0.17	0.18	0.21	0.22	0.22	0.24
4	0.07	0.07	0.07	0.07	0.07	0.09	0.10	0.13	0.13	0.14	0.15	0.16	0.19	0.21	0.23	0.25	0.26	0.28
3	0.07	0.08	0.08	0.10	0.11	0.11	0.13	0.15	0.15	0.17	0.18	0.20	0.23	0.24	0.27	0.30	0.32	0.35
2	0.09	0.11	0.13	0.14	0.15	0.16	0.17	0.21	0.21	0.23	0.25	0.26	0.30	0.31	0.33	0.38	0.38	0.41
1	0.11	0.12	0.16	0.17	0.18	0.19	0.20	0.22	0.22	0.25	0.27	0.28	0.32	0.33	0.36	0.41	0.41	0.44

降低切削速度

表 5-2　车削三角形外螺纹的等面积切削深度分配

（单位：mm）

切削深度 \ 螺距 进给次数	0.5	0.6	0.7	0.75	0.8	1.0	1.25	1.5	1.75	2.0	2.5	3.0	3.5	4.0	4.5	5.0	5.5	6.0
																	3.41	3.72
16																	0.10	0.10
15														2.50	2.80	3.12	0.12	0.12
14														0.08	0.10	0.10	0.13	0.14
13												1.89	2.20	0.11	0.12	0.12	0.13	0.15
12												0.08	0.08	0.12	0.13	0.15	0.15	0.16
11											1.58	0.10	0.11	0.12	0.14	0.16	0.16	0.18
10											0.08	0.11	0.12	0.13	0.15	0.17	0.17	0.19
9									1.14	1.28	0.11	0.12	0.14	0.14	0.16	0.18	0.18	0.20
8									0.08	0.08	0.11	0.12	0.14	0.15	0.17	0.19	0.19	0.21
7							0.80	0.94	0.10	0.11	0.12	0.13	0.15	0.16	0.18	0.20	0.20	0.22
6						0.67	0.08	0.08	0.10	0.12	0.13	0.14	0.17	0.17	0.20	0.22	0.22	0.24
5	0.34	0.40	0.47	0.50	0.54	0.08	0.10	0.12	0.12	0.14	0.15	0.16	0.18	0.19	0.22	0.24	0.24	0.27
4	0.07	0.07	0.07	0.07	0.08	0.11	0.11	0.14	0.14	0.16	0.17	0.18	0.21	0.22	0.24	0.27	0.27	0.30
3	0.07	0.08	0.10	0.11	0.12	0.13	0.14	0.17	0.17	0.18	0.20	0.21	0.25	0.25	0.28	0.32	0.32	0.35
2	0.09	0.11	0.14	0.15	0.16	0.16	0.17	0.21	0.21	0.24	0.24	0.26	0.31	0.32	0.34	0.39	0.40	0.43
1	0.11	0.14	0.16	0.17	0.18	0.19	0.20	0.22	0.22	0.25	0.27	0.28	0.34	0.34	0.37	0.41	0.43	0.46

← 降低切削速度

至第 4 次进给的累计切削深度 = $0.4267\times\sqrt{3}$=0.739，取 0.74，扣除前 3 次进给的 0.60，第 4 次进给切削深度 0.14；

至第 5 次进给的累计切削深度 = $0.4267\times\sqrt{4}$=0.853，取 0.85，扣除前 4 次进给的 0.74，第 5 次进给切削深度 0.11；

至第 6 次进给的累计切削深度 = $0.4267\times\sqrt{5}$=0.954，取 0.95，扣除前 5 次进给的 0.85，第 6 次进给切削深度 0.10；

至第 7 次进给的累计切削深度 = $0.4267\times\sqrt{6}$=1.045，取 1.05，扣除前 6 次进给的 0.95，第 7 次进给切削深度 0.10；

至第 8 次进给的累计切削深度 = $0.4267\times\sqrt{7}$=1.129，取 1.13，扣除前 7 次进给的 1.05，第 8 次进给切削深度 0.08；

至第 9 次进给的累计切削深度 = $0.4267\times\sqrt{8}$=1.207，取 1.21，扣除前 8 次进给的 1.13，第 9 次进给切削深度 0.08；

至最后 1 次进给的累计切削深度就是给定的 1.28，扣除前 9 次进给的 1.21，第 9 次进给切削深度 0.07。

5.3.4 不同旋向螺纹的加工

在螺纹车削中，刀具的切削方向与所加工的螺纹旋向并无关联。也就是说，无论内螺纹还是外螺纹，右旋螺纹既可以用左手刀具加工，也可以用右手刀具加工。见图 5-24（外螺纹）、图 5-25（内螺纹）。

但在螺纹车削中，螺纹刀片的倾斜角却是一个重要却被很多人忽视的问题。从图 5-26 中可以看到，当刀片的倾斜角 λ 为 0 时，由于螺纹存在螺纹升角 ϕ，刀片两侧将有不同的工作后角。刀片左侧的工作后角将减少一个 ϕ 角，而刀片右侧的工作后角将增加了一个 ϕ 角。实际上刀片两侧的工

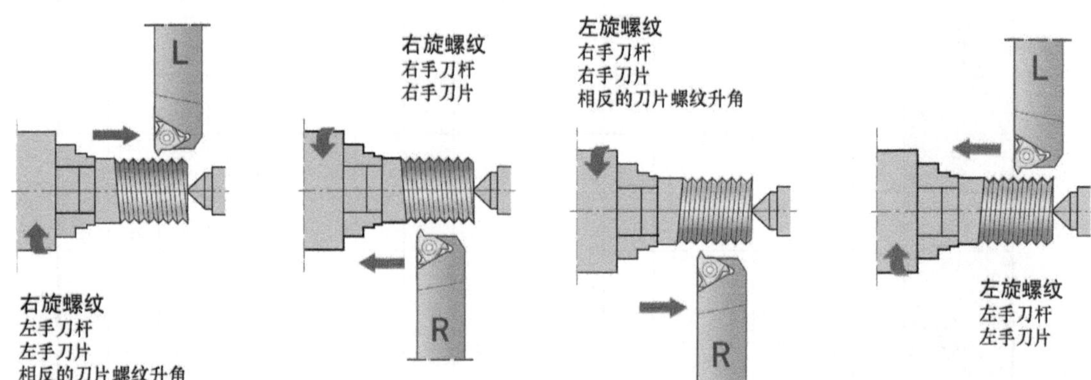

图 5-24 不同旋向外螺纹的加工

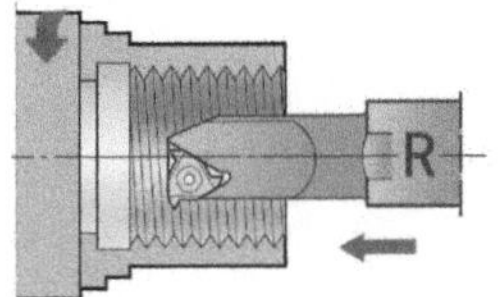

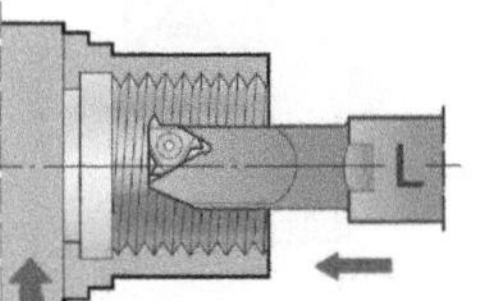

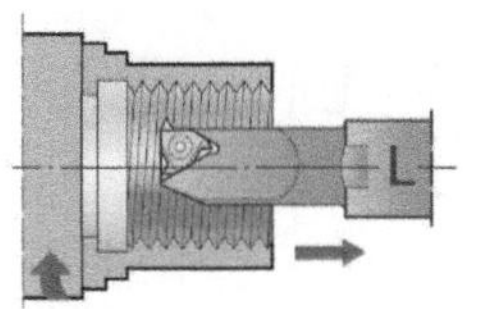

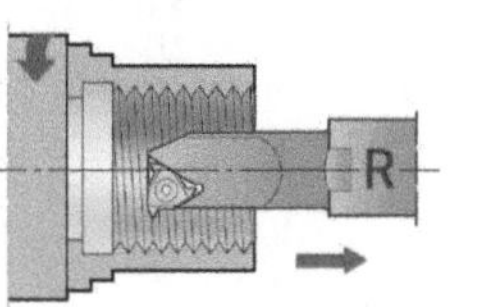

图 5-25　不同旋向内螺纹的加工

作前角也发生了改变：刀片左侧的工作前角增加了一个 ϕ 角，刀片右侧的工作前角减少了一个 ϕ 角。因此，比较理想的方式是按照螺纹中径的螺纹升角，让刀片相应地倾斜一个与其基本相等的 λ 角，使螺纹刀片两侧的工作前角和工作后角接近一致（图 5-27）。获取刀片倾斜角的方法是使用刀垫。刀具商会提供一系列不同角度的左倾或右倾的刀垫，以适合螺纹车刀调节螺纹升角的需要。图 5-28 所示为标准的正角刀垫，它适合用于朝主轴方向的进给；图 5-29 所示为反向的负型刀垫，它适用于朝向尾座方向的进给。

图 5-30 所示为不同角度的刀垫。图 5-31 是选用这些刀垫的指南。在瓦尔特的样本上，图上的各个区域用了不同的色彩标注，选用者只需要按照颜色在表 5-3 中读取相应的刀垫号即可。

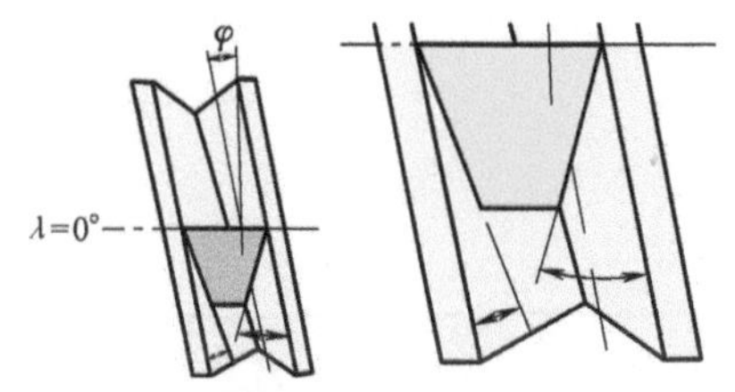

图 5-26　螺纹导程对车刀工作角度的影响

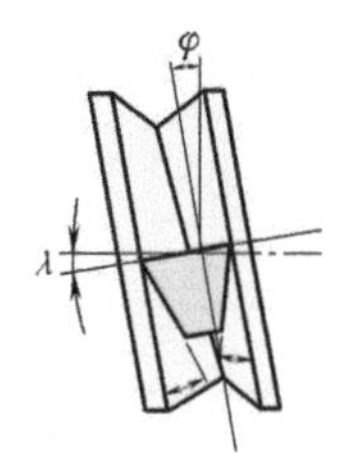

图 5-27

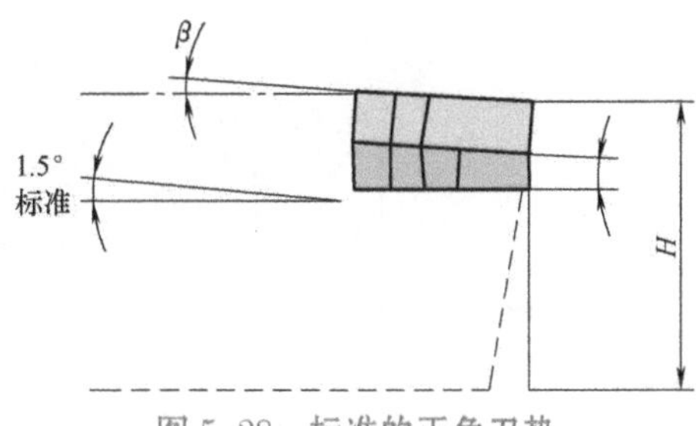

图 5-28　标准的正角刀垫

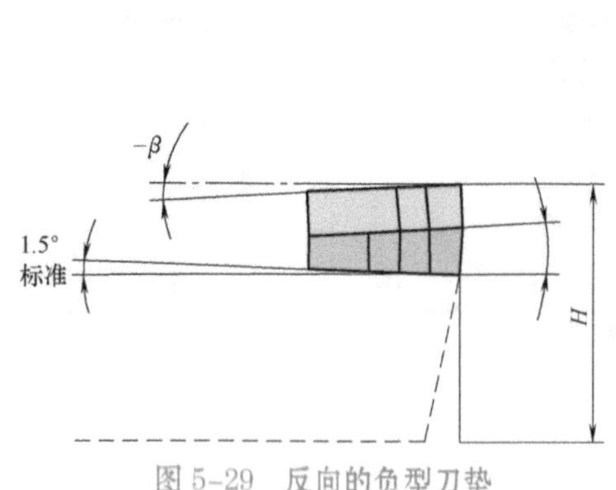

图 5-29　反向的负型刀垫

图 5-30　不同角度的刀垫（图片源自山特维克可乐满）

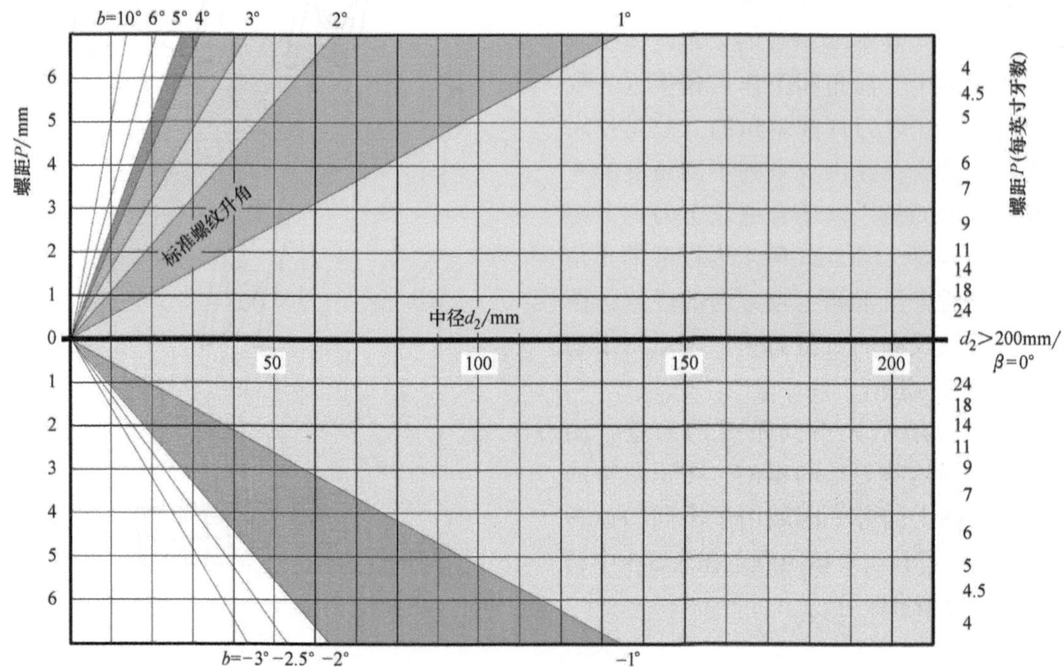

图 5-31　刀垫的选用

表 5-3 刀垫号选用表

刀片尺寸		刀杆	订货号							
IC	L/mm		β=4.5°	β=3.5°	β=2.5°	β=1.5°	β=0.5°	β=0	β=−0.5°	β=−1.5°
3/8"	16	ER/IL	YE 3–3P	YE 3–2P	YE 3–1P	YE 3	YE 3–1N	YE 3–1.5N	YE 3–2N	YE 3–3N
		EL/IR	YI 3–3P	YI 3–2P	YI 3–1P	YI 3	YI 3–1N	YI 3–1.5N	YI 3–2N	YI 3–3N
1/2"	22	ER/IL	YE 4–3P	YE 4–2P	YE 4–1P	YE 4	YE 4–1N	YE 4–1.5N	YE 4–2N	YE 4–3N
		EL/IR	YI 4–3P	YI 4–2P	YI 4–1P	YI 4	YI 4–1N	YI 4–1.5N	YI 4–2N	YI 4–3N

5.4 螺纹加工中的常见问题

5.4.1 选择牙型完整程度不同的螺纹刀片

可以根据需要选择牙型完整程度不同的两种螺纹刀片：

■ **完整牙型**

用完整牙型螺纹刀片车螺纹通常是一种较为高效的螺纹加工，所形成的牙型是包括牙顶的完整的螺纹牙型，确保了正确的牙型高度、同时控制了牙底和牙顶直径（底径和顶径），从而得到强度较高的螺纹，应用最广泛。

用完整牙型螺纹刀片时，在螺纹加工之前无需将坯料车削到精确的螺纹顶径（外螺纹为大径，内螺纹小径，应在牙顶留 0.05±0.02mm 余量，见图 5-32），并且在螺纹加工之后无需去毛刺。牙顶的余量由螺纹加工刀具去除。

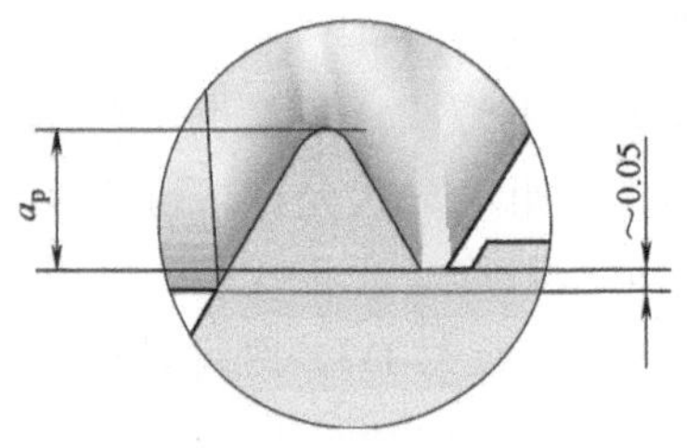

图 5-32 完整牙型螺纹刀片的加工余量

通常完整牙型螺纹刀片本身的牙顶（用于加工螺纹牙底）比部分牙型的刀片要低一些，因此加工余量可能较少，所需的进给次数就较少。但是在用完整牙型螺纹刀片时，每种螺距和牙型都需要一种刀片。

■ **部分牙型**

部分牙型螺纹刀片是具有最少刀具库存的螺纹加工。这些刀片不切削牙顶，在牙型角相同时，同一刀片可用于加工一定范围内不同螺距的螺纹（公制螺纹和英制螺纹），只需注意牙型角，因此需要存储的刀片规格较少。

用部分牙型螺纹刀片加工，必须在螺纹车削之前将螺纹牙顶的直径（外螺纹大径和内螺纹小径）加工到正确尺寸。

部分牙型螺纹刀片的刀尖半径是最小螺距时的刀尖半径，而刀片的牙顶高则是最大螺距时的牙顶高，由于没有针对各螺纹牙型优化刀尖半径，而且经常需要增加进给次数，导致刀具寿命相对比较短。

5.4.2 螺纹加工工艺

■ **粗加工**

较大螺距螺纹（牙型角 60° 或 55° ）的粗加工，如果形状允许，可使用 ISO 标准的三角形刀片（形状代号 T）或 55° 菱形刀片（形状代号 D），既可以提高加工效率又可以节约刀具成本，还能延长螺纹刀片寿命，见图 5-33。

■ **刀具装夹**

螺纹车刀的安装与车槽刀和切断刀很相似，刀杆应该与车床主轴保持垂直，如果刀杆与车床不垂直，就会造成螺纹牙型两侧的牙型半角不一致，导致螺纹的作用中径改变。如果螺纹质量要求较高，歪斜的刀杆就很难实现。

安装刀杆时也同样要求中心高要接近工件轴线。高于或低于工件轴线都会使刀具的实际工作角度发生改变，螺纹的牙型角也会发生改变，同样会影响螺纹的作用中径。

5.4.3 螺纹车削故障诊断

螺纹车削故障诊断见表 5-4。

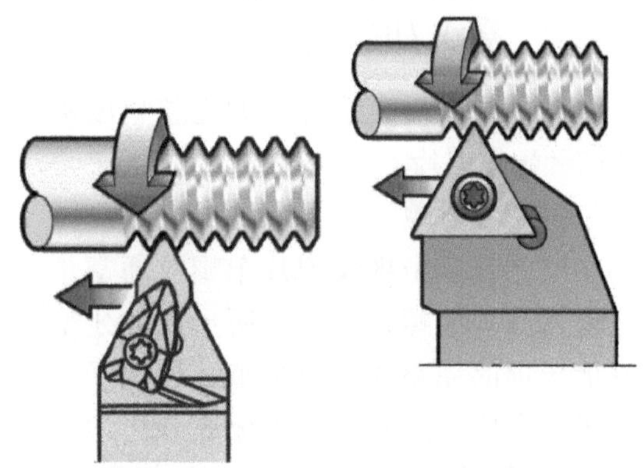

图 5-33 菱形刀片及三角形刀片

表 5-4　螺纹车削故障诊断

故障表现	故障原因	解决建议
螺纹牙型不正确	螺纹牙型、牙型角以及刀尖半径选择错误	选用正确的刀片
	外螺纹加工使用了内螺纹刀片或内螺纹加工使用了外螺纹刀片	选用正确的刀片
	中心高不正确	正确调整刀具的中心高
	刀柄与工件轴线不垂直	正确安装刀具以保证刀杆与工件轴线垂直
	机床螺距不正确	调整机床
螺纹表面质量不好	切削速度过低	提高切削速度
	切削深度分配不合理	按建议合理分配切削深度 增加一次零余量的切削
	刀片高于工件轴线	调整刀具高度
	刀具振动	改变切削深度分配 尽可能缩短刀板 使用减振刀杆
	积屑瘤	提高切削速度 使用涂层刀片
	切屑不受控制	使用优化的侧面切入，如果机床允许采用交替切入
排屑不好	切入方式不合理	使用优化的侧面切入，如果机床允许采用交替切入
牙型高度不对	中心高不正确	正确调整刀具的中心高
	公制螺纹选用了英制螺纹的刀片	选用正确的刀片
	刀片牙顶处破损	更换切削刃
	刀片过度磨损	更换切削刃
通规不过止规过	中心高不正确	正确调整刀具的中心高，同时调整中径
	刀柄与工件轴线不垂直	保证刀杆与工件轴线垂直，同时调整中径
	刀片过度磨损	更换切削刃，同时调整中径
	用错刀片	选用正确的刀片，同时调整中径
工件被顶弯	切削深度分刀太少	增加分刀次数
刀片牙侧两侧磨损严重不匀	刀垫选用与螺纹中径螺旋角不合	选用合适的刀垫

6 数控车刀综合选择实例

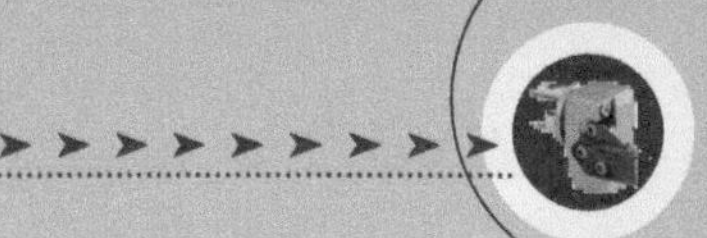

6.1 轴类工件加工刀具选择

轴类工件图样如图 6-1 所示，毛坯直径为 55mm 圆棒。机床用 25mm×25mm 的方刀杆，刚性足够好。

6.1.1 车外圆、端面及倒角

首先车外圆、端面及倒角加工部位在图中用粗红线表示，如图 6-2 所示。

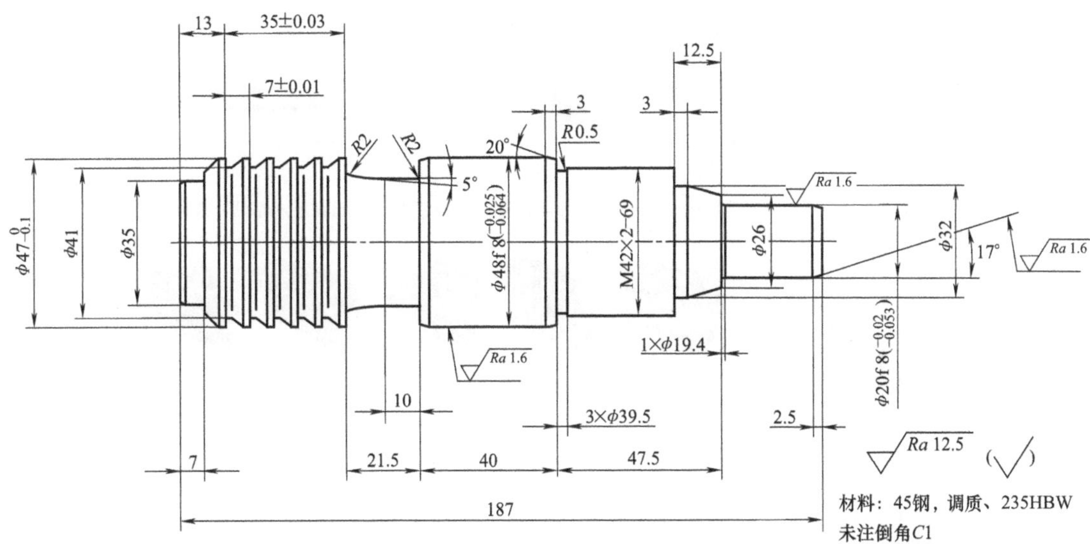

图 6-1　轴

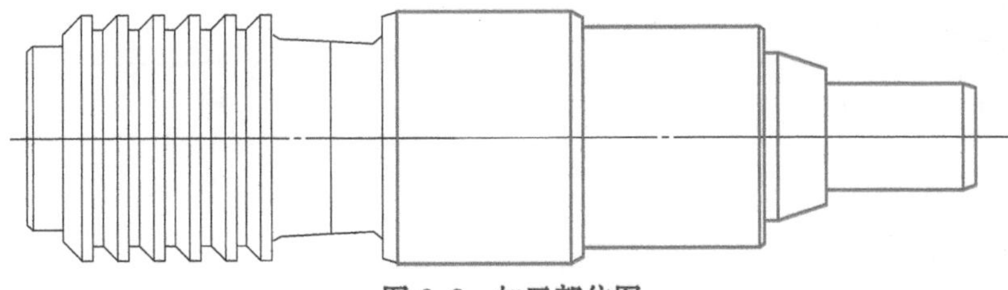

图 6-2　加工部位图

要完成这部分的加工，应选择既能够进行横向的外圆车削又能够进行轴向的端面切削的车刀，同时还能车削锥度。根据瓦尔特样本中的外圆加工一览表（图 6-3），使用刚性足够的数控车床，从表中可以看到，在工件特性为短、稳定的条件下，应该选择基本形状为负型的刀片，推荐使用轴向车削 / 端面车削的是钩销式的刚性锁紧系统或曲杆锁紧系统。在第 3 章中已经介绍了在这两种系统中，钩销式的刚性锁紧系统刚性更强，因此选定钩销式的刚性锁紧系统。

外圆加工

工件特性	短，稳定			长，不稳定	
基本形状	负型			正型	
刀杆夹持系统 Walter Turn/Walter Capto™	刚性锁紧系统	曲杆锁紧系统	楔式锁紧系统	螺钉锁紧系统	曲杆锁紧系统
步骤1：选择要加工的轮廓					
轴向车削/端面车削	••	••	•	••	••
仿形车	••	••	••	••	••
端面加工	••	••	–	••	••
轴颈加工	••	•	–	•	••
断续切削	••	•	•	••	•

图 6-3　瓦尔特外圆加工一览表

然后根据给定的45钢，加工材料为钢件也适合钩销式的刚性锁紧系统的，如图6-4所示。

由图6-3中的指示转至样本第A78页，适合轴向外圆车削和径向端面车削的钩销式刀杆，共有DCLN、DDHN、DVJN、DWLN和DDJN五种型号，如图6-5所示。其中，DVJN装用的是刀尖角为35°的V型刀片，这种刀片抑制振动能力最强，但刃口强度最差（参见图3-53，下同）；而DDHN和DDJN装用的是刀尖角为55°的D型刀片，这种刀片抑制振动能力比V型刀片稍差，但刃口强度也不好，这2种刀片对于有插入坡车的工件比较合适；DCLN和DWLN相似，刀尖角都是80°，主偏角都是95°，前者的C型刀片切削刃数量少但刃口较长，后者的W型刀片切削刃数量多但刃口较短，所以在粗重加工中选C型刀片，而在精加工中选用W型刀片。

■ 外圆和端面粗加工的刀杆刀片

根据粗加工选用C型刀片的决定，按图6-5上的提示转到第A84页，25mm×25mm的方刀杆有两种选择，一种是装边长12mm（实际边长12.7mm）的DCLNR2525M12，另一种是装边长16mm（实际边长15.875mm）的DCLNR2525M16，如图6-6所示。两种不同大小的刀片的区别一个是可用的最大切削深度，边长12mm的C型刀片最大切削深度约为7.6mm，而边长16mm的C型刀片最大切削深度约为9.5mm，不过这只是理论最大切削深度，实际可用的切削深度根据槽型还会有所不同；另一个区别是价格，大的刀片不但边长较长，厚度也较大，制造刀片所需的材料较多，涉及的设备也可能不同，因此价格也就不同。一般而言，除了很小尺寸的刀片，大多是较大尺寸的刀片价格比较小尺寸的刀片更贵。

刀杆夹持系统 Walter Turn/Walter Capto™	刚性锁紧系统	曲杆锁紧系统	楔式锁紧系统
P 钢	●●	●●	●●
M 不锈钢	●	●●	●●
K 铸铁	●●	●	●
N 有色金属	–	●	–
S 难加工材料	●●	●●	●
H 硬材料	●●	●	●
O 其他	–	●	–

WALTER SELECT
●● 主要应用
● 其他应用

图6-4　刀杆夹持系统

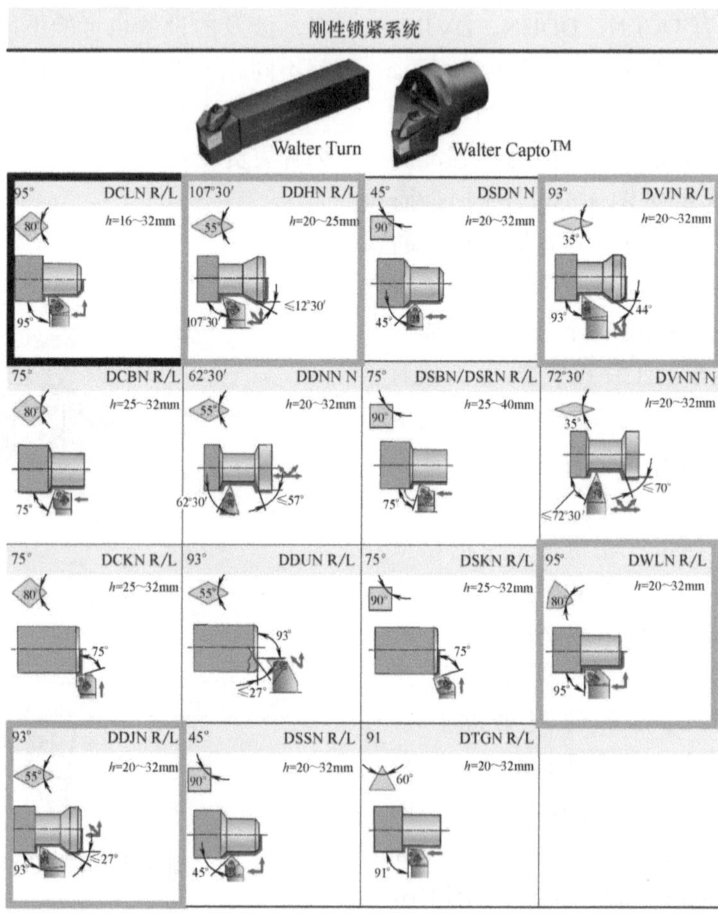
外圆加工 - 负型刀片
刚性锁紧系统
Walter Turn
Walter Capto™
95° DCLN R/L h=16~32mm
107°30′ DDHN R/L h=20~25mm
45° DSDN N h=20~32mm
93° DVJN R/L h=20~32mm
75° DCBN R/L h=25~32mm
62°30′ DDNN N h=20~32mm
75° DSBN/DSRN R/L h=25~40mm
72°30′ DVNN N h=20~32mm
75° DCKN R/L h=25~32mm
93° DDUN R/L
75° DSKN R/L h=25~32mm
95° DWLN R/L h=20~32mm
93° DDJN R/L h=20~32mm
45° DSSN R/L h=20~32mm
91 DTGN R/L h=20~32mm

图 6-5 刚性锁紧系统

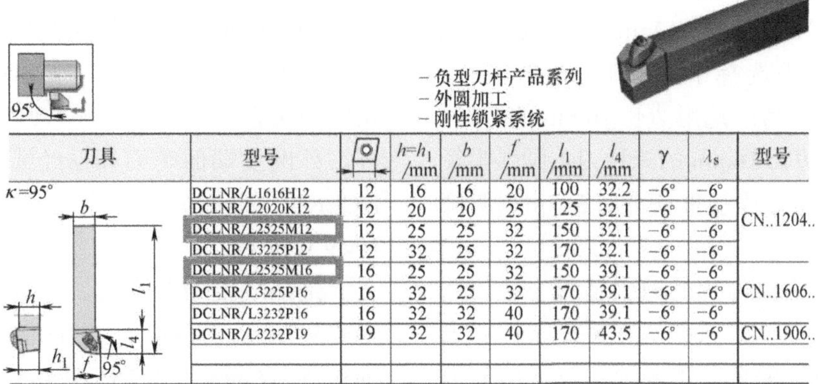

- 负型刀杆产品系列
- 外圆加工
- 刚性锁紧系统

刀具	型号	(刀片边长)	$h=h_1$ /mm	b /mm	f /mm	l_1 /mm	l_4 /mm	γ	λ_s	型号
$\kappa=95°$	DCLNR/L1616H12	12	16	16	20	100	32.2	−6°	−6°	CN..1204..
	DCLNR/L2020K12	12	20	20	25	125	32.1	−6°	−6°	
	DCLNR/L2525M12	12	25	25	32	150	32.1	−6°	−6°	
	DCLNR/L3225P12	12	32	25	32	170	32.1	−6°	−6°	
	DCLNR/L2525M16	16	25	25	32	150	39.1	−6°	−6°	CN..1606..
	DCLNR/L3225P16	16	32	25	32	170	39.1	−6°	−6°	
	DCLNR/L3232P16	16	32	32	40	170	39.1	−6°	−6°	
	DCLNR/L3232P19	19	32	32	40	170	43.5	−6°	−6°	CN..1906..

测量使用检验刀片 CN..120408/CN..160612/CN..190612。

图 6-6　刀杆选择

这个工件的毛坯直径为 55mm，成品最小部分的直径为 26mm，假定精加工留 1mm 的加工余量，粗加工的加工总余量为（55-26）/2-1=13.5mm。无论是边长 16mm 的 C 型刀片还是边长 12mm 的 C 型刀片，都无法一次进给完成粗加工。对于 13.5mm 的总加工余量，我们较为平均地分配第 1 切削深度 7mm，第 2 刀 6.5mm，边长 12mm 和边长 16mm 的刀片都能承受，因此初步选边长 12mm 的刀片。比较合适钢件 6.5~7mm 余量的槽型应该是 NM9（参见图 3-121），实际可用的切削深度根据槽型会有所不同，还需要从样本上查阅具体尺寸大小、圆角大小以及槽型的断屑区间，如图 6-7 所示。在图 6-7 的断屑数据中可以看到，边长 12mm 的 NM9 槽型刀片适合的切削深度为 1~6mm，不能满足本例切削深度 6.5~7mm 的要求，因此需要变更刀片的选择：

第 1 个选择是由负型双面刀片 CNMG 换成负型单面刀片 CNMM，负型单面刀片能承受的切削力更大，因此会有余量更大的断屑槽型可供选择。

第 2 个选择是用大 1 号的刀片。刚才出于经济考虑在边长 12mm 和边长 16mm 两种刀片中先选择了边长 12mm 的那种，那么现在可以考虑选用边长 16mm 的刀片。在图 6-7 中边长 16mm 的三种刀尖圆弧半径的 NM9 槽型刀片能够满足 6.5~7mm 切削深度的需要。

接下来确定刀片的刀尖圆弧半径。选择刀尖圆弧半径的原则是在系统刚性和表面粗糙度允许的情况下，选用较大的刀尖圆弧半径，以获取比较高的加工效率。这里，兼顾加工稳定的可能性和加工效率，在 r0.8、r1.2 和 r1.6 三种圆角中，取中间值。批量生产时，如果 r1.2 的刀尖圆弧半径能够满足要求，可尝试用更大的 r1.6 来替代并加大进给量。这样，刀片的形状、大小和几何槽型初步确定为：CNMG160612-NM9，进给量 0.25~0.6mm/r，切削深度 2~8mm。

然后确定刀片的材质。

图 6-8 主要用于确定数控车刀刀片的材质。本例第 1 刀加工时，工件属于未加工的毛坯，表面未经加工，条件附合“带铸造或锻造硬表皮，切削深度不均匀”，已知机床、夹具和工件系统的稳定性属于“很好”，因此得到的加工条件符号为“☻”。

由已经确定的 CNMG160612-NM9 刀片型号和“☻”的加工条件符号，在样本的刀片页中（图 6-9），对应规格有两种材质，一种是 WPP05，另一种为 WPP10。

通过图 6-10 可以发现 WPP05 和 WPP10 的相似处较多，其中的差别是 WPP10 抗冲击能力更强一些，因此选 WPP10 材质。这样，外圆及端面车刀杆已经选定：刀杆为 DCLNR2525M16，刀片为 CNMG160612-NM9 WPP10。

最后确定切削参数。已确定切削深度为 6.5~7mm，根据断屑区间的提示进给量为 0.25~0.6mm/r，粗加工建议取较大值，即取 0.6mm/r。

型号		d /mm	l /mm	s /mm	r /mm	f /mm	a_p /mm
	CNMG120408-NM9	12.7	12.9	4.76	0.8	0.20~0.40	1.0~8.0
	CNMG120412-NM9	12.7	12.9	4.76	1.2	0.25~0.55	1.0~8.0
	CNMG120416-NM9	12.7	12.9	4.76	1.6	0.35~0.65	1.0~8.0
	CNMG110608-NM9	15.875	16.1	6.35	0.8	0.20~0.45	2.0~8.0
	CNMG110612-NM9	15.875	16.1	6.35	1.2	0.25~0.60	2.0~8.0
	CNMG110616-NM9	15.875	16.1	6.35	1.6	0.35~0.70	2.0~8.0

图 6-7 可转位刀片槽型选择

切削状况	机床、夹具和工件系统的稳定性		
	很好	好	一般
连续切削 表面已预加工	☻	☻	😬
带铸造或铸造硬表皮 切深不均匀	☻	😬	☹
断续切削	😬	☹	☹

图 6-8 切削状况

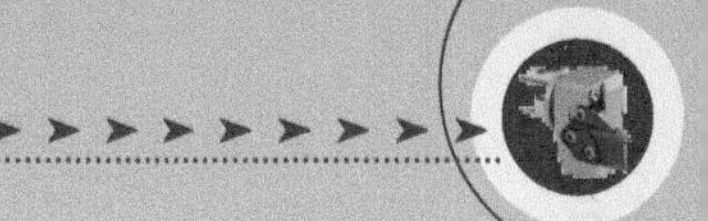

型号		d /mm	l /mm	s /mm	r /mm	f /mm	a_p /mm	WPP01	WPP05	P HC WPP10	WPP20	WPP30
	CNMG160608-NM9	15.875	16.1	6.35	0.8	0.20～0.45	2.0～8.0			☺	😐	☹
	CNMG160612-NM9	15.875	16.1	6.35	1.2	0.25～0.60	2.0～8.0		☺	☺	😐	☹
	CNMG160616-NM9	15.875	16.1	6.35	1.6	0.35～0.70	2.0～8.0		☺	☺	😐	☹

图 6-9 可转位刀片材质选择

切削材质牌号	ISO代码	工件材料组 P 钢	M 不锈钢	K 铸铁	N 有色金属	S 难加工材料	H 硬材料	O 其他	应用范围 01 05 10 15 20 25 30 35 40 45	涂层工艺	涂层结构	可转位刀片示例
WPP 01	HC－P 01	●●								CVD	$TiCN+Al_2O_3$ (+TiN)	
	HC－K 10			●								
WPP 05	HC－P 05	●●								CVD	$TiCN+Al_2O_3$ (+TiN)	
WPP 10	HC－P 10	●●								CVD	$TiCN+Al_2O_3$ (TiN)	
	HC－K 20			●								
WPP 20	HC－P 20	●●								CVD	$TiCN+Al_2O_3$ (TiN)	
	HC－K 30			●								

图 6-10 瓦尔特切削材质牌号

在进给量确定之后，根据图 6-11 可以得到对于含碳量为 0.25%~0.55% 的调质钢、使用材质为 WPP10 硬质合金的负型刀片（此表只用于硬质合金负型刀片，硬质合金正型刀片、陶瓷刀片、CBN 刀片等另有其他表格），进给量为 0.6mm/r 时的推荐切削速度为 250m/min。

■ 外圆和端面精加工的刀杆刀片

根据精加工选用 W 型刀片，按图 6-5 上的提示，25mm×25mm 的方刀杆有两种选择（图 6-12），分别是 DWLN2525M06 和 DWLN2525M08。考虑到精加工切削力较小，虽然曲杆锁紧系统夹持刚性稍逊于钩销式锁紧系统，但更换刀片更方便，因此选择曲杆锁紧系统（如果选择钩销式锁紧系统也是完全可以的）。按图 6-13 选择 95° 主偏角、装用 80° 刀尖角的 PWLN 的刀杆（图 6-14）。

[湿式加工图标]=湿式加工切削参数；[干式加工图标]=可干式加工

工件材料组	工件材料的划分和标记字母			布氏硬度(HBW)	抗拉强度 R_m /(N/mm²)	加工材料组1	湿式	干式	HC WPP01 v_c/(m/min) f/(mm/r) 0.10	WPP01 0.20	WPP01 0.30	(WPP10) f/(mm/r) 0.10	WPP10 0.40	WPP10 0.60
	非合金钢	C≤0.25%	退火	125	428	P1	●●	●	620	590	560	590	450	340
		C>0.25≤0.55%	退火	190	639	P2	●●	●	530	500	480	500	360	290
		C>0.25≤0.55%	调质	210	708	P3	●●	●	400	380	360	380	300	250
		C>0.55%	退火	190	639	P4	●●	●	510	480	460	480	340	270
		C>0.55%	调质	300	1013	P5	●●	●	320	300	290	300	230	210
		易切削钢(短切屑)	退火	220	745	P6	●●	●	510	490	270	480	340	270

注：表头"刀具材料牌号"，"切削速度起始值 v_c/(m/min)"，"HC"。

图 6-11　切削参数选择

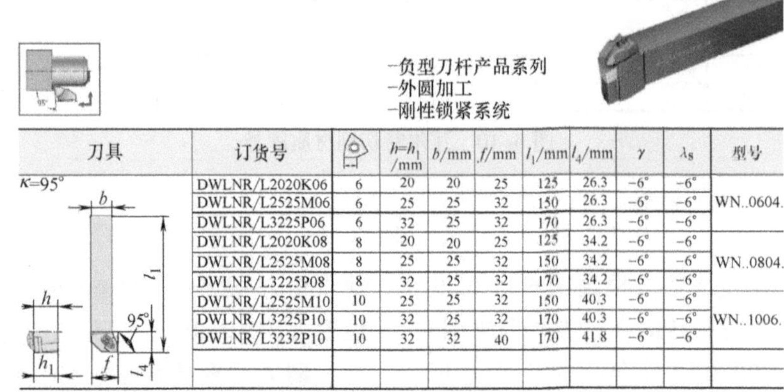

刀具	订货号	[刀片]	h=h1/mm	b/mm	f/mm	l_1/mm	l_4/mm	γ	λ_s	型号
	DWLNR/L2020K06	6	20	20	25	125	26.3	−6°	−6°	WN..0604.
	DWLNR/L2525M06	6	25	25	32	150	26.3	−6°	−6°	
	DWLNR/L3225P06	6	32	25	32	170	26.3	−6°	−6°	
	DWLNR/L2020K08	8	20	20	25	125	34.2	−6°	−6°	WN..0804.
	DWLNR/L2525M08	8	25	25	32	150	34.2	−6°	−6°	
	DWLNR/L3225P08	8	32	25	32	170	34.2	−6°	−6°	
	DWLNR/L2525M10	10	25	25	32	150	40.3	−6°	−6°	WN..1006.
	DWLNR/L3225P10	10	32	25	32	170	40.3	−6°	−6°	
	DWLNR/L3232P10	10	32	32	40	170	41.8	−6°	−6°	

测量使用检验刀片 WN..060408 WN..080408 WN..100612。

图 6-12　车刀附件选择

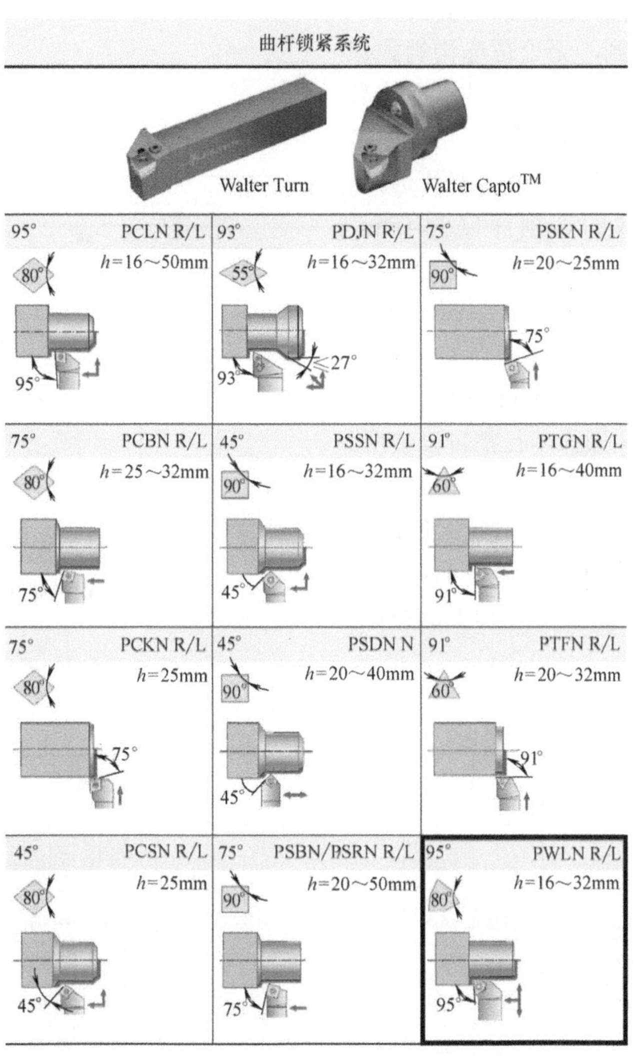
曲杆锁紧系统
Walter Turn
Walter Capto™
95° PCLN R/L
80°
h=16～50mm
95°
93° PDJN R/L
55°
h=16～32mm
93°
27°
75° PSKN R/L
90°
h=20～25mm
75°
75° PCBN R/L
80°
h=25～32mm
75°
45° PSSN R/L
90°
h=16～32mm
45°
91° PTGN R/L
60°
h=16～40mm
91°
75° PCKN R/L
80°
h=25mm
75°
45° PSDN N
90°
h=20～40mm
45°
91° PTFN R/L
60°
h=20～32mm
91°
45° PCSN R/L
80°
h=25mm
45°
75° PSBN/PSRN R/L
90°
h=20～50mm
75°
95° PWLN R/L
80°
h=16～32mm
95°

图 6-13　曲杆锁紧系统

在图 6-14 中，25mm×25mm 方形刀杆可选的也是两种，分别是 PWLNR2525M06 和 PWLNR2525M08，与图 6-12 相同。从刀片选型中可以看到，无论是选钩销式锁紧系统还是曲杆锁紧系统，刀具本身的外形尺寸和可选刀片都是相同的。

应在 W 型负型刀片中进行刀片选择。这个刀片需要完成的切削深度为 1mm，由于是精加工，考虑使用大进给车削（Wiper）技术的刀片来完成，以提高加工效率。精加工的大进给车削刀片如图 6-15 所示。可以看到，对于 1mm 的切削深度，两种刀片的所有刀尖圆弧半径都可以使用。由于图样未对圆角提出要求，选取较小的刀片以改善经济性，选用相对较大的圆弧半径以提高效率。在刀片材质方面，根据其连续加工、表面已进行过预加工的特点，获得的“😊”的加工条件符号，可选的材质为 WPP01 和 WPP10 两种。参照图 6-10，

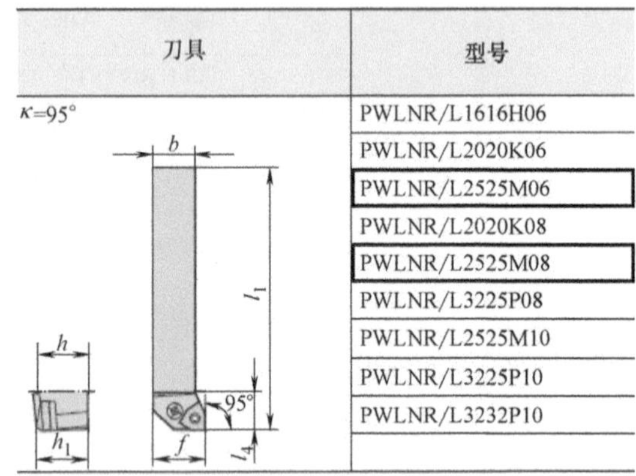

图 6-14 外圆车刀选择

型号		d/mm	l/mm	s/mm	r/mm	f/mm	a_p/mm	P HC					M HC			K HC		S HC			HW
								WPP01	WPP05	WPP10	WPP20	WPP30	WSM10	WSM20	WSM30	WAK10	WAK20	WSM10	WSM20	WSM30	WS10
Wiper 修光刃刀片	WNMG060404-NF	9.525	6.5	4.76	0.4	0.10～0.40	0.4～2.0	😊		😊	😬			😬					😬		
	WNMG060408-NF	9.525	6.5	4.76	0.8	0.15～0.50	0.5～3.0	😊		😊	😬			😬					😬		
	WNMG080404-NF	12.7	8.69	4.76	0.4	0.20～0.40	0.4～2.0	😊		😊	😬			😬					😬		
	WNMG080408-NF	12.7	8.69	4.76	0.8	0.25～0.55	0.5～3.0	😊		😊	😬			😬					😬		
	WNMG080412-NF	12.7	8.69	4.76	1.2	0.25～0.70	0.8～4.0	😊		😊	😬			😬					😬		

图 6-15 可转位刀片材质选择

根据精加工需要更好的尺寸稳定性的原则，选择耐磨性更好的 WPP01。至此，外圆和端面的精加工车刀选定：刀杆为 PWLNR 2525M06（曲杆锁紧）或 DWLNR2525M06（钩销锁紧），刀片为 WNMG060408-NF WPP01。

根据图 6-1 上需要车削的两段外圆的表面粗糙度值为 $Ra1.6\mu m$，按图 3-127 可选的最大进给量为 0.5mm/r，这个值在断屑区间的边缘，因此选定进给量为 f=0.4mm/r。

按照图 6-11 选定的 0.4mm/r 不在 WPP01 的表值中。通过 f=0.1mm/r 时推荐 v_c 为 400m/min、f=0.2mm/r 时推荐 v_c 为 380m/min 和 f=0.3mm/r 时推荐 v_c 为 360m/min，可以推导出 f=0.4mm/r 时推荐 v_c 约为 360m/min。最后推荐的初始切削参数是：切削速度 v_c=360m/min，切削深度 a_p=1mm，进给量 f=0.4mm/r。

6.1.2 车槽和槽车削刀具的选择

■ 车槽刀的选择

根据图 6-16 对零件进行车槽加工。图 6-17 是瓦尔特外圆车槽刀一览表。车槽刀分成两个类别，一类是可以用于切断的，被称为“切断 / 车槽”车刀；而另一部分则可以用于槽车削，被称为“车槽 / 槽的车削”。单就车槽而言，这两类都适用，其中，可以用于切 1mm 槽的车槽刀具却不多，只有 NCCE 和 NCNE。实际上，这两种型号在“切断 / 车槽”类和“车槽 / 槽的车削”类中都有。在瓦尔特的另外一个《车槽和槽车削产品手册》中，将 NCCE 刀具列为车窄槽的首选。因此，选择 NCCE 作为本次车槽的刀具。按图 6-17 提示选择车槽所需要的刀具。

25mm×25mm 方形刀柄右手刀杆及右手模块为 NCCE25-2525R-GX16-2，如图 6-18 所示。按样本指示选择车槽刀片。请注意，刀具型号 GX16-2 中的 GX 代表刀片的系列，16 代表刀片的长度组，而 2 代表刀片宽度组。只有这三项都匹配，刀片与刀杆才能安装到一起有效工作。因此，在第 A58 页的刀片中，除了宽度应符合图样的需要外，还需要以 GX16-2 型号为起始编号。

样本中有槽宽为 1mm 的刀片（GX16-2S1.00R WTA33）。刀片样本见图 6-19。但这一刀片无法加工 3mm 的槽，因为该刀片的最大切削深度为 1.14mm，而 3mm 的那个槽需要 1.25mm 的切削深度，因此，需要另外选择一个刀片。

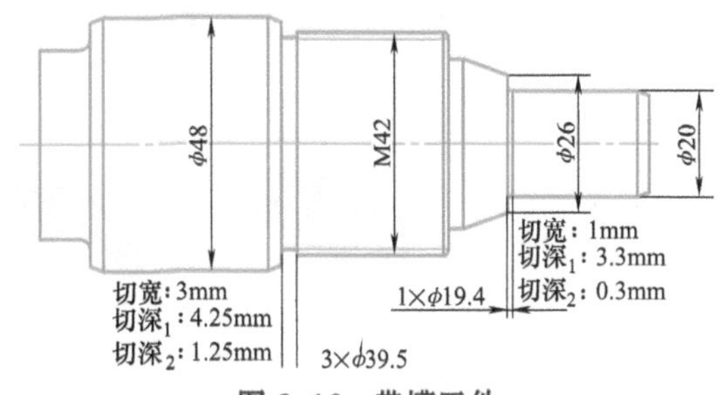

图 6-16 带槽工件

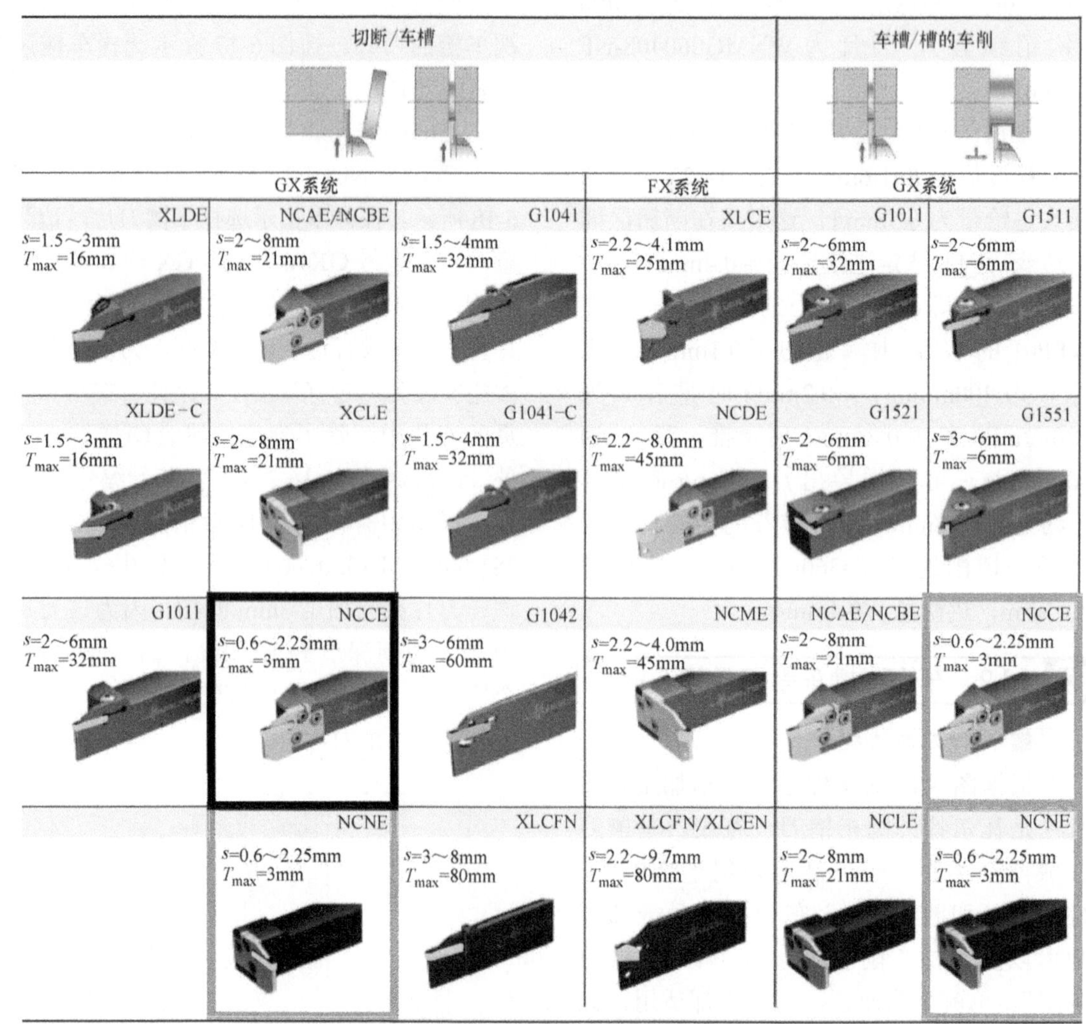

切断/车槽				车槽/槽的车削	
GX系统			FX系统	GX系统	
XLDE s=1.5～3mm T_{max}=16mm	NCAE/NCBE s=2～8mm T_{max}=21mm	G1041 s=1.5～4mm T_{max}=32mm	XLCE s=2.2～4.1mm T_{max}=25mm	G1011 s=2～6mm T_{max}=32mm	G1511 s=2～6mm T_{max}=6mm
XLDE-C s=1.5～3mm T_{max}=16mm	XCLE s=2～8mm T_{max}=21mm	G1041-C s=1.5～4mm T_{max}=32mm	NCDE s=2.2～8.0mm T_{max}=45mm	G1521 s=2～6mm T_{max}=6mm	G1551 s=3～6mm T_{max}=6mm
G1011 s=2～6mm T_{max}=32mm	NCCE s=0.6～2.25mm T_{max}=3mm	G1042 s=3～6mm T_{max}=60mm	NCME s=2.2～4.0mm T_{max}=45mm	NCAE/NCBE s=2～8mm T_{max}=21mm	NCCE s=0.6～2.25mm T_{max}=3mm
	NCNE s=0.6～2.25mm T_{max}=3mm	XLCFN s=3～8mm T_{max}=80mm	XLCFN/XLCEN s=2.2～9.7mm T_{max}=80mm	NCLE s=2～8mm T_{max}=21mm	NCNE s=0.6～2.25mm T_{max}=3mm

图 6-17 瓦尔特外圆车槽刀一览表

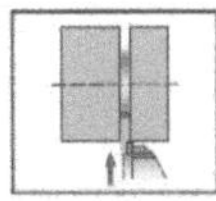

Walter Cut 带柄式刀具
NCCE

-外圆加工
-0°径向车槽
-用于弹性挡圈槽
-用于GX刀片

刀具	型号	s /mm	T_{max} /mm	$h=h_1$ /mm	b /mm	
	NCCE12-1212R/L-GX09-1	0.6-1.7	2	12	12	
	NCCE16-1616R/L-GX09-1		2	16	16	
	NCCE20-2020R/L-GX16-2	0.6-2.3	3	20	20	
	NCCE25-2525R/L-GX16-2		3	25	25	
	NCCE32-3225R/L-GX16-2		3	32	25	

f=f1+s/2
刀体和备件包括在供货范围内。
订购示例：
右手刀具：NCCE20-2020R-GX16-2(右手模块+右手刀杆)
左手刀具：NCCE20-2020L-GX16-2(左手模块+左手刀杆)

图 6-18　选择车槽刀具

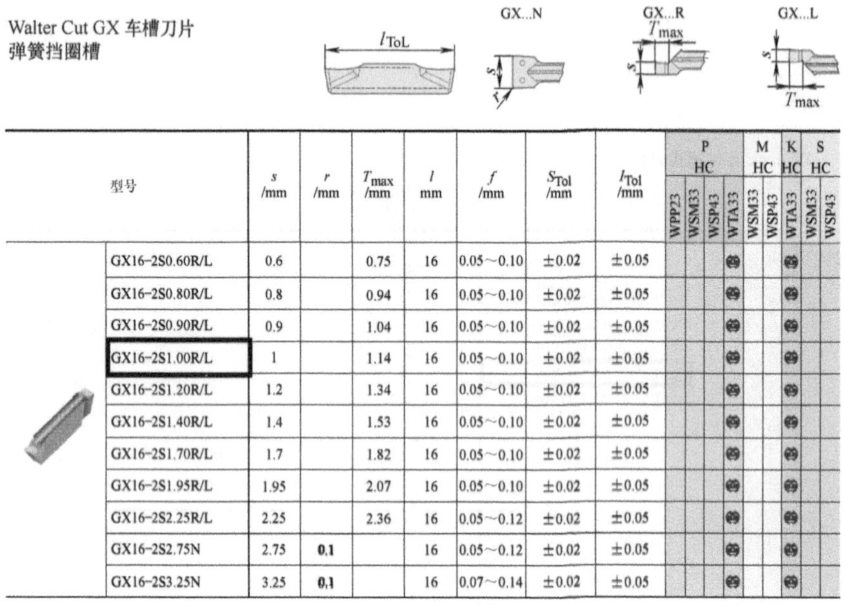

型号	s /mm	r /mm	T_{max} /mm	l mm	f /mm	S_{Tol} /mm	l_{Tol} /mm	P HC WPP23	P HC WSM33	P HC WSP43	P HC WTA33	M HC WSM33	M HC WSP43	K HC WTA33	S HC WSM33	S HC WSP43
GX16-2S0.60R/L	0.6		0.75	16	0.05～0.10	±0.02	±0.05				●			●		
GX16-2S0.80R/L	0.8		0.94	16	0.05～0.10	±0.02	±0.05				●			●		
GX16-2S0.90R/L	0.9		1.04	16	0.05～0.10	±0.02	±0.05				●			●		
GX16-2S1.00R/L	1		1.14	16	0.05～0.10	±0.02	±0.05				●			●		
GX16-2S1.20R/L	1.2		1.34	16	0.05～0.10	±0.02	±0.05				●			●		
GX16-2S1.40R/L	1.4		1.53	16	0.05～0.10	±0.02	±0.05				●			●		
GX16-2S1.70R/L	1.7		1.82	16	0.05～0.10	±0.02	±0.05				●			●		
GX16-2S1.95R/L	1.95		2.07	16	0.05～0.10	±0.02	±0.05				●			●		
GX16-2S2.25R/L	2.25		2.36	16	0.05～0.12	±0.02	±0.05				●			●		
GX16-2S2.75N	2.75	0.1		16	0.05～0.12	±0.02	±0.05				●			●		
GX16-2S3.25N	3.25	0.1		16	0.07～0.14	±0.02	±0.05				●			●		

图 6-19　选择车槽刀片

对于普通的槽，瓦尔特推荐的首选是G1011型的车槽刀杆。按照图6-17的提示，选择合适的车槽刀具，见图6-20。在槽宽为3mm的G1011中找到两个规格的25mm×25mm方刀杆，差别在于允许的最大切槽深度不同，G1011 2525R-3T12G×24允许的最大切槽深度为12mm，而G1011 2525R-3T21GX24的最大切槽深度为21mm，两者所用的刀片具有一定的通用性（切槽深度21mm的刀片只有一个刀头，而切槽深度12mm的刀片有两个刀头），另外，加工钢的车槽刀片的首选槽型是UF4（参见图4-6），在第A61页上可以找到车槽宽度为3mm、槽型为UF4的GX24-3刀片，见图6-21。

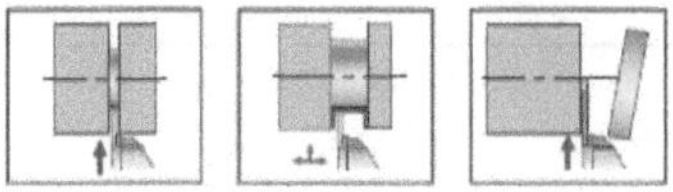

—外圆加工
—0°径向切槽
—单体带柄式刀具
—用于切槽、切断和槽车削
—用于GX刀片

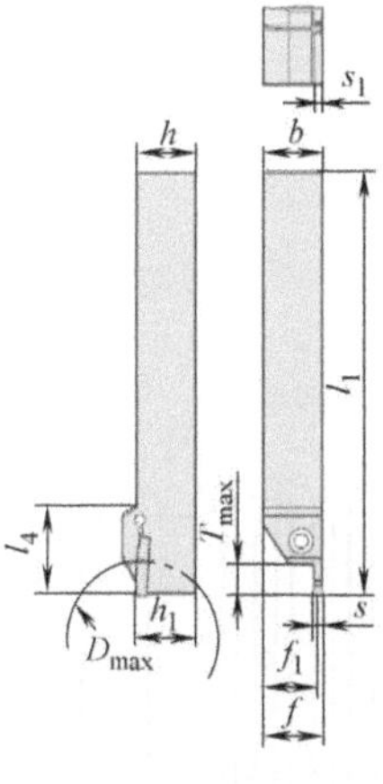

刀具	型号	s /mm	T_{max} /mm	D_{max} /mm	$h=h_1$ /mm	b /mm	f_1 /mm	l_1 /mm	l_4 /mm	s_1 /mm	型号
	G1011.1212R/L-2T8G×16	2	8		12	12	11.2	121.5	31.5	1.6	GX 16-1E2/F2..
	G1011.1212R/L-2T12G×16		12		12	12	11.2	121.5	31.5	1.6	
	G1011.1616R/L-2T8G×16		8		16	16	15.2	131.5	35.5	1.6	
	G1011.1616R/L-2T15G×16		15		16	16	15.2	135.5	35.5	1.6	
	G1011.2020R/L-2T8G×16		8		20	20	19.2	141.5	31.5	1.6	
	G1011.2020R/L-2T15G×16		15		20	20	19.2	145.5	35.5	1.6	
	G1011.2525R/L-2T8G×16		8		25	25	24.2	141.5	31.5	1.6	
	G1011.2525R/L-2T15G×16		15		25	25	24.2	145.5	35.5	1.6	
	G1011.1616R/L-3T12G×24	3	12		16	16	14.8	135	35	2.4	GX 24-2E3/F3..
	G1011.1616R/L-3T21G×24		21	80	16	16	14.8	150	40	2.4	
	G1011.2020R/L-3T12G×24		12		20	20	18.8	145	35	2.4	
	G1011.2012R/L-3T21G×24		21	80	20	12	10.8	150	40	2.4	
	G1011.2020R/L-3T21G×24		21	80	20	20	18.8	150	40	2.4	
	G1011.2525R/L-3T12G×24		12		25	25	11.3	145	35	2.4	
	G1011.2525R/L-3T21G×24		21	80	25	25	11.3	150	40	2.4	
	G1011.1616R/L-4T12G×24	4	12		16	16	14.3	135	35	3.4	GX 24-3E4/F4..
	G1011.1616R/L-4T21G×24		21	80	16	16	14.3	150	40	3.4	
	G1011.2020R L-4T12G×24		12		20	20	18.3	145	35	3.4	
	G1011.2020R/L-4T21G×24		21	80	20	20	18.3	150	40	3.4	
	G1011.2012R/L-4T21G×24		21	80	20	12	10.3	150	40	3.4	
	G1011.2525R/L-4T12G×24		12		25	25	10.8	145	35	3.4	
	G1011.2525R/L-4T21G×24		21	80	25	25	23.3	150	40	3.4	
	G1011.2020R/L-5T12G×24	5	12		20	20	17.9	145	35	4.2	GX 24-3E5/F5..
	G1011.2020R/L-5T21G×24		21	80	20	20	17.9	150	40	4.2	
	G1011.2525R/L-5T12G×24		12		25	25	10.4	145	35	4.2	
	G1011.2525R/L-5T21G×24		21	80	25	25	10.4	150	40	4.2	
	G1011.2525R/L-5T32G×24		32	120	25	25	22.9	165	55	4.2	
	G1011.2020R/L-6T12G×24	6	12		20	20	17.4	145	35	5.2	GX 24-4E6/F6..
	G1011.2020R/L-6T21G×24		21	80	20	20	17.4	150	40	5.2	
	G1011.2525R/L-6T12G×24		12		25	25	9.9	145	35	5.2	
	G1011.2525R/L-6T21G×24		21	80	25	25	9.9	150	40	5.2	
	G1011.2525R/L-6T32G×24		32	120	25	25	22.4	165	55	5.2	

双面GX刀片的最大切槽深度为23mm，$f=f_1+s/2$。

图 6-20　选择 G1011 刀具

	型号	s /mm	r /mm	i /mm	f /mm	a_p /mm	s_{Tol} /mm	l_{Tol} mm	P HC				M HC				K HC		S HC		
									WPP23	WSM33	WSP43	WXM33	WSM33	WSP43	WAM20	WXM33	WAK20	WAK30	WPP23	WSM33	WSP43
	GX24-2E300N030-UF4	3	0.3	24	0.10～0.20	0.4～2.0	±0.05	±0.15	😊	😐	☹		😊	☹					😐	😐	☹
	GX24-3E400N040-UF4	4	0.4	24	0.10～0.30	0.5～2.8	±0.05	±0.15	😊	😐	☹		😊	☹					😐	😐	☹
	GX24-3E400N080-UF4	4	0.8	24	0.10～0.30	0.9～2.8	±0.05	±0.15	😊	😐			😊						😐	😐	

图 6-21　选择 GX24 刀片

选择的刀片型号为 GX16-2E300N030-UF4，刀片材质则根据“😊”的加工条件符号，可选定为 WPP23。因此，两组车槽刀具为：第 1 组刀杆为 NCCE25-2525R-GX16-2，刀片为GX16-2S1.00R WTA33。第 2 组刀杆为 G1011 2525R-3T12GX24，刀片为 GX24-3E300N030-UF4 WPP23。

■ **槽车削刀具的选择**

该工件也有 1 个槽车削任务。槽车削部分的加工图样如图 6-22 所示。该工件图左侧槽槽底有 $R1$ 的圆弧，这就要求刀尖圆弧不能大于 1mm；而右侧的浅宽槽槽底有 $R2$ 的圆弧，那就要求刀尖圆弧不能大于 2mm。如果想用一把刀进行加工，那么刀尖圆弧半径不超过 1mm。

瓦尔特有两种刀片符合这一要求，即 GX09-1 和 GX16-2，都是宽度为 2mm 的圆头刀片（图 6-23）。要使用这样的刀片，就需要有能配用这两种刀片之一的 25mm×25mm 方刀杆。图 6-20 表明了 G1011 没有这样的刀杆，而前面选择过的 NCCE 有这样的刀杆，因此可以还用先前选的刀杆（不过需要改左手刀杆），配用 GX16-2R1.00L WTA33 的刀片。即：刀杆为 NCCE25-2525L-GX16-2，刀片为 GX16-2R1.00L WTA33。

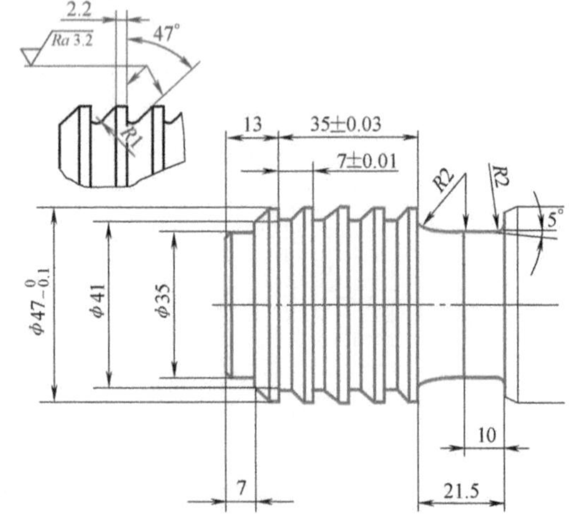

图 6-22　槽车削部分

型号	s/mm	r/mm	l/mm	T_{max}/mm	f/mm	a_p/mm	s_{Tol}/mm	l_{Tol}/mm	P HC				M HC		K HC		N HW	S HC	
									WPP23	WSM33	WSP43	WTA33	WSM33	WSP43	WPP23	WTA33	WK1	WSM33	WSP43
GX09-1R1.00N	2	1	9		0.05～0.17	1	±0.02	±0.02				●				●			
GX09-1R1.20N	2.4	1.2	9		0.05～0.17	1.2	±0.02	±0.02				●				●			
GX16-2R1.00R/L	2	1	16	2.18	0.05～0.17	1	±0.02	±0.02				●				●			
GX16-2R1.20R/L	2.4	1.2	16	2.58	0.05～0.17	1.2	±0.02	±0.02				●				●			
GX16-2R1.50N	3	1.5	16		0.10～0.20	1.5	±0.02	±0.02				●				●			

图 6-23　圆形车槽刀片选择

当加工工件左侧几个带单边斜槽时，请参考图 4-44 和图 4-45 的方法，先垂直车槽（端面和直径上各留 0.3mm 的余量），然后退出，再斜向切入（斜面上同样留 0.3mm 的余量）。最后一次进给连续加工斜面、槽底和侧面。当加工工件右侧的浅宽槽时，请参考图 4-49 的方法，用坡走车的方法进行加工。

6.1.3　螺纹车刀的选择

该工件上有一段 M42×2 的螺纹需要加工（图 6-24），因此需要选择能够完成相应任务的螺纹车刀。

瓦尔特螺纹车刀一览表，如图 6-25 所示。本例中机床使用的是 25mm×25mm 的方刀杆，因此应选用 NTS SE 系统。

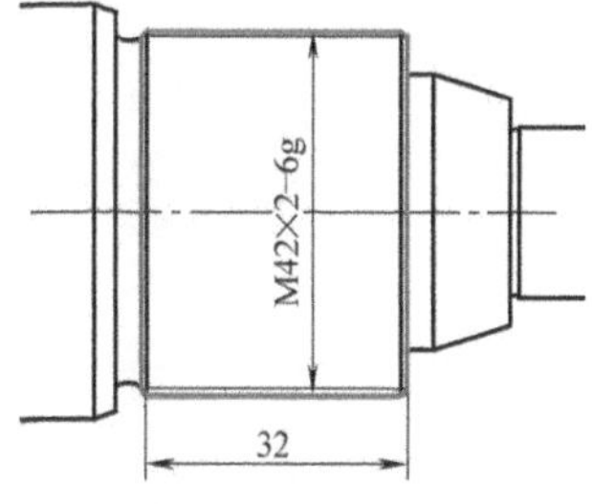

图 6-24　螺纹加工部分

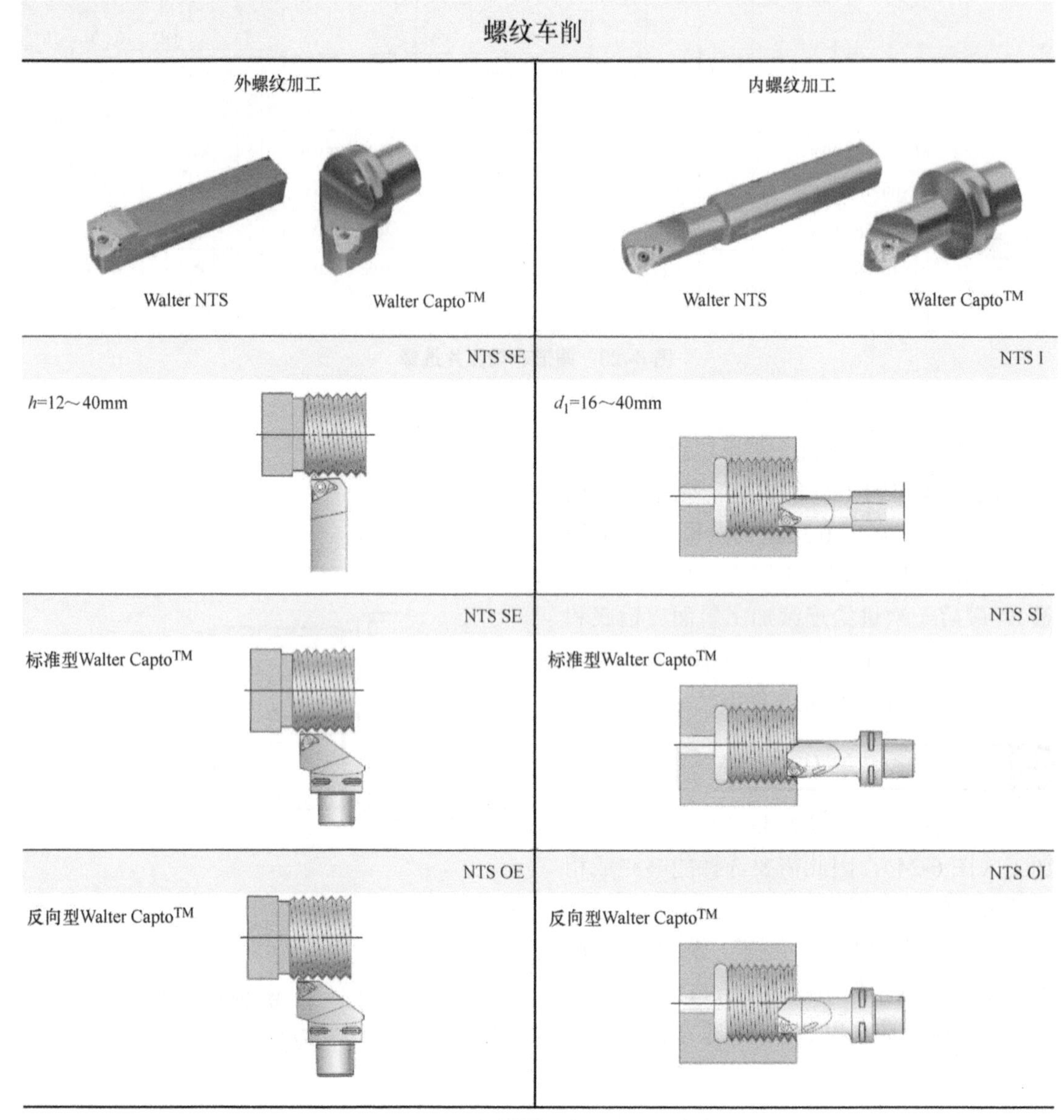

图 6-25　瓦尔特螺纹车削刀具一览表

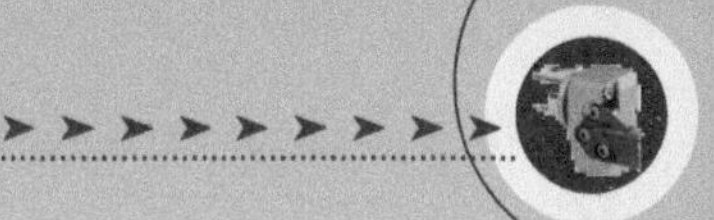

从图 6-26 中可以看到，适用于 25mm×25mm 方刀杆的刀片有两种规格，16mm 和 22mm 的螺纹刀片。

一般而言，如果两种规格的螺纹刀片都满足需要的螺距，选用小号的比较合适，因为较小的刀片通常价格稍低。

从图 6-27 中可以看到，螺距为 2mm 的螺纹刀片仅有规格为 16mm 的满足要求，而规格 22mm 的螺纹刀片螺距大于 3.5mm，因此，所选的螺纹刀片的规格为 16mm。

接着，需要确定选取全牙型加工还是部分牙加工。全牙型加工的精度更容易获得保证，因此，选用全牙型刀片。注意在之前加工螺纹部分外圆时，应留 0.5mm 的加工余量，即螺纹大径在外圆车削时，应加工到 ϕ43mm。

最后确定刀垫。M42×2 螺纹的中径为 40.7mm，螺距为 2mm，可计算出其螺纹升角为 0.89°。在 0.5° 的 YE3-1N 和 1.5° 的 YE3 两种外螺纹右切刀垫中，0.5° 的 YE3-1N 更为合适。至此，这个工件加工的刀具全部选定。

粗车外圆及端面：刀杆为 DCLNR2525 M16，刀片为 CNMG160612-NM9 WPP10。

精车外圆及端面：刀杆为 PWLNR2525 M06，刀片为 WNMG060408-NF WPP01。

车 1mm 宽槽：刀杆为 NCCE25-2525R-GX16-2，刀片为 GX16-2S1.00R WTA33。

车 3mm 宽槽：刀杆为 G1011 2525R-3T12 GX24，刀片为 GX24-3E300N030-UF4 WPP23。

槽车削：刀杆为 NCCE25-2525L-GX16-2，刀片为 GX16-2R1.00L WTA33。

螺纹车削：刀杆为 NTS-SER2525-16，刀片为 NTS-ER-16 2.00ISO WXP20，刀垫为 YE3-1N。

刀具	型号		$h=h_1$ /mm	b /mm	f /mm	l_1 /mm	l_4 /mm	型号
标准型	NTS-SER/L1216-16	16	12	12	16	83.2	22	NIS E...-16
	NTS-SER/L1616-16	16	16	16	16	100	22	
	NTS-SER/L2020-16	16	20	20	20	128.6	30	
	NTS-SER/L2525-16	16	25	25	25	153.6	30	
	NTS-SER/L3232-16	16	32	32	32	173.6	34	
	NTS-SER/L2525-22	22	25	25	25	155.7	36	NIS E...-22
	NTS-SER/L3232-22	22	32	32	32	175.7	36	
	NTS-SER/L4040-22	22	40	40	40	205.7	36	

刀体和备件包括在供货范围内。
所列刀杆设计用于1.5°螺纹升角。

图 6-26　选择螺纹车削刀具

型号	螺距(P)/mm	l/mm	d/mm	h_{min}/mm	X/mm	Y/mm	P HC WXP20	P HC WMP32	M HC WXM20	M HC WMP32
NTS-ES/L-16 0.50ISO	0.5	16	9.525	0.31	0.6	0.4	☺		☺	
NTS-ER/L-16 0.60ISO	0.6	16	9.525	0.37	0.6	0.6	☺		☺	
NTS-ER/L-16 0.70ISO	0.7	16	9.525	0.43	0.6	0.6	☺		☺	
NTS-ER/L-16 0.75ISO	0.75	16	9.525	0.46	0.6	0.6	☺		☺	
NTS-ER/L-16 0.80ISO	0.8	16	9.525	0.49	0.6	0.6	☺		☺	
NTS-ER/L-16 1.00ISO	1	16	9.525	0.61	0.7	0.7	☺		☺	
NTS-ER/L-16 1.25ISO	1.25	16	9.525	0.77	0.8	0.9	☺		☺	
NTS-ER/L-16 1.50ISO	1.5	16	9.525	0.92	0.8	1	☺		☺	
NTS-ER/L-16 1.75ISO	1.75	16	9.525	1.07	0.9	1.2	☺		☺	
NTS-ER/L-16 2.00ISO	2	16	9.525	1.23	1	1.3	☺		☺	
NTS-ER/L-16 2.50ISO	2.5	16	9.525	1.53	1.1	1.5	☺		☺	
NTS-ER/L-16 3.00ISO	3	16	9.525	1.84	1.2	1.6	☺		☺	
NTS-ER/L-22 3.50ISO	3.5	22	12.7	2.15	1.6	2.3	☺		☺	
NTS-ER/L-22 4.00ISO	4	22	12.7	2.45	1.6	2.3	☺		☺	
NTS-ER/L-22 4.50ISO	4.5	22	12.7	2.76	1.7	2.4	☺		☺	
NTS-ER/L-22 5.00ISO	5	22	12.7	3.07	1.7	2.5	☺		☺	

HC=涂层硬质合金

图 6-27　选择螺纹车削刀片

6.2 盘类工件加工刀具选择

加工的机床刚性较好，使用25mm×25mm的方刀杆及直径为20mm的内孔刀杆（内孔刀杆支持中心内冷）。

工件毛坯如图6-28所示。毛坯各面（除内孔外）余量均为5mm，表面有硬皮，内孔为预钻孔，孔径为20mm，表面无硬皮。该零件名称为“前体”，圆盘部分有均布的12个ϕ13.5mm的圆孔（图上绘出，但未予标注），如图6-29所示。零件材料为38CrMo，调质275HBW。

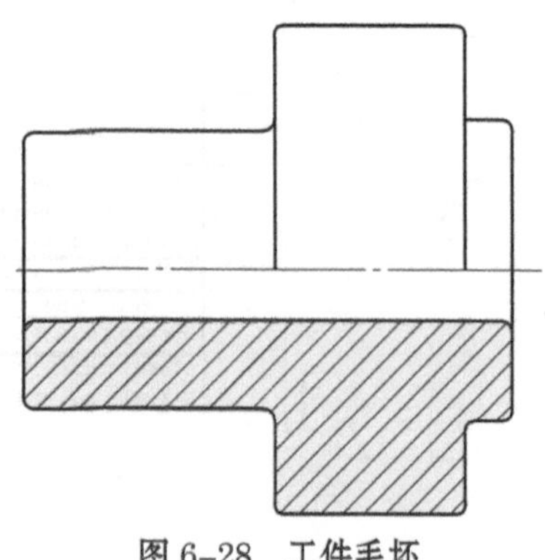

图 6-28　工件毛坯

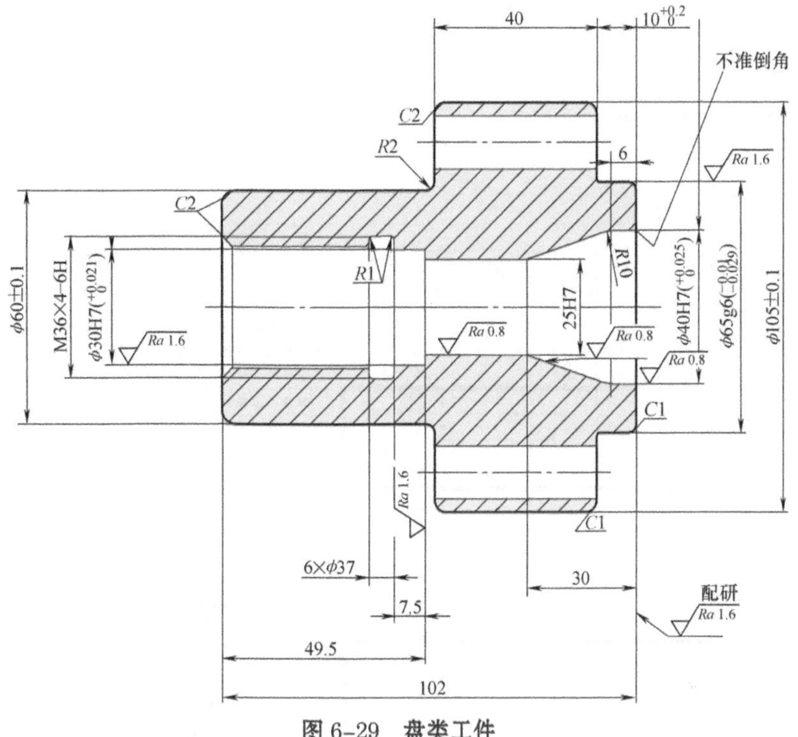

图 6-29　盘类工件

6.2.1　外圆及端面车刀的选择

本例外圆及端面车刀的选择与前一个轴类零件相似，但加工余量比前一个轴类零件要小。精加工同样留 1mm 余量的话，其粗加工总余量为 4mm，因此，会有不同的选择。

同样按照图 6-5，可选 DCLN 和 DWLN 两种，因为这个工件的余量不大，而 W 型刀片比 C 型刀片多 50% 的切削刃，在这里先选择 W 型刀片的 DWLN。另外，需要确定 25mm×25mm 方刀杆的 W 型刀片是否有合适的断屑槽。

根据图 6-12 25mm×25mm 的方刀杆有 06 和 08 两种刀片，通过图 6-30 和图 6-31 可以看到，有很多种槽型可以满足这个加工余量的要求。其中图 6-31 的最后一个是 WNMM 的单面负型刀片，它所有的 WNMG 双面负型刀片不同，它可承载的切

负型

WNMG/WNMM/WNMA

可转位刀片

型号	d /mm	l /mm	s /mm	r /mm	f /mm	a_p /mm	P HC WPP01	P HC WPP05	P HC WPP10	P HC WPP20	P HC WPP30	M HC WSM10	M HC WSM20	M HC WSM30	K HC WAK10	K HC WAK20	S HC WSM10	S HC WSM20	S HC WSM30	S HW WS10
WNMG060404-NM4	9.525	6.5	4.76	0.4	0.16~0.25	0.5~0.4		☺	☺	◎	☹	☺	◎	☹			☺	◎	☹	
WNMG060408-NM4	9.525	6.5	4.76	0.8	0.18~0.35	0.6~4.0		☺	☺	◎	☹	☺	◎	☹			☺	◎	☹	
WNMG060412-NM4	9.525	6.5	4.76	1.2	0.20~0.35	1.0~4.0		☺	☺	◎	☹		◎	☹				◎	☹	
WNMG080404-NM4	12.7	8.69	4.76	0.4	0.16~0.25	0.5~4.0			☺	◎	☹	☺	◎	☹			☺	◎	☹	
WNMG080408-NM4	12.7	8.69	4.76	0.8	0.18~0.40	0.6~5.0		☺	☺	◎	☹	☺	◎	☹			☺	◎	☹	
WNMG080412-NM4	12.7	8.69	4.76	1.2	0.20~0.40	1.0~5.0		☺	☺	◎	☹	☺	◎	☹			☺	◎	☹	
WNMG080416-NM4	12.7	8.69	4.76	1.6	0.25~0.45	1.2~5.0			☺	◎	☹		◎	☹				◎	☹	
WNMG100608-NM4	15.875	10.86	6.35	0.8	0.25~0.50	0.8~7.0			☺	◎	☹		◎	☹				◎	☹	
WNMG100612-NM4	15.875	10.86	6.35	1.2	0.30~0.50	1.0~7.0			☺	◎	☹		◎	☹				◎	☹	
WNMG100616-NM4	15.875	10.86	6.35	1.6	0.35~0.55	1.2~7.0			☺	◎	☹									
WNMG060404-NM5	9.525	6.5	4.76	0.4	0.16~0.25	0.6~4.0									☺	◎				
WNMG060408-NM5	9.525	6.5	4.76	0.8	0.20~0.40	0.8~4.0									☺	◎				
WNMG060412-NM5	9.525	6.5	4.76	1.2	0.22~0.30	1.2~4.0									☺	◎				
WNMG080404-NM5	12.7	8.69	4.76	0.4	0.16~0.25	0.6~5.0									☺	◎				
WNMG080408-NM5	12.7	8.69	4.76	0.8	0.20~0.45	1.2~5.0									☺	◎				
WNMG080412-NM5	12.7	8.69	4.76	1.2	0.22~0.50	1.5~5.0									☺	◎				
WNMG080416-NM5	12.7	8.69	4.76	1.6	0.25~0.55	2.0~5.0									☺	◎				
WNMG100608-NM5	15.875	10.86	6.35	0.8	0.25~0.50	0.8~7.0									☺	◎				
WNMG100612-NM5	15.875	10.86	6.35	1.2	0.30~0.60	1.2~7.0									☺	◎				
WNMG100616-NM5	15.875	10.86	6.35	1.6	0.35~0.60	1.5~7.0									☺	◎				
WNMG080408-NM6	12.7	8.69	4.76	0.8	0.16~0.45	1.0~5.0			☺	◎	☹									
WNMG080412-NM6	12.7	8.69	4.76	1.2	0.20~0.45	1.5~5.0			☺	◎	☹									
WNMG100608-NM6	15.875	10.86	6.35	0.8	0.25~0.45	1.0~8.0			☺	◎	☹									
WNMG100612-NM6	15.875	10.86	6.35	1.2	0.25~0.60	1.5~8.0			☺	◎	☹									
WNMG100616-NM6	15.875	10.86	6.35	1.6	0.35~0.70	2.0~8.0			☺	◎	☹									

可达到的表面质量和技术信息见第A298页。

HC=涂层硬质合金
HW=无涂层硬质合金

WALTER SELECT
最佳可转位刀片适用于
☺ 良好的　◎ 一般的　☹ 不利的
加工条件

图 6-30　WN 系列刀片一览表

削力较大，但只能单面使用。考虑到这个工作任务的切削负荷不大，倾向于选择刃口强度较高的双面负型刀片，确定选择的槽型为 NM9。WNMG0804..-NM9 的相关数据见图 6-32。

接着确定刀尖圆弧半径。原则是在刚性和表面质量允许的情况下，选取尽可能大的刀尖圆弧半径。因为本例的机床刚性虽然好，但也不是足够，在刃口已经选得较强（也就是较钝）的前提下，选取最大的刀尖角有些风险，因此选择 *r*1.2 的刀尖圆弧半径。

参考图 6-8，刚性不错的工艺系统和带有硬皮的工件表面，确定其加工条件的符号为“☻”，因此选择 WPP20 的刀片材质。

这个工件粗车的刀具选择结果是：刀杆为 DWLN2525M08，刀片为 WNMG080412-NM9 WPP20。

外圆和端面车刀的选择与前面的轴类零件几乎完全一致，这里不再赘述。

型号	d /mm	l /mm	s /mm	r /mm	f /mm	a_p /mm
WNMG080408-NM9	12.7	8.69	4.76	0.8	0.20～0.40	1.0～6.0
WNMG080412-NM9	12.7	8.69	4.76	1.2	0.25～0.55	1.0～6.0
WNMG080416-NM9	12.7	8.69	4.76	1.6	0.35～0.65	1.0～6.0
WNMG080408-NR4	12.7	8.69	4.76	0.8	0.22～0.40	1.2～4.5
WNMG080412-NR4	12.7	8.69	4.76	1.2	0.25～0.50	1.5～4.5
WNMM080412-NRF	12.7	8.72	4.76	1.2	0.35～0.60	1.2～6.0

图 6-31 部分 WN 系列刀片参数

可转位刀片

型号	d /mm	l /mm	s /mm	r /mm	f /mm	a_p /mm	P HC WPP01	WPP05	WPP10	WPP20	WPP30
WNMG080408-NM9	12.7	8.69	4.76	0.8	0.20～0.40	1.0～6.0		☻	☻	☻	⊗
WNMG080412-NM9	12.7	8.69	4.76	1.2	0.25～0.55	1.0～6.0		☻	☻	☻	⊗
WNMG080416-NM9	12.7	8.69	4.76	1.6	0.35～0.65	1.0～6.0		☻	☻	☻	⊗

图 6-32 NM9 槽型刀片数据

6.2.2 内孔车刀的选择

本例的内孔车削工序简图如图 6-33 所示。在内孔车刀的选用中，车刀的刚性是一个极其重要的问题。在本例中，最小处的直径为 25mm，加工这个孔从图的右面伸入，刀具悬伸需要 52.5mm，从左面伸入刀具悬伸长度为 72mm。显而易见，从图右侧伸入加工对刚性更为有利，因此，选择此直径 25mm 的孔从图右侧进入加工。

如果精加工留 0. 5mm 余量（内孔精车余量应尽可能留得小些，以免切削力过大引起振刀等问题），粗加工后的孔径为 ϕ24mm，粗加工的余量为 2mm。

在选择内孔车刀时，要记得几种材质刀杆的极限长径比（刀具悬伸 / 刀杆直径）：负型刀片钢刀杆为 3 ∶ 1，正型刀片钢刀杆为 5 ∶ 1，正型刀片硬质合金刀杆为 8 ∶ 1。

由于粗加工完工后的直径为 24mm，一般只能选取 16mm 的刀杆。因此，负型刀片的钢刀杆的悬伸长度极限为 48mm，正型刀片钢刀杆的悬伸长度极限为 80mm，正型刀片硬质合金刀杆的悬伸长度极限为 128mm。按照这个工件的情况，选用正型刀片钢刀杆可以满足刀杆的刚性要求，而整体硬质合金刀杆的价格比钢刀杆要高很多。

图 6-34 是瓦尔特车刀的选刀指南中关于内孔和端面车削的部分。从图中可以看到，负型的钩销式刚性锁紧和曲杆式内孔车刀，直径都在 25mm 以上，而且最大长径比（3 ∶ 1）也不符合本例的要求。可选的就是装用正型刀片，锁紧系统有螺钉锁紧和曲杆锁紧两种，而优先推荐使用的是螺钉锁紧系统。并且，螺钉锁紧的正型刀片对于钢件加工也是合适的选择。然后根据图 6-34 选择相应的车刀杆。

从图 6-33 中看到，这个工件需要加工台阶，因此在这些车刀中有 SCLC、SWLC、SDUC、STFC 和 SVUB 等 5 种比较适合，抗振性较好的是 35° 刀尖角 V 型刀片的 SVUB，其次是 55° 刀尖角 D 型刀片的 SDUC 和 60° 刀尖角 T 型刀片的 STFC。相对而言，同是 80° 刀尖角 C 型刀片的 SCLC 和 W 型刀片的 SWLC 抗振性稍差，但就刃口强度而言，却是 80° 刀尖角的 SCLC 和 SWLC 最强，而 35° 刀尖角最弱。兼顾抗振性、刃口强度和刃口数，选取 STFC 刀杆

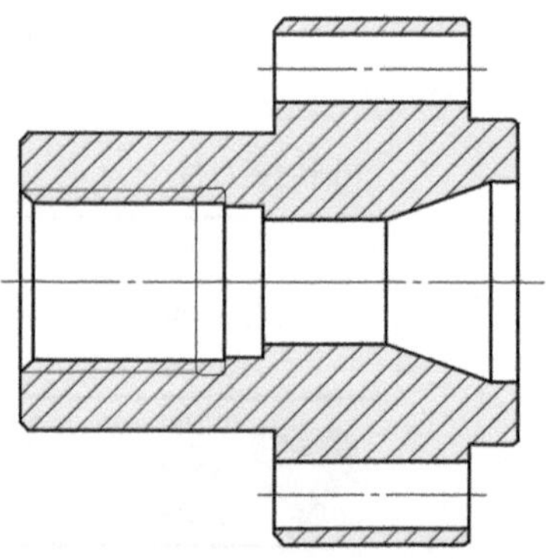

图 6-33 内孔车削工序简图

工件特性	自直径25mm起 钢镗刀杆：L/D_{max}=3/1		自直径8.5mm*起 钢镗刀杆：L/D_{max}=5/1 整体硬质合金镗刀杆：L/D_{max}=8/1	
基本形状	负型		正型	
刀杆夹持系统	刚性锁紧系统	曲杆锁紧系统	螺钉锁紧系统	曲杆锁紧系统
步骤1：选择要加工的轮廓				
轴向车削/端面车削	••	••	••	•
仿形车	••	••	••	••
端面加工	•	••	••	••
断续切削	••	•	••	•
步骤2：选择要加工的材料				
P 钢	••	••	••	••
M 不锈钢	•	••	••	••
K 铸铁	••	•	••	•
N 有色金属	–	•	–	••
S 难加工材料	••	••	••	••
H 硬材料	••	•	•	•
O 其他	•	•	•	•

图 6-34　瓦尔特车刀选刀指南

作为内孔车削刀杆，如图 6-35 所示。然后根据图 6-36 选取具体的内孔刀杆。

在图 6-36 中可以看到，加工直径 24mm 孔的最大刀杆为 A16R-STFCR11。只要所加工的孔径大于 20mm 即可使用这个刀杆，刀杆全长 200mm，在加工本例工件时刀具悬伸 52.5mm 加上 2.5mm 的安全余量，可夹持长度也完全可以达到刚性夹持（4 倍直径，本例为 64mm，多余的长度如妨碍正确的悬伸，建议切除）。

按照样本页推荐的 TC…1102…的刀片尺寸特征和提示（前往第 A46 页），继续选择相应的刀片。在此之前，先按选刀指南部分关于钢件车削正型刀片的槽型指示（图 3-113），选取合适的槽型。考虑粗精加工用同一把刀来完成，可以选择 PS5 和 PM5 的。然后根据图 6-37 选择内孔车刀片。

在 TCMT1102…PS5 中，2mm 的切削深度并不在其断屑范围，因此选择 PM5 的槽型。在刀尖圆弧半径方面，考虑更小的切削力和更小的振动倾向，选择 r0.4mm 的刀尖圆弧半径。

在刀片材质方面，较好的刚性和经粗加工的、余量均匀的工件，因此得到“☺”的加工条件符号；而根据这个符号，选定的刀具材质为 WPP10。

由此，内孔车刀选择完成，配置如下：刀杆为 A16R-STFCR11，刀片为 TCMT110204-PM5 WPP10。

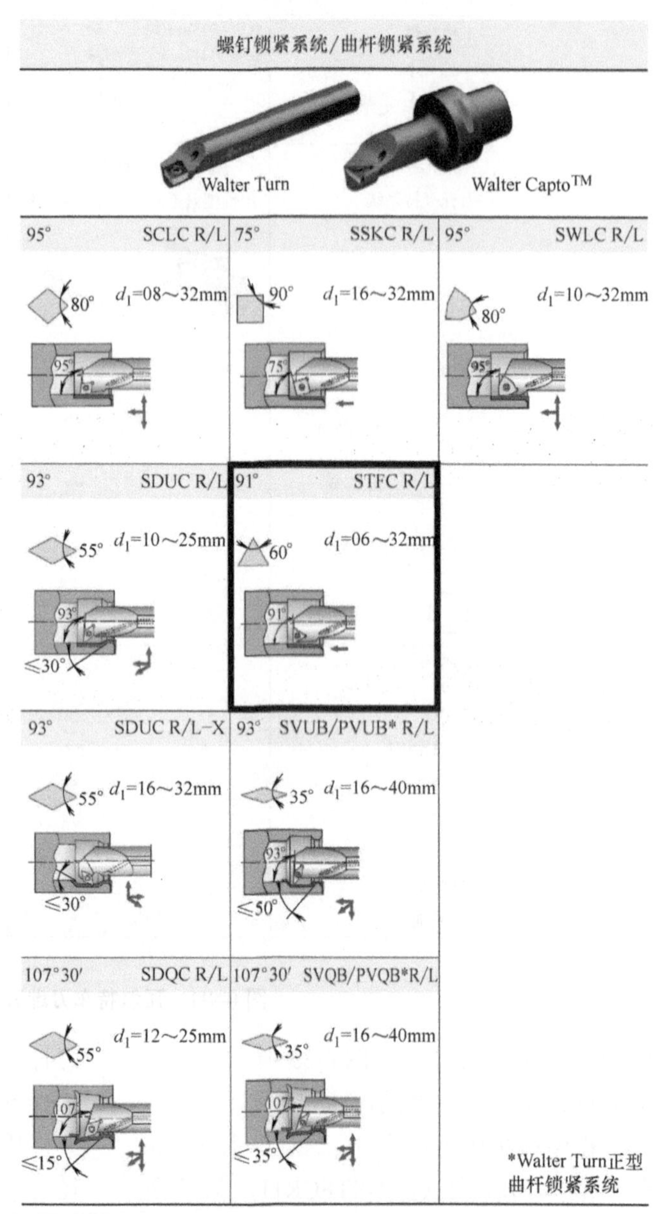

图 6-35　瓦尔特内孔车刀一览表

刀具	型号		D_{min} /mm	d_1 /mm	f /mm	h mm	l_1 mm
K=91°	A06F-STFCR/L06	6	8.5	6	4.5	5	80
	A08H-STFCR/L06	6	11	8	5.9	5	100
	A10K-STFCR/L09	9	13	10	7	9	125
	A12M-STFCR/L11	11	16	12	9	11	150
	A16R-STFCR/L11	11	20	16	11	15	200
	A20S-STFCR/L11	11	25	20	13	18	250
	A25T-STFCR/L16	16	32	25	17	23	300
	A32T-STFCR/L16	16	40	32	22	30	300

图 6-36 STFC 内孔车刀

型号		d/mm	l/mm	s/mm	r/mm	f/mm	a_p/mm	P				M				K			N		S			H	
								HC				HC				HC			HC	HW	HC			BL	BH
								WPP01	WPP10	WPP20	WPP30	WSM10	WSM20	WSM21	WSM30	WAK10	WAK20	WAK30	WXN10	WK1	WSM10	WSM20	WSM30	WCB30	WCB50
	TCMT110204-PS5	6.35	11	2.38	0.4	0.08–0.25	0.3–1.6			😐			😐		☹	☺	😐					😐	☹		
	TCMT110208-PS5	6.35	11	2.38	0.8	0.12–0.30	0.5–1.6			😐			😐		☹	☺	😐					😐	☹		
	TCMT110204-PM5	6.35	11	2.38	0.4	0.12–0.25	0.4–3.0		☺	😐	☹	☺	😐		☹	☺	😐	☹			☺	😐	☹		
	TCMT110208-PM5	6.35	11	2.38	0.8	0.16–0.30	0.6–3.0		☺	😐	☹	☺	😐		☹	☺	😐	☹			☺	😐	☹		

图 6-37 TCMT 刀片选择

6.2.3 内孔车槽刀的选择

内孔车槽与外圆车槽的选择原则上是类似的，但内孔车刀是没有车槽与切断选项，所有的内孔车刀都是车槽和槽车削的，这样内孔车槽和槽车削的可选刀具范围比外圆车槽刀具的品种就会少一些。瓦尔特的内孔车槽和槽车削刀具一览表如图 6-38 所示。

该工件的内孔槽为 6mm×ϕ37mm，图样中槽底有 R1 的圆弧，因此适合用带有 R1 圆弧的刀片进行加工。在外圆槽车削时选用了 R1 的圆头刀片（槽宽 2mm）适用于加工这样的槽。

那么，在图 6-38 中的三种刀柄中是否有适合车槽的刀片呢？前面讨论外圆槽车削时，已经知道这样的圆头刀片有 GX09-1 和 GX16-2 两种。另外，要确定这把内孔车槽刀能不能通过 M36×4 的螺纹。经查阅，M36×4 的螺纹小径为 ϕ31.67mm，加上全牙型需要单边留 0.5mm 余量，这个孔的车槽前尺寸应为 ϕ30.7 mm，车槽的单边切槽深度为 3.15mm。按图样分析，此内孔车槽刀的悬伸长度应大于 42mm。其最大切槽深度不能满足要求，故无法使用。

车槽刀具部分如图 6-39 所示，能安装 GX09-1 但悬伸长度不够，而 GX16-2 的刀柄较粗。因此，需要定制非标的模块或定制小直径的主柄，但刀片还是使用标准刀片。

用 2mm 的车槽刀片加工 6mm 宽的内孔槽。应按照图 4-47 的程序进行加工：先切两边（两侧及槽底均留出 0.1mm 的余量），再切中间，最后一次进给连续加工整个槽。

6.2.4 车内螺纹刀具的选择

选择车内螺纹刀具的原理、步骤与外螺纹一致，这里不再重复叙述。

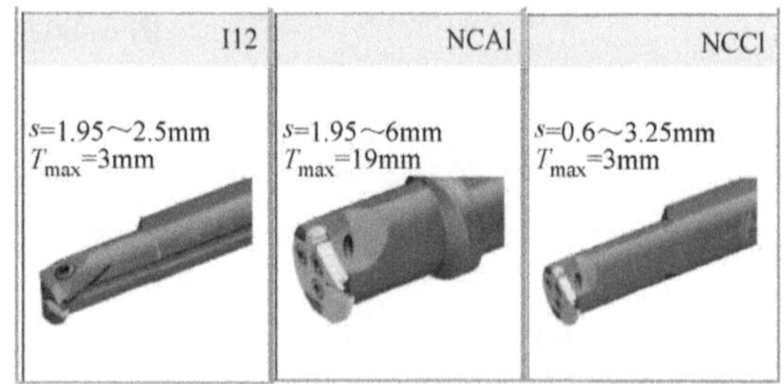

图 6-38　内孔车槽刀具

刀具	型号	s/mm	T_{max}/mm	D_{min}/mm	d_1/mm	d_4/mm	l_4/mm
1.5×D	NCAI16-2015R/L-GX09-1	2.0-2.5	4	20	20	25	24
	NCAI20-2015R/L-GX09-1		5	25	20	25	30
	NCAI16-2015R/L-GX09-2	3	4	20	20	25	24
	NCAI20-2015R/L-GX09-2		5	25	20	25	30
	NCAI40-4015R/L-GX16-1	2.0-2.5	10	50	40	50	60
	NCAI32-3215R/L-GX16-1		9	40	32	40	48
	NCAI32-3215R/L-GX16-2	3	9	40	32	40	48
	NCAI40-4015R/L-GX16-2		10	50	40	50	60
	NCAI32-3215R/L-GX16-3	4.0-5.0	9	40	32	40	48
	NCAI40-4015R/L-GX16-3		10	50	40	50	60

图 6-39　1.5D 内孔车槽刀具